AF344079

onquêtes de l'injuste et brutale force,
... ent, tôt ou tard, sous les mêmes armes de force.
... ut et toujours ce que le Canon conquit,
... hon la renverse, le brise, le détruit.

J.-B. Rhodes.

La paix, l'ordre, ...
Sont les vœux des ...
Partout et toujours ...
Ont seuls des senti...

Le Chant Napoléonien,

ou le Président de la République frança...

Cantate.

sur l'air Rhodien, en Musique,

(air et paroles de l'auteur)

par Jean-Baptiste Rhodes., de Plaisance, (Gers

Vétérinaire et ex-répétiteur de l'École Impériale d'économie rurale et Vétérinaire d'Alfort ; Auteur de d...
d'agriculture, la médecine, la poésie, la politique, les Sciences et les Arts ; Lauréat de Sociétés savantes, honoré
de la Médaille d'argent et de la Médaille d'or ; Inventeur du Rhodoharpopiano, de Télégraphes extraordinaires, et
Locomoteur, qui peut à volonté et sans danger parcourir, nonobstant les côtes et les montagnes et chargé de fort...
plus par heure.

Seconde Édition,

Revue, corrigée et augmentée de huit couplets et d'un Intermède, en Musique,
par le même auteur. =

PRÉLIMINAIRE.

Ce Chant nouveau, composé le 25 Décembre 1851, présenté le 28 du même mois à Louis-Napoléon-Bona...
et plus tard complété et orné du portrait de l'auteur, est le premier Chant national qui ait encore publi...
politique, qui a vu naître le deux Décembre, à l'honneur de Louis-Na..., et de la paix et du b...heur...
et harmonieux ainsi que ses paroles de ...corde, pacification, retentir et se ...iquer, avec honneur et g...oire
notre belle France ! Ce sera la plus ... récompense qu'on puisse accorder à son franc auteur.

Jean-Baptiste **RHODES**, de Plaisance (Gers.)

Né le 16 Décembre 1773.

L'ÉPIGÉONOSIE

ou

LA PESTE UNIVERSELLE

QUI RÈGNE DEPUIS QUELQUES ANNÉES

SUR LE GLOBE TERRESTRE

SPÉCIALEMENT

Dans l'Air, l'Eau, la Terre, les Minéraux, les Végétaux, les Animaux,
et principalement dans les Fourrages, les Légumes, les Céréales,
les Pommes de terre, les Vignes, les Arbres fruitiers, les Poules,
les Dindons, les Oies, les Porcs, les Brebis, les Vaches,
les Juments, les Étalons et les Personnes;

MAIS OU SONT PLUS PARTICULIÈREMENT TRAITÉES

La Maladie dite Vénérienne des Étalons et des Juments,
la Maladie des Pommes de terre et des Céréales,

ET SURTOUT

LA MALADIE DES VIGNES

Depuis son origine jusqu'à présent et son avenir,

LES MOYENS DE LA PRÉVENIR ET DE LA GUÉRIR

DIFFÉRENTS ET MEILLEURS QUE TOUS CEUX QU'ON A PRÔNÉS JUSQU'A CE JOUR,

accompagnés

D'OBSERVATIONS ET DE FIGURES MICROSCOPIQUES,

AINSI QUE DU PORTRAIT DE L'AUTEUR,

Par JEAN-BAPTISTE RHODES,

DE PLAISANCE,

Médecin-Vétérinaire et ex-Répétiteur de l'Ecole impériale d'Economie rurale et vétérinaire
d'Alfort; honoré de la Médaille d'argent et de la Médaille d'or; auteur de différents Ouvrages
sur la Nature, les Sciences et les Arts, spécialement du *Conservateur de la Santé*,
de la *Théocosmorhodie* ou Nouveau Système de la Nature, de la *Paix universelle*
ou *Mariage* philosophique du Commerce avec l'Agriculture et sa Famille
entière, etc., etc.; premier Père de la *Nouvelle Télégraphie*; inventeur,
depuis plus de vingt ans, d'un *Nouveau Système Locomoteur*,
qui, chargé de personnes ou d'objets matériels, peut
parcourir sans danger, nonobstant les côtes et les
montagnes, plus de *cent lieues par heure*,
etc., etc.

Sans la lumière nul ici ne peut voir clair;
Mais avec elle tout brille comme l'éclair.

J.-B. RHODES.

AUCH

IMPRIMERIE ET LITHOGRAPHIE DE J. FOIX, RUE BALGUERIE.

1854

AUX AMIS

DE LA MÉDECINE GÉNÉRALE,

DE LA NATURE, DE L'AGRICULTURE, DES SCIENCES, DES ARTS,

DE LA CIVILISATION ET DU BONHEUR GÉNÉRAL

DES PEUPLES DE LA TERRE.

J.-B. RHODES.

AVIS

AUX

SOUSCRIPTEURS DE L'ÉPIGÉONOSIE.

L'HISTOIRE de L'EPIGÉONOSIE ou *Peste universelle du globe terrestre,* dans laquelle se trouve très étendue celle **de** la maladie des *pommes de terre* et surtout des *vignes,* la plus importante de toutes, puisqu'elle règne à la fois dans toute l'Europe, telle qu'un fléau dévastateur des plus redoutables, a trouvé déjà un grand nombre de SOUSCRIPTEURS, surtout dans le midi de la France, parmi les classes les plus distinguées de la société. Prêtres, juges, administrateurs, maires, adjoints, conseillers, officiers, avocats, médécins, vétérinaires, notaires, percepteurs, ingénieurs, géomètres, négociants, rentiers, agriculteurs, propriétaires, etc., etc., se sont empressés, sauf peu d'exceptions, de souscrire à une œuvre aussi utile et d'un intérêt aussi grand et aussi général.

Cette œuvre sera imprimée par livraisons successives, composées chacune de huit pages in-8°. Il en paraîtra une ou plusieurs livraisons par jour, isolées ou jointes ensemble, et leur nombre total s'élèvera environ à une quarantaine. Le prix de chaque livraison ou de chaque huit pages d'impression, remise franche de port au domicile des Souscripteurs, est de vingt centimes : d'où il suit que l'ouvrage complet ne coûtera à chaque souscripteur qu'environ une huitaine de francs, somme qu'il ne paiera qu'après la réception de toutes les livraisons qui doivent composer cet ouvrage. Cependant les souscripteurs ont le droit de cesser leur souscription à volonté; mais, dans ce cas, ils sont tenus de m'en prévenir six jours à l'avance, de vive voix ou par lettre affranchie sur la poste, et de me payer en même temps le montant des livraisons qu'ils auront déjà reçues. Mais il est à espérer que, satisfaits sous tous les rapports de mon œuvre, ils persévèreront jusqu'à la fin pour éviter le désagrément d'avoir un ouvrage tronqué ou incomplet.

Il se trouvera peut-être quelque Souscripteur impatient, qui, à peine avoir fait un pas dans la carrière, voudra de suite et d'un bond sauter aux moyens curatifs, surtout des vignes; mais qu'il réfléchisse qu'un sujet aussi profond et aussi difficile, où tout se tient et s'enchaîne, où tout s'explique pour ainsi dire l'un par l'autre, où tout est disséminé et enraciné dans le vaste sein de la nature, de manière à frapper à la fois minéraux, végétaux, animaux et personnes, et qui jusqu'à ce jour a dépassé la puissance de l'esprit humain, ne peut pas se dire dans quatre mots, surtout pour entraîner complètement et sans réplique une importante et entière conviction. Il faut partir de plus loin, sonder le terrain, visiter coins et recoins, et établir les plus judicieuses comparaisons entre les maladies des personnes, des animaux, des végétaux et de toute la nature, afin de ne laisser aucun doute sur la vérité de l'origine, de la nature, du siége, des ravages et de la cause efficiente de cette funeste peste du globe, et, par suite, asseoir sur ces naturelles et solides bases le vrai traitement à employer pour la combattre victorieusement. Car il vaut mieux sacrifier un peu plus de temps et de dépenses, et faire un bon et solide ouvrage, que de le précipiter pour le voir clocher et tomber dans un instant. J'aime que mes œuvres puissent résister, telles que d'immuables pyramides, à toutes les tempêtes et à toutes les sortes de vents. Il ne faudra donc pas se décourager si je fais paraître quelques livraisons avant d'arriver à celles des vignes, qu'on paraît en général attendre avec la plus grande impatience, parce que tout ce que j'ai à dire est dans l'intérêt des propriétaires-agriculteurs, et parce que tout s'enchaîne et s'entr'aide mutuellement et d'un bout à l'autre, tel que des objets ou des êtres congénères et issus naturellement d'une même et commune mère.

Les plus grands savants, les plus grands génies, se sont sans doute occupés de toutes ces maladies, ou du moins d'une partie, et ont prôné, dans les journaux ou dans des publications spéciales, surtout pour ce qui concerne les vignes, une foule de remèdes, en général impraticables, trop coûteux, impuissants, et même absurdes ou complètement erronés ; mais ils ne pouvaient pas le faire différemment, parce que, nonobstant le consciencieux et louable zèle qu'ils ont apporté dans leurs recherches et dans leurs prophylactiques et curatives conclusions, ils ne possédaient sans doute pas toutes les lumières nécessaires pour traiter un sujet semblable, qui, quoiqu'en apparence simple et facile, ou du ressort du premier venu, exigeait cependant les plus vastes et les plus profondes connaissances sur l'ensemble de la nature, que tout le monde ne possède sans doute pas, telles par exemple que l'astronomie, la météorologie, la géologie, l'histoire naturelle, la physique, la chimie, l'anatomie, la physiologie, la médecine, la vétérinaire, l'agriculture, etc., etc.; car cette peste générale du globe a ses innombrables et profondes racines disséminées dans le vaste sein de cette même nature, où l'œil profondément scrutateur et philosophe pouvait seul les contempler et les porter sur le brillant théâtre de la lumière. On demandera sans doute si je possède moi-même toutes ces vastes connaissances ; mais je répondrai franchement et sans détour, et malgré le zèle malveillant de tant de détracteurs et de larrons dont le monde fourmille, que, quoiqu'en cette circonstance je sois en lutte ouverte contre les plus hautes célébrités scientifiques et philosophiques du siècle, *c'est à l'œuvre qu'on connaîtra l'ouvrier.*

J.-B. RHODES.

PRÉFACE

DE L'ÉPIGÉONOSIE.

La nature, fertile et inépuisable dans ses ressources créatrices et destructrices, vient par temps ou de loin en loin surprendre les mortels par des productions nouvelles, normales ou anormales, qu'ils n'avaient point encore observées ou que très superficiellement. C'est surtout depuis quelques années qu'elle en a montré des exemples frappants qui, dans plusieurs contrées de l'Europe, ont même donné naissance à de justes alarmes : témoins, *la maladie des pommes de terre, celle des vignes, l'affection dite vénérienne de l'espèce chevaline,* et une foule d'autres.

Des maladies aussi pernicieuses ont fixé l'attention de la plupart des *agriculteurs,* des *vétérinaires,* des *médecins,* des *savants* et des *gouvernements* d'Europe. Ils les ont étudiées et considérées, chacun à leur manière, *tot capita, tot sensus,* mais très probablement aucun selon la vérité, puisque leurs moyens prophylactiques et curatifs n'ont eu jusqu'à ce jour aucun bon succès.

Toujours assidu et zélé pour les observations de tout ce qui intéresse ou peut profondément intéresser la nature, les sciences, les arts, et le bien général des peuples, je me suis à mon tour occupé de ces objets importants et je les ai vus, dans leur ensemble et dans leur détail, sous un aspect différent de celui de ces observateurs et de ces philosophes. Après les avoir considérés historiquement et nosographiquement, je remonte à leur source première et j'assigne les moyens d'y remédier, autant qu'il est donné à l'esprit humain d'aborder ces profondes et difficiles questions, qui, jusqu'à ce jour, ont dépassé la puissance de la plus haute philosophie.

Mon *Epigéonosie* est, à ce titre, d'un intérêt général. Les lecteurs y puiseront des lumières utiles, qui pourront à chaque instant leur servir, surtout pour diminuer infiniment les pertes colossales que cause sur la terre ce général état morbide, surtout aux propriétaires-agriculteurs.

Le mot *Epigéonosie,* qui forme la tête du titre de cet ouvrage et qui pourrait étonner certains lecteurs, ou les faire crier au *néologisme,* parce qu'il n'existe pas dans les dictionnaires académiques, est un mot nouveau (et toute idée ou pensée nouvelle, comme toute découverte ou invention, doit rationnellement en avoir un) que j'ai composé de trois mots grecs : επι, sur; γη, terre; νοσος, maladie; c'est-à-dire, *maladie sur la terre*, ou mieux, *peste du globe terrestre*.

On trouvera sans doute étrange que, par ce titre, j'aie considéré le globe terrestre comme un être malade, lui qui n'est généralement considéré que comme un corps inerte; mais, puisqu'il alimente et supporte tout ce qui vit, comment ne pourrait-il pas avoir un certain degré de vie et même un foyer, et, par conséquent, être lui-même sujet à des dérangements spéciaux, ou à des états morbides ou anormaux, qui influent plus ou moins sur tout ce qui vit ou végète à sa surface? Et, quand ce globe ne serait réellement qu'un corps inerte, puisqu'il est composé d'éléments différents, sa spéciale organisation ne pourrait-elle pas être sujette à des dérangements spéciaux, qui, à leur tour, modifiassent ou dérangeassent l'état normal des être qui l'habitent ? Tout cela paraît probable, évident et irrévocable, ainsi qu'on le verra clairement dans le cours de cet ouvrage.

Quant à l'expression de *Peste universelle*, qui, dans ce titre, suit le mot *Epigéonosie*, il ne faut pas entendre que cette maladie soit contagieuse, ni qu'elle règne généralement partout, ni au même degré d'intensité, mais qu'elle sévit, çà et là, sur toute l'étendue du globe et à différents degrés de gravité, selon les latitudes, les climats et les lieux particuliers où elle développe ses ravages.

On trouvera peut-être ensuite mauvais que, dans ce même titre, j'aie osé me qualifier, d'abord, de *premier père de la nouvelle télégraphie*, et, ensuite, *d'inventeur d'un système locomoteur qui peut à volonté parcourir d'une à plus de cent lieues par heure*. Mais, qu'on le sache bien, si je l'ai osé, c'est que j'en ai le droit et que je puis le prouver, nonobstant toutes les têtes légères ou aveuglement incrédules, les pièces authentiques, verbales, écrites ou imprimées, en main.

Concernant le prix de cet ouvrage, si quelque aveugle le trouvait trop élevé, qu'il réfléchisse que ce n'est point une passagère historiette, comme la plupart des ouvrages qu'on voit journellement colporter, mais une œuvre solide, de poids, de science, profonde, consciencieuse et éminemment utile, qui a demandé beaucoup d'observations, de réflexions, de sagacité, de travail, de temps, et qu'il n'est pas donné au premier venu de composer. D'ailleurs, sans compter le vivifiant encouragement qu'on doit partout au zèle scientifique pour le bien général, on ne doit pas ignorer que, sous un volume et poids donné, l'*or* ne vaille plus que le *cuivre;* et j'ose me flatter, n'en déplaise à qui que ce soit (car il est quelquefois bon d'oser hardiment dire la vérité), que personne n'aura rationnellement à le censurer, ni à regretter son acquisition, parce qu'il contribuera au bien particulier et au bien général, ainsi qu'au progrès de la philosophie naturelle, à ceux de l'agriculture, et surtout à ceux de la science médicale; et j'ose même affirmer, sous mon honneur et conscience, que les jaloux, les ignorants et les pédants, SEULS, pourront malveillamment le voir sous un œil de travers, ou s'efforcer, mais vainement, de prouver que le jour le plus brillant n'est qu'une nuit profondément obs-cure!

D'autres, et ceux-là seront peut-être les plus nom-breux, malheureusement et impunément trompés à différentes reprises par des imposteurs ou des charla-tans, qui peuplent de toutes parts le domaine de la ci-vilisation et qui promettent tout et ne tiennent ordinai-rement rien, me mettront aveuglement ou malveillam-ment à leur rang, et, pour ce motif, ils ne voudront ni acquérir ni jeter un coup d'œil sur mon œuvre; mais qu'ils se rassurent, ils n'auront jamais à me faire rationnellement de semblables reproches, et n'auront, au contraire, qu'à se louer de m'avoir attentivement et avec confiance écouté. Car mes sentiments sont à cent mille lieues de ceux de ces imposteurs, ou coupables trompeurs, que la loi devrait sévèrement punir, tels que des voleurs, afin de rétablir la confiance générale, qui, partout, semble à grands pas s'anéantir! Fléau que vient aggraver cette incomplète ou demi-instruction qu'on voit généralement régner sur la terre et lever impuné-ment une morgue altière, telle qu'une seconde et pré-somptueuse ignorance et plus dangereuse encore, pour le malheur de la vérité, de la probité, du commerce, de l'agriculture, des sciences, des arts, et même de l'admi-nistration ou du gouvernement des peuples.

Tels sont les succincts et utiles éclaircissements que j'ai cru devoir donner ici, pour l'intelligence des lec-teurs, afin qu'ils ne soient pas de prime abord rebutés, et qu'ils puissent continuer la lecture de mon Epigéonosie avec fruit et avec cette intègre confiance que mérite une œuvre consciencieuse et faite pour le bien et le bonheur général des peuples.

J.-B. RHODES.

L'ÉPIGÉONOSIE

ou

LA PESTE UNIVERSELLE

qui règne depuis quelques années

SUR LE GLOBE TERRESTRE.

GÉNÉRALITÉ ET CLASSIFICATION.

L'Epigéonosie ou la Peste universelle qui règne depuis quelques années sur le globe terrestre, d'une manière plus ou moins grave, plus ou moins étendue ou plus ou moins circonscrite, selon les lieux, est un état anormal ou morbide qui affecte ce même globe, ainsi que tous les êtres qui vivent à sa surface.

Il semblerait donc, au premier coup d'œil, que, pour suivre la filiation naturelle du sujet, il faudrait commencer par traiter d'abord l'affection du globe terrestre, comme étant la plus générale, celle qui frappe en grand l'esprit et qui très probablement donne naissance à toutes les affections des êtres qui lui sont su-

3

bordonnés, soit qu'ils soient fixes ou attachés au sol par racines, soit qu'ils soient libres ou voltigeant à volonté dans son sein, avec une rapidité et une longévité plus ou moins grandes, et qu'ensuite il faudrait traiter l'affection de ces êtres innombrables, que ce globe produit et qu'il alimente, avec le secours de Dieu et de ses agents ou éléments subalternes, depuis l'origine du monde.

Mais, comme la philosophie logique veut que l'esprit humain marche du *connu* à l'*inconnu,* ou de l'*effet visible* à la *cause cachée* ou plus ou moins *invisible*, je renverserai cet ordre naturel pour satisfaire à ces logiques exigences, et je commencerai mon EPIGÉONOSIE par l'histoire des maladies des êtres vivants de ce globe terrestre, pour ensuite traiter l'état anormal de ce même globe, puis remonter à sa naturelle cause, et, enfin, déduire de leur ensemble le *meilleur système préventif et curatif*, si toutefois il est possible d'en trouver un de positif pour un état morbide aussi grandiose, qu'en général on considère comme entièrement incurable ou au-dessus de la puissance de l'esprit humain.

Mais, comme pour toute maladie, si elle n'est pas d'une nature mortelle, on peut trouver quelque salutaire remède, il ne faut pas désespérer, dans le cas dont il s'agit, surtout quand on se laisse rationnellement guider par l'insinuante et clairvoyante nature, toujours prête à indiquer, à ceux qui sont dociles à ses divines leçons, les moyens à mettre en usage pour combattre ou pallier les affections qui peuvent l'incommoder, ainsi que celles des êtres divers auxquels elle a tant contribué à donner l'existence.

Cette générale maladie paraît évidemment avoir une tendance à développer, dans l'organisme des êtres qui en sont atteints, une sorte de décomposition ou pourriture plus ou moins purulente, qui s'évacue ordinairement par tel ou tel organe ou par tel ou tel système d'organes, selon les espèces de ces êtres et les influences dominantes, internes ou externes, auxquelles ils ont été soumis; et, pour ce motif, j'ai cru devoir particulièrement et techniquement la nommer L'ORGANOPURULIE (de ὀργχνον, instrument; et de πυον, pus).

Le mot *Organopurulie* est donc le mot générique que j'ai adopté pour exprimer, dans tous les *êtres vivants* et même dans ceux qu'on traite aveuglement d'*inorganiques,* ce général état morbide. Et, comme ces êtres vivants et ces prétendus corps inorganiques sont en très grand nombre, je les diviserai par *parties, classes, sections, sous-sections,* etc., selon les espèces et les organes spécialement affectés dans le sein de leur organisme.

Mais, dans l'ensemble de ce travail, je m'attacherai particulièrement aux maladies nouvelles, ou considérées comme telles, qui règnent depuis quelques années sur le globe et qui y causent çà et là des ravages plus ou moins frappants. Je passerai plus légèrement sur celles qui sont déjà depuis longtemps et plus généralement connues, ou qui ne sont pas aussi complètement

dépendantes du général état morbide du globe terrestre, quoiqu'elles y soient cependant rattachées par des
liens plus ou moins évidents.

On sera sans doute surpris que je rattache à cette
étrange et générale maladie, tel que de nombreux et
différents enfants à une même et commune mère, tant
d'affections diverses qui, depuis quelques années, ont
à la fois frappé l'homme, les animaux, les végétaux et
les minéraux; mais j'espère qu'après lecture faite, surtout attentivement et consciencieusement, on cessera de
l'être.

Enfin, dans chacune de ces maladies, j'exposerai
d'abord et successivement leur historique, leur nosographie, leur étiologie et leur thérapeutique actuelle,
pour remonter ensuite aux causes véritables et aux
vrais moyens de les prévenir et de les guérir; lesquels
constitueront en résultat la couronne fructidorale de
mon *Epigéonosie*, que les lecteurs verront infailliblement avec intérêt.

Je vais donc entrer dans la carrière et commencer
mon œuvre par l'espèce humaine, pour la continuer
par les animaux, les végétaux, les minéraux, et la terminer par la recherche de la haute et profonde question
qui touche l'origine et la nature de la cause générale
de l'*Epigéonosie*, ainsi que les moyens de la prévenir
et de la guérir. Puisse le lecteur avoir assez de patience
et de courage pour ne pas se rebuter avant le terme de
ce scientifique voyage, qui doit sainement et agréablement le conduire à l'utile et désirable port de la vérité.

PREMIÈRE PARTIE.

L'ÉPIDÉMOZOOTIE[1]

ou

L'ORGANOPURULIE

DANS L'HOMME ET LES ANIMAUX.

Dans cette première partie, qui a pour objet l'Epidé-mozootie, ou l'*Organopurulie dans l'homme et les ani-maux*, je place d'abord en tête l'espèce humaine, en-suite les animaux domestiques, et, enfin, les animaux libres ou dans l'état de nature.

L'Homme, constituant le roi des animaux et même de la création, devait sans doute avoir l'honneur du bou-quet ou d'être traité le premier dans mon œuvre Epi-géonosique; mais pourrait-on se formaliser de ce que je n'en ai pas fait une classe à part? Ayant naturellement avec eux la plus grande similitude physique, et n'en dif-férant sensiblement que par son être moral, qui seul plane partout et contemple les grandes merveilles de la créa-tion, et son corps matériel étant seul ici affecté, comme

---

(1) J'ai composé le mot *Epidémozootie* de trois mots grecs : ἐπι, sur; δημος, peuple; ζωον, animal.

celui de ces animaux, je ne pouvais le détacher ou l'isoler de cette première partie, pour en faire le sujet d'une histoire à part, d'autant plus qu'il fournira fréquemment d'utiles et importants sujets de comparaison, surtout pour la philosophie médicale, zoologique, phytologique et générale.

D'ailleurs, il est bien reconnu, surtout par mon observation propre, que les mêmes maladies qui attaquent l'espèce humaine affectent à peu près aussi les animaux; et comment pourrait-il en être différemment, puisqu'ils ont à peu près la même organisation et qu'ils sont soumis aux mêmes influences morbides, soit internes, soit externes, soit combinées? Il ne faut pas en douter, la *médecine humaine* et la *médecine vétérinaire* sont deux sœurs naturelles, qui, loin de se repousser ou d'être ennemies, doivent mutuellement vivre dans le plus grand accord; c'est de cette naturelle et indispensable union que l'*iatrie générale* peut espérer de faire des progrès marquants : car toute bonne idée, la vérité même, naît ordinairement d'une bonne comparaison : voilà pourquoi il y a tant à espérer d'une bonne et *générale médecine comparée.*

Dans cette conjugale union, le bon médecin pourrait être, au besoin, un bon vétérinaire, et le bon vétérinaire pourrait être, également au besoin, un bon médecin. Pourquoi donc règne-t-il, en général, une sorte de tacite antipathie entre les médecins et les vétérinaires? Pourquoi les premiers se considèrent-ils dans un rang tant élevé au-dessus des seconds? Est-ce parce qu'ils sont exclusivement appelés à soigner le roi des animaux, l'être le plus intelligent de la création, en un mot, l'*homme*, tandis que le vétérinaire n'est appelé à soigner que des *brutes*, ou des êtres privés d'une raison aussi distinguée, ainsi que de la parole? Sans doute, c'est un insigne honneur que d'être appelé à porter des soins intriques à l'élite des êtres terrestres; mais, cependant, s'il faut tant établir un rationnel parallèle entre les lumières et les qualités qui doivent distinguer un *vétérinaire* d'un *médecin*, je dirai que le génie, la sagacité, le tact médical du premier, doivent être beaucoup plus transcendants ou élevés que dans le second, parce que, marchant ordinairement de l'*inconnu* vers l'*inconnu* ou de l'obscurité vers l'obscurité, dans l'étude et le traitement des maladies des nombreux animaux domestiques, il est obligé de deviner pour ainsi dire tout, par un rare tact d'observation, tel que le philosophe qui veut étudier et connaître la *cause première* qui a créé et qui dirige l'univers; tandis que le médecin, possédant dans ses malades le don de la parole et celui d'une intelligence plus élevée, et n'ayant d'ailleurs à agir que sur une seule espèce d'êtres, quand le vétérinaire agit et opère sur un grand nombre, dont l'organisation et la vie sont tellement différentes ou hétérogènes que chacune d'elles exige pour ainsi dire une médication particulière et appropriée à sa nature spéciale, le médecin, dis-je, possédant sur le vétérinaire tous ces énormes avantages, nonobstant les maladies morales, auxquelles les animaux sont même également

exposés, quoiqu'à un moindre degré, marche pour ainsi
dire constamment du *connu* vers l'*inconnu* et même très
souvent vers le *connu* : lumière préliminaire qui faci-
lite infiniment la solution du *problème médical* à résoudre, que le vétérinaire n'a point l'avantage de posséder.
Par conséquent, celui qui marche bien dans l'*inconnu*,
l'*obscurité*, doit avoir plus de *talent* et de *sagacité* que
celui qui marche *précédé d'une lumière*, indiquant ou
traçant la route à suivre dans la carrière.

Mais laissons de côté cette digression, qui nous mè-
nerait sans doute trop loin, mais qui ne laisse cependant pas que d'être à sa place, pour reprendre le fil naturel de l'épidémozootie, que je divise en deux classes :
1° L'Epidémie, ou l'*Organopurulie dans l'espèce humaine;*
2° l'Epizootie, ou l'*Organopurulie dans les animaux
domestiques.*

CLASSE PREMIÈRE.

L'ÉPIDÉMIE

ou

L'ORGANOPURULIE

DANS L'ESPÈCE HUMAINE.

L'espèce humaine, malgré sa transcendante intelligence, ne peut pas se promettre de connaître, prévenir ni guérir toutes les causes des maladies, internes ou externes, que la nature fait à l'improviste développer dans son sein. Sa perspicacité se trouve souvent à ce sujet en défaut complet, surtout pour ce qui concerne les maladies qui ne sont point encore ou que très peu tombées sous son œil observateur, et sa santé s'en trouve plus ou moins dérangée, selon le caractère plus ou moins morbide de ces mêmes causes. Cependant, cette santé constitue le premier des trésors de la vie, sans lequel les autres ne sont rien, qu'on ne saurait jamais trop bien soigner pour le bien-être et le bonheur de ce monde. Mais, comment prévoir et guérir ce qu'on n'a jamais ou que très incomplètement vu ou observé,

4

surtout quand on ne s'y attend pas? C'est, pour ne pas dire impossible, très difficile sans doute : témoins les maladies suivantes, qui ont affecté çà et là ou sporadiquement l'*homme* et la *femme*, pendant les années 1851, 1852, 1853 et 1854, avec une plus ou moins grande intensité et souvent d'une manière plus ou moins générale ou *épidémique*.

Je divise ces maladies, pour en faciliter l'intelligence, en plusieurs sections et dans l'ordre suivant : 1° *l'entéropurulie;* 2° *l'uropurulie;* 3° *la génitopurulie;* 4° *la pneumopurulie;* 5° *la buccopurulie;* 6° *la cutanopurulie;* 7° *la dactylopurulie;* 8° *la choléropurulie;* 9° réflexion générale.

SECTION PREMIÈRE.

L'ENTÉROPURULIE[1].

Les personnes des deux sexes, tout le monde le sait, éprouvent une secrète honte pour se plaindre ou avouer leur mal, quand il s'agit surtout d'affections particulières aux organes des voies inférieures, et, pour ce pudique motif que le bon sens condamne, elles préfèrent ordinairement plutôt souffrir que de les déclarer, même aux

---

(1) Du grec : εντερον, intestin; de εντος, au-dedans.

hommes de l'art, pour guérir. Cette irraisonnable résolution contribue souvent à déranger profondément leur santé, ce premier des trésors de ce monde, et même quelquefois à la perte de leur vie.

Dans le courant de l'année 1851, surtout à partir du mois de juin, une foule de personnes de tout sexe, de tout âge, de tout tempérament et de toute profession, mais plus particulièrement les manouvriers de terre et les gens de grande peine, dont les efforts soutenus se portaient spécialement sur les reins et les parties inférieures du tronc, et qui en même temps supportaient des pluies, surtout froides, pendant qu'ils étaient échauffés par le travail ou en transpiration ouverte, furent atteints, sans pour cela perdre sensiblement l'appétit ni l'apparente santé, ni même vaquer à leurs travaux accoutumés, *d'une singulière maladie*, qui parcourut en général ses phases à l'insu de la grande majorité des médecins, mais non de mon œil scrutateur, qui l'étudia d'une manière spéciale.

Cette étrange maladie, qu'on aurait pu facilement confondre avec la dyssenterie, la diarrhée catarrhale, les hémorrhoïdes, la cristalline et même avec une sorte de morve anale, se présentait en général sous les caractères suivants : d'abord, les malades devenaient insensiblement ou peu à peu légèrement tristes, monotones, faibles, portés au sommeil, et éprouvaient de temps en temps de légères douleurs dans les reins et dans l'intérieur du bas-ventre, comparables à de légers préludes de coliques, qui duraient ordinairement d'un à huit

jours et qui étaient mêlées de légers frissons fiévreux,
ainsi que d'un notable prurit au fondement. Ensuite,
ces sourdes douleurs collicatives, accompagnées d'une
légère constipation comme dans la plupart des coliques
ou des inflammations intestinales, allaient très insensiblement croissant pendant une autre petite série de
jours. Enfin, ces douleurs devenaient, avant la quinzaine de l'invasion de la maladie, surtout vers la région
interne des reins, très fortes et même déchirantes,
comme si le mésentère ou les liens du paquet intestinal
se fussent détachés des reins, douleurs quelquefois tellement intolérables qu'elles forçaient de s'accroupir ou
de se courber jusqu'à terre, ou bien, si l'on était au lit,
de se rouler en tous sens et de se tenir couché de tout
son long, plutôt sur le dos que sur le ventre. Et, à chacune de ces violentes mais passagères douleurs, on
éprouvait des épreintes qui forçaient d'étendre les membres inférieurs, de pousser de gémissantes plaintes, et
souvent de s'accroupir et d'aller vite à la selle pour ne
rien expulser ou que très peu de chose.

Quelques jours après ces symptômes précurseurs,
l'intérieur et le pourtour de l'orifice anal s'enflammaient
et s'engorgaient sensiblement, avec un grand prurit
local, et souvent il s'y formait des tumeurs arrondies et
rougeâtres, d'une grandeur variable depuis celle d'un
pois à celle d'une grosse noisette. Bientôt après, de très
fréquentes, vives et douloureuses épreintes se décla-
raient, immédiatement suivies d'un irrésistible et très
pressant désir d'aller à la selle, avec passager renver-

sement des tumeurs internes de l'anus, sans produire aucune ou presqu'aucune déjection alvine, sanguinolente ni purulique; mais, quelques jours après et insensiblement, une légère quantité de matières mucoso-sanguinolentes s'évacuaient à chaque douloureux effort expulsif, et continuaient pendant une nouvelle série de jours, pour ensuite se transformer en véritable et blanche morve purulente, presqu'inodore, mais tellement irritante, surtout dans le principe, qu'on était pour ainsi dire à chaque instant du jour et de la nuit forcément obligé, nonobstant toute occupation, d'aller à la selle pour les expulser, ou mieux les accoucher, au sein des plus vives douleurs, immédiatement suivies ordinairement de quelques petits excréments secs, durs, moulés et coiffés de ces mêmes matières morbides.

Quand la maladie était arrivée à ce degré de maturité et de suppuration, ce qui était ordinairement du quinzième au trentième jour de l'invasion, selon l'intensité de la cause efficiente et le tempérament des personnes, ces morbides et blanches évacuations continuaient leur cours en croissant en quantité pendant deux ou trois mois, et quelquefois davantage, pour ensuite diminuer et disparaître insensiblement, après avoir produit ou expulsé du corps des quantités énormes de matières ou morves purulentes, mais sans aucune mortalité, du troisième au sixième mois de l'invasion de cette étrange maladie.

Les malades, étonnés de cette grande purulence, se croyaient en général atteints d'une sorte de *maladie vé-*

nérienne *anale* et *intestinale*, sans en connaître la cause, qui rongeait l'intérieur de leur corps, mais qui les purgeaient des mauvaises humeurs dont ils pouvaient être infectés, et se consolaient ainsi, se recommandant aux simples secours de la nature, et n'osant en général rien en dire à personne qu'à leurs amis ou à ceux en qui ils avaient une entière confiance, crainte d'être accusés ou blâmés d'être atteints d'une *maladie vénérienne*, par suite de quelque crime de fornication, de sodomie ou de bestialité.

Cette maladie régnait encore, çà et là, en février, mars et avril 1852. Elle a offert de nouveaux cas sporadiques en février, mars, avril et mai 1853, mais d'un caractère beaucoup moins grave. Enfin, elle a reparu en octobre, novembre et décembre de cette même année 1853, surtout dans le midi de la France, spécialement dans le Bigorre et l'Armagnac, sous la forme d'une *dyssenterie-épidémique*, qui, dans certaines localités, a causé de notables mortalités, mais qui partout ailleurs a été, comme les années précédentes, assez bénigne, et même s'est quelquefois bornée à de simples et passagères coliques, sans aucune trace de purulence.

Quoique l'entéropurulie de 1851, 1852 et 1853 n'ait pas été doctoralement traitée, du moins à ma connaissance, j'ai cependant appris ou observé que la chaleur douce et constante, le ménagement dans les pénibles travaux, et une nourriture douce, grasse, substantielle et tonique, plutôt que maigre, froide, débilitante ou irritante, favorisaient sensiblement sa cure, ou diminuait infiniment la gravité de ses symptômes, de manière à rendre sa durée beaucoup plus supportable et beaucoup moins longue.

Enfin, puisque j'ai donné à cette maladie le nom d'*entéropurulie*, il est évident que je la considère comme ayant son siége dans les intestins; mais, n'ayant point eu l'occasion de faire à ce sujet aucune autopsie, dans quelles parties de ces intestins régnait-elle spécialement? D'abord, puisque l'anus était si endommagé par elle, et qu'un pareil mal ne pouvait pas se borner ou s'arrêter tout à coup, il est évident qu'elle devait se continuer et s'étendre plus ou moins dans le rectum; et, ensuite, puisque la région interne du bas-ventre et des reins était si douloureuse, il est également évident que quelque partie des intestins grèles, ou des gros intestins, en était aussi le siége; et, qu'on n'en doute pas, l'abondante évacuation purulente qui s'échappait de ce canal intestinal, par l'anus, en constituait la preuve irrévocable.

Quant à l'histoire des causes de l'entéropurulie, ainsi que de toutes les maladies qui suivront, avec leurs moyens prophylactiques et curatifs, je les renvoie, ainsi que je l'ai déjà dit, à la fin de cet ouvrage, où je les traiterai d'une manière générale, sous tous les rapports, pour satisfaire les curieux, les savants, et même les plus rigides exigences.

SECTION SECONDE.

L'UROPURULIE[1].

Pendant le règne de l'Entéropurulie, les malades ne pouvaient ordinairement uriner qu'après avoir éprouvé les épreintes expulsatoires recto-anales, et ils ne versaient d'ordinaire qu'une urine rare, roussâtre, un peu trouble, irritante ou cuisante, par son contact sur la membrane muqueuse de l'urètre, qui traversait avec difficulté le canal urétral.

Cette rareté, cette couleur, ce trouble, cette irritation et cette difficulté urinaires prouvaient évidemment que la muqueuse urétrale, et probablement celle de la vessie, des urétères et du bassinet des reins, étaient plus ou moins enflammées et engorgées; mais il n'y avait aucune trace de purulence qu'un sédiment épais et grisâtre que l'urine déposait, pendant sa stagnation, dans le fond des vases.

Cependant, ces simples faits attestaient suffisamment que les organes urinaires étaient également frappés d'une légère atteinte organopurulique.

---

(1) Du grec : ουρον, urine.

SECTION TROISIÈME.

LA GÉNITOPURULIE[1].

L'organopurulie a même frappé à ces mêmes époques, quoique d'une manière très légère et sporadique, les organes générateurs de la plupart des deux sexes, mais primitivement ceux du féminin. La membrane muqueuse du vagin était également enflammée et engorgée, ou tuméfiée au point de rétrécir infiniment la capacité de son canal et même d'exsuder, elle ou celle de l'utérus, une humeur irritante et caustique qui produisait par son contact avec le membre viril de légères et passagères érosions, plus ou moins aphteuses, rouges, proéminentes et cuisantes ou prurigineuses, sur sa membrane prépuciale; lesquelles disparaissaient, sans notable suintement, dans quelques jours de temps; mais elles reparaissaient à chàque nouveau contact, preuve évidente qu'elles revêtaient un caractère contagieux, quoique la syphilis n'existât sans doute pas dans ces personnes, d'une sagesse exemplaire, et que, par conséquent, l'organopurulie existait dans leurs organes

---

[1] Du grec : γεννάω, engendrer.

génitaux, compliquée d'un caractère contagieux, et souvent de leucorrhée ou fleurs blanches, qui ne pouvaient provenir que de l'affection de la membrane muqueuse de l'utérus ou des ovaires, mais qui n'étaient pas ordinairement d'une longue durée.

On sera sans doute surpris que l'organopurulie fût contagieuse dans le cas dont il s'agit, et qu'elle ne le fût pas dans les cas précédents, ni comme on le verra dans les cas suivants, sauf peut-être pour l'espèce chevaline et bovine; mais cela ne doit pas surprendre, puisque les organes génitaux sont des organes générateurs ou reproducteurs, qu'ils sont faits pour la procréation, et qu'ils sont malheureusement exposés, depuis plusieurs siècles, à cette fatale et contagieuse maladie qu'on dit en général être un présent de la découverte de l'Amérique, quand peut-être le germe existait depuis longtemps avant dans l'ancien Continent, et quand d'ailleurs les humeurs ou les liqueurs plus ou moins prolifiques et pleines d'un principe plus ou moins spirituel ou vital, que ces organes secrètent, sont d'une liquide subtilité tellement grande que le moindre agent extérieur ou intérieur, surtout contre nature, peut déranger leur état normal et leur faire produire des résultats quelquefois corrupteurs, pestilentiels ou diaboliques! D'autant plus que ces humeurs, n'étant pas soumises à un cours régulièrement circulatoire, qu'elles stagnent plus ou moins dans les lieux qui les ont vu naître, ou dans les réservoirs qui les reçoivent, elles se trouvent dans le cas des eaux croupissantes qui, à l'opposite des eaux courantes, sont toujours plus ou moins corrompues ou puantes et même souvent pestifères.

Enfin, j'ajouterai, pour résultat organopurulique des trois cas qui précèdent, que les principaux ravages de la maladie se portaient non-seulement sur les organes des issues naturelles des parties inférieures du tronc, mais encore qu'ils y laissaient pendant longtemps, pour reliquat, un relâchement anal et génito-urinaire, qui ne permettait pas toujours de retenir à volonté les selles, les urines, ni les autres évacuations, mais de les expulser vite ou peu de temps après que le désir s'en fait sentir. L'ensemble du corps et de ces mouvements, même ceux de l'esprit, en devenaient souvent plus lourds et plus nonchalents, comme si une atonie générale eût régné dans l'organisme des êtres qui en étaient affectés, mais qu'une bonne, grasse et tonique nourriture, jointe à une douce et constante chaleur, calmaient et faisaient disparaître même assez rapidement.

SECTION QUATRIÈME.

LA PNEUMOPURULIE [1].

Sous le titre de *Pneumopurulie*, je comprends non-seulement l'affection du tissu pulmonaire, mais encore celle de tous les organes respiratoires, depuis le fond

---

[1] Du grec : πνευμον, poumon.

vésiculeux des bronches jusqu'aux orifices des narines, et spécialement de la membrane muqueuse qui les tapisse dans toute leur étendue. Cela bien convenu, voici ce que j'ai à dire sur ce nouveau genre d'organopurulie, sur lequel ˉcertains médecins se permettront peut-être de trouver mais irrationnellement à redire.

Dans le temps du règne des trois précédentes maladies, et spécialement dans les mois de janvier, février et mars 1852, il se développa épidémiquement sur les personnes des deux sexes, de tout âge et de toute profession, même sur les oisifs, en commençant cependant par les manouvriers et les domestiques, une générale affection pulmonaire et respiratoire, avec esquinancie, catarrhe nasal et bronchique, mal de tête, soporation et quelquefois délirante insomnie, laquelle était ordinairement et dans quelques jours accompagnée d'anorexie et de dégoût pour toute sorte d'aliments, ainsi que de râle, de toux, et, plus tard, d'une grande expectoration ou crachats purulo-morveux, d'un blanc légèrement jaunâtre; le tout, compliqué d'une ardente fièvre quotidienne, qui tenait souvent les malades au lit et qui durait ordinairement de huit à quinze ou vingt-cinq jours, et quelquefois davantage, sans causer de notables mortalités.

Cette maladie, qu'on appelait généralement et indistinctement la *fièvre* ou la *grippe,* guérissait ordinairement sans autres secours que les hygiéniques, et annonçait son déclin ou sa complète guérison par des aphtes ou petites pustules labiées, buccales ou laryngées, qui disparaissaient à leur tour dans une nouvelle et souvent pareille série de jours.

Cette même et épidémique maladie a reparu, dans les mêmes mois de l'hiver 1853, sur le midi de la France et successivement vers le nord et presque dans toute l'étendue de cette nation, et probablement de l'Europe, avec les mêmes caractères et la même terminaison, mais plus particulièrement dans les proches voisinages des rivières ou des étangs, dans les vallées surtout étroites et humides, et généralement dans tous les lieux humides et froids, pour ensuite se propager sur les côtes et les montagnes, dont l'élévation n'arrêtait pas sa rapide ascension.

Cette épidémique maladie parcourait ordinairement ses phases et se terminait, sans autres remèdes que de soins hygiéniques, comme l'année précédente, dans l'espace de huit à quinze ou vingt-cinq jours, sans causer aucune notable mortalité, sauf dans le cas où l'on pratiquait de fortes saignées.

Cette épidémique maladie s'est montrée de nouveau, mais d'une manière beaucoup plus bénigne et passagère, dans les premiers mois de l'année 1854, à la suite de fréquentes gelées blanches matinales, avec froid vent d'Orient, suivies pendant le jour de chaleurs plus ou moins intenses qui en ont constitué le caractère spécial.

SECTION CINQUIÈME.

LA BUCCOPURULIE [1].

Nonobstant les aphtes ou petites pustules des lèvres, de la bouche et du gosier, qui terminaient ordinairement les phases de la fièvreuse pneumopurulie, l'intérieur de la bouche, dans ces époques maladives, a été quelquefois le siége de *suppurations locales*, soit dans les gencives, soit dans le palais, soit dans la langue ou dans l'arrière-bouche, qui ont duré jusqu'à plusieurs mois, selon les sujets, et qu'on aurait été tenté de prendre pour des productions ou des ramifications vénériennes, qui pullulaient, se séchaient et reparaissaient successivement, tantôt dans un lieu, tantôt dans l'autre, sans déranger notablement l'appétit ni la générale santé corporelle, et sans céder, pour ainsi dire, à aucune sorte de traitement qu'à celui de la nature, qui, avec le temps, en opérait la cure radicalement.

Cette buccopurulie, quoique beaucoup plus rare que les précédentes organopurulies, a régné sur les deux sexes dans quelques contrées du midi de la France, spécialement dans l'Armagnac, sans que la médecine

------

[1] Du latin : *bucca,* bouche.

ait pu y porter pour ainsi dire le moindre salutaire secours; mais les malades, quoique affligés de cette impuissance médicale, étaient encore heureux d'avoir
une affection plutôt désagréable que très douloureuse,
et que la nature et les soins hygiéniques seuls conduisaient insensiblement à une complète guérison.

SECTION SIXIÈME.

LA CUTANOPURULIE[1].

Pendant ou dans l'intervalle du règne des précédentes
maladies, beaucoup de personnes des deux sexes et de
tout âge et profession ont eu, sans causes bien connues,
des inflammations ou ébullitions cutanées sur diverses
parties du corps, des sortes d'érysipèles erratiques, ou
bien des tumeurs plus ou moins prononcées et d'un
caractère phlegmoneux et purulent, qui se développaient
tantôt sur la face, tantôt sur les bras, tantôt sur le ventre, tantôt sur les membres inférieurs, et qui avaient
une durée quelquefois très longue, sans que la santé
générale des individus atteints en fût sensiblement dérangée, sauf la douleur locale et plus ou moins intense
qu'ils y éprouvaient. Aussi, ces maladies ne les inquié-

Du latin : *cutis*, peau, ou qui appartient à la peau.

taient pas beaucoup, continuaient sans crainte leur
régime et leurs travaux accoutumés, et s'en référaient
ordinairement et avec sécurité aux simples soins de la
nature.

SECTION SEPTIÈME.

LA DACTYLOPURULIE [1].

J'ai enfin observé, sur un très grand nombre de personnes, des deux sexes et de tout tempérament, surtout
dans les classes ouvrières, pendant les mois de janvier,
février, mars, avril et mai 1853, une autre sorte d'évacuation purulique, très abondante, qui s'opérait par
l'extrémité des membres et surtout par le bout des doigts
des mains et quelquefois des pieds. C'étaient des opiniâtres et très douloureux *panaris* ou *onglades*, techniquement nommés *onyxis* (du grec, ονυξ, ongle), com-
comparables aux *piétins* des animaux domestiques, mais
qui produisaient beaucoup plus de matière purulique
et qui n'affectaient jamais qu'un seul doigt.

Ce mal dactylique, qui n'était nullement contagieux,
quoiqu'il régnât d'une manière épidémique, s'annonçait ordinairement, sans causes apparentes, par un
grand prurit sur la partie malade, qui durait plusieurs

---

[1] Du grec : δακτυλος, doigt.

jours et qui était suivi d'un point rougeâtre à l'extrémité de quelque doigt, surtout du pouce ou de l'orteil, avec le sentiment ou la douleur d'un feu brûlant qui obligeait les malades de tenir souvent la partie malade plongée dans l'eau froide, et qui leur occasionnait même des accès de fièvre tellement vifs qu'ils ne pouvaient manger ni dormir, ni nuit ni jour, quelquefois pendant des semaines entières.

Ce point rougeâtre grandissait peu à peu, tout en engorgeant ou tuméfiant insensiblement le doigt affecté jusqu'au point de lui faire acquérir quelquefois le volume du bras, et même de s'étendre et de monter très haut, vers l'épaule ou vers la jambe, en causant au malade des douleurs intolérables. Bientôt, et peu à peu, la tuméfaction devenait tendue, luisante, livide, et se couvrait d'ulcérations plus ou moins boursoufflées qui se perçaient ou se faisaient jour ordinairement par dessous et sur les côtés de l'ongle, et desquelles il s'écoulait une abondante quantité de matière purulente, d'abord sanguinolente et puis blanchâtre, pendant l'espace d'un, deux, et quelquefois trois mois de temps, selon la constitution et le tempérament des malades.

Cette douloureuse dactylopurulie occasionnait souvent la chute de l'ongle du doigt affecté, et même quelquefois celle de la troisième ou dernière phalange, et continuait ses ravages sans qu'on pût y porter sensiblement remède ni tarir son abondante source purulente, que la nature seule opérait et guérissait avec le temps.

SECTION HUITIÈME.

LA CHOLÉROPURULIE[1].

Le *choléra*, ce fatal présent de l'Orient, qui vient par temps terrorifier et décimer les populations, surtout dans les grandes *cités*, qui semblent être sa patrie naturelle, s'est développé et a produit des ravages, surtout pendant l'année 1853, sur les populations du nord de l'Europe, spécialement en Allemagne et en Angleterre, ainsi qu'en France.

Des cas sporadiques de choléra se sont également montrés dans le midi de la France, pendant le commencement de l'année 1854. L'affection débutait par un violent et douloureux point de côté, du bas des côtes ou du ventre, et se terminait par des déjections putrides et infectes par les voies digestives inférieures et par les supérieures. Elle emportait ordinairement les malades dans quelques jours ou dans quelques semaines de temps. Plaisance (du Gers), surtout, en a offert plusieurs exemples frappants.

Mais, quoique dans cette peste il y ait flux verdâtre ou noirâtre de matières bilioso-purulentes et mêlées quelquefois d'aliments incomplètement digérés par les

---

[1] Du grec : χολη, bile.

voies digestives inférieures et souvent par les supérieures, la nature, les causes et le caractère spécial et éminemment pernicieux de cette grave maladie doivent
l'écarter un peu du cadre de mon *Organopurulie* et lui
mériter un article à part qui trouvera naturellement sa
place à la fin de mon *Epigéonosie*. Et si je l'ai men-
tionnée ici, si j'en ai même fait un article spécial, c'est
parce que cette peste a régné sur la terre dans les
mêmes temps que cette Epigéonosie, et que, par conséquent, ce morbide état du globe a pu contribuer pour
quelque chose à son développement.

RÉFLEXION GÉNÉRALE

SUR L'ORGANOPURULIE

DANS L'ESPÈCE HUMAINE.

Les maladies diverses que j'ai considérées dans les
huit sections qui précèdent sur l'Organopurulie, et qui
toutes ont évidemment un certain air de parenté, quoique
leur siége soit dans des organes différents, sont les principaux émonctoires que j'ai observés en 1851, 1852,
1853 et 1854, par lesquels le corps s'est débarrassé des
humeurs morbides ou superflues qui, sans doute, em-
barrassaient ou troublaient l'harmonie de ses fonctions
vitales, et qui, quand elles ont été expulsées du sein de
son organisme, est rentré dans son état normal.

Voyons maintenant si, parmi les animaux domestiques, il s'est opéré des choses à peu près semblables
que dans l'espèce humaine, et si, par une sage *médecine
comparée*, il est possible d'arriver lumineusement à
la connaissance de la cause efficiente de cette *Epidémozootie*, ainsi qu'à celle des moyens à mettre en usage
pour la prévenir et pour la guérir.

CLASSE DEUXIÈME.

L'ÉPIZOOTIE [1]

ou

L'ORGANOPURULIE

DANS

LES ANIMAUX DOMESTIQUES.

Dans cette seconde classe de l'épidémozootie, qui sera beaucoup plus étendue que la première, sont compris cette foule d'animaux utiles, ces robustes et vaillants compagnons de l'agriculture, du commerce, de l'industrie, de la civilisation, en un mot, ces serviteurs de l'homme civilisé, plus ou moins utiles et plus ou moins fidèles, qui, pour ces motifs, ont reçu le nom d'*animaux domestiques*.

Dans leur histoire organopurulique, je suivrai le même ordre que j'ai adopté dans la première classe, au sujet de l'espèce humaine, et je commencerai et continuerai par les espèces les plus importantes. L'espèce

---

(1) Du grec : ɛπι, sur; ζωον, animal.

chevaline en occupera la tête; l'espèce *bovine* suivra; ensuite, l'espèce *ovine;* puis, la *caprine,* la *porcine,* et successivement les *palmipèdes,* les *gallinacées,* etc.

Mais, avant d'entrer en matière, j'ai cru devoir faire précéder cette histoire d'un *discours préliminaire*, afin d'éclairer autant que possible un sujet qui a embarrassé et qui embarrasse encore bien d'observateurs, ainsi que les savants de la science médicale et de la science vétérinaire.

DISCOURS PRÉLIMINAIRE

DE L'ÉPIZOOTIE.

La nature, fertile et inépuisable dans ses ressources créatrices et destructrices, vient par temps ou de loin en loin surprendre et fixer particulièrement l'attention des mortels, ainsi que je l'ai déjà dit, par quelque production nouvelle, normale ou anormale, qu'ils n'avaient point encore observée, ou que très superficiellement. Chaque extraordinaire révolution céleste ou terrestre, chaque temps, chaque climat amènent leurs intempéries et leurs maladies, qui, pour ce motif, sont aussi différentes et variées qu'eux-mêmes : tantôt, ce sont des pestes plus ou moins meurtrières; tantôt, ce sont des affections cutanées plus ou moins opiniâtres; tantôt, ce sont des affections muqueuses ou catarrhales pulmonaires, intestinales, urinaires ou génitales; et tantôt ce sont des inflammations ou des lésions plus ou moins intenses des divers systèmes organiques, soit membraneux, soit musculaires, soit glanduleux, soit vasculaires, soit nerveux, soit osseux, que le grand sac ou enveloppe cutano-muqueuse renferme et protége hermétiquement de toutes parts contre les agents extérieurs, qui sans cesse agissent sur lui-même et modifient à chaque instant son propre état normal ou anormal, et consécutivement celui des divers systèmes organiques qu'il contient, ainsi que la vie qui les anime et que dirige à son gré la suprême main du Créateur.

Dans le même temps de l'année 1851, où régnaient secrètement, dans le midi de la France et probablement ailleurs, sur l'espèce humaine, l'entéropurulie et la génitopurulie, que j'ai observées et décrites dans la précédente classe, et que certaines gens, qui en étaient atteints, prenaient pour une sorte *d'affection vénérienne,* il apparut, dans ce même midi de la France, surtout dans le Bigorre et spécialement sur la belle et fertile plaine de Tarbes, une singulière *maladie épizootique,* qui frappa *l'espèce chevaline,* spécialement les juments poulinières et les étalons, et qu'on crut réellement être la *vérole* ou *syphilis.*

Jamais mortel n'avait encore été témoin d'un semblable phénomène, dans ces contrées, qui mit en émoi et même dans de grandes craintes les populations. Ses ravages allaient croissant avec une rapidité alarmante : un grand nombre de juments poulinières, de race distinguée, en périrent, ainsi que plusieurs étalons. Et, pour surcroît de sinistre, on croyait cette maladie éminemment contagieuse, même pour les personnes.

Ce fléau épizootique passait inaperçu, sous les yeux des vétérinaires, des médecins, et du gouvernement : c'est le peuple qui donna l'éveil, et qui mit en mouvement la science et l'autorité supérieure. Des observateurs furent aussitôt mis en marche et des commissions médicales et vétérinaires furent organisées, pour étudier et conjurer le fléau.

Cette surprenante maladie, qui, dit-on plus tard, avait déjà régné épizootiquement en Allemagne, et qui tenait partout les médecins, ainsi que les vétérinaires, divisés d'opinion, au sujet de sa nature, de ses causes et de sa contagion, offrait des caractères spéciaux tellement similaires à ceux d'une maladie vénérienne, que le vulgaire la baptisa aussitôt du nom de *vérole,* certains savants de *syphilis,* d'autres de *maladie du coït,* d'autres d'*épizootie,* et moi de *génitopurulie;* mais, selon les espèces ou les individus qu'elle affectait et les lieux ou climats dans lesquels elle se développait, elle offrait des caractères plus ou moins différents, tenant cependant tous de la même cause efficiente, et que l'œil exercé ou le génie seul pouvait reconnaître, ou montrer clairement les fils ou liens naturels qui les y rattachaient.

Sur la rumeur toujours croissante que cette affection était vénérienne et éminemment contagieuse, et qu'elle avait sa primitive source, selon les uns, dans quelque syphilitique et secrète fornication ou crime de bestialité, qui aurait été commis dans le Bigorre; ou mieux et selon les autres, dans les étalons du dépôt impérial de Tarbes, qui auraient été contagieusement affectés de la syphilis, le préfet de Tarbes ordonna qu'on visitât ces étalons, ainsi que toutes les juments atteintes de la maladie, qui furent amenées dans la cour de la Préfecture, et organisa une *commission spéciale*, sous sa présidence, composée de quatre docteurs en médecine et de quatre médecins-vétérinaires, pour observer et étudier avec soin cette épizootie et en prescrire le traitement prophylactique et curatif.

Cette commission médicale mit de suite la main à l'œuvre, parcourut le département des Hautes-Pyrénées, établit à Tarbes une infirmerie d'expérience où furent réunis plusieurs juments atteintes de la maladie et un étalon sain, tint plusieurs assemblées à la préfecture sous la présidence de M. le préfet, et finit par faire un rapport médical de ses divers travaux, qui fut inséré dans les *Actes administratifs* de la préfecture des Hautes-Pyrénées, année 1852, n° 8, page 117.

Dans ce rapport, daté de février 1852, cette commission médicale parle, d'abord, de l'arrêté préfectoral du 23 octobre 1851 qui l'avait constituée; et, ensuite, des quinze assemblées qu'elle avait tenues, des mémoires qu'elle avait lus, des autopsies qu'elle avait faites, de l'infirmerie expérimentale qu'elle avait établie, et des travaux qu'elle y avait opérés; ensuite, elle parle de la topographie médicale de la région contaminée, et sa succincte météorologie locale pour les mois de mars, avril, mai et juin; enfin, elle dit quelques mots sur l'hygiène particulière, sur les épizooties qui ont existé

7

dans le département, sur l'apparition de la maladie, sa statistique officielle, ses caractères et sa contagion; pour arriver au nombre des morts, aux autopsies, au traitement, aux discussions sur la nature de cette maladie, et finir par ses conclusions, qui n'ont pas en général satisfait tous les esprits ; spécialement un docteur en médecine des Hautes-Pyrénées, qui en a fait dans les journaux publics une critique amère. Cependant, cette épizootie continuait toujours ses ravages et sa propagation; loin de se borner dans l'arrondissement de Tarbes, elle se propagea, en 1852 et 1853, successivement dans toute l'étendue du département des Hautes-Pyrénées, spécialement sur les rivages du Gave et de l'Adour et jusqu'aux frontières d'Espagne, ainsi que dans les départements des Basses-Pyrénées, du Gers, de la Haute-Garonne, de l'Ariége, des Pyrénées-Orientales, et autres contrées du midi de la France.

Le gouvernement, à qui ce fléau causait de vives sollicitudes, donna ordre au ministre de l'intérieur d'envoyer dans les Hautes-Pyrénées l'inspecteur général des écoles impériales vétérinaires, accompagné d'un professeur de l'école vétérinaire de Toulouse, pour étudier cette maladie épizootique, nouvelle en France, et lui en faire le rapport.

Avant son départ, pour cette mission scientifique, l'inspecteur général, *M. Yvart,* se munit de toutes les lumières et de tous les documents qu'il put recueillir en France et à l'étranger, sur cette alarmante maladie, et partit pour Toulouse, où il prit et s'adjoignit le professeur *Lafosse*, qui furent à Tarbes et y étudièrent, ainsi que dans tous ses environs, cette étrange maladie épizootique.

Le rapport de MM. Yvart et Lafosse, qui se fit très longtemps attendre, était principalement basé sur celui de la commission médicale de Tarbes et sur plusieurs mémoires publiés en Allemagne par les professeurs *Hertwith, Hæxthausen* et *Strauss,* traduits par *Rauch,* ainsi que sur leurs propres observations, faites dans les Hautes-Pyrénées; et, d'après ce rapport, daté du 7 janvier 1853, une épizootie semblable à celle de Tarbes et du midi de la France aurait déjà et depuis longtemps existé sur plusieurs parties de l'Allemagne, sous les noms de *maladie vénérienne, maladie du coït, maladie aphteuse des organes génitaux, maladie lente des nerfs,* et sous deux formes différentes, l'une *superficielle et légère,* et l'autre *profonde et grave,* tantôt contagieuse et tantôt non contagieuse, et qui aurait laissé les hommes de l'art très divisés d'opinion, soit sur sa nature, soit sur sa contagion; enfin et d'après cette incertitude, malgré la négative formelle de contagionabilité que la commission médicale de Tarbes avait proclamée, ces deux savants vétérinaires proposèrent de faire de nouvelles expériences, pour établir plus solidement cette contagion, ou cette non-contagion; lesquelles ont été je crois faites à l'école impériale vétérinaire de Toulouse, par les soins et sous les yeux de MM. les professeurs de cette école, mais desquelles je ne connais pas le résultat.

Après ces notabilités médicales et vétérinaires, dont les rapports ont plus ou moins satisfait les esprits, je viens moi-même porter mon tribut dans ce grand fleuve de la science médicale, qui marche houleusement vers le grand océan de l'art de prévenir et de guérir, jonché de tant d'écueils et bouleversé par tant de tempêtes opposées, qui menacent à chaque instant de sombrer les vaisseaux des plus habiles et des plus hardis pilotes!

J'observai et j'étudiai déjà cette maladie sur l'espèce humaine, en 1851, dans Plaisance (du Gers) et ses environs, dont le résultat fait le sujet des principaux articles de la précédente classe, ainsi que sur les espèces chevaline, bovine, ovine, caprine, porcine, palmipède et gallinacée, de manière à y puiser d'utiles et lumineuses instructions de médecine comparée épidémozootique, quand elle sévit pour la première fois épizootiquement sur les juments et les étalons de la belle plaine de Tarbes et de ses environs, où elle causa tant de déplorables ravages et où elle fixa particulièrement l'attention de l'autorité supérieure, du gouvernement et des hommes de l'art.

A cette grande nouvelle, qui se propagea comme l'éclair dans le public, toujours curieux et zélé pour l'amour et le progrès de la science, je m'empressai, dès 1851, d'entreprendre un voyage médical, qui fut suivi de plusieurs autres et à mes frais, pour aller visiter à ce sujet le département des Hautes-Pyrénées et celui du Gers, spécialement Tarbes et les fertiles rivages du

Gave, de l'*Arros* et de l'*Adour*, où cette *épizootie* s'était le plus développée et où elle causait le plus de ravages et de mortalités; je conférai avec les principaux membres de la *commission médicale*, établie auprès de M. le préfet des Hautes-Pyrénées; j'observai leur infirmerie expérimentale, ainsi que les étalons du dépôt impérial; et, après invitation, j'assistai à une de leurs assemblées générales, qui fut tenue à la préfecture et qui était présidée par M. le préfet.

J'avais déjà raisonné sur cette maladie avec divers membres de cette commission médicale, sans être d'accord qu'avec deux, et encore incomplètement, quand je fus introduit dans le sein de cette assemblée, où tous les membres étaient au complet. On me questionna, je répondis, mais tous les membres ne parurent pas bien goûter mes réponses, *tot capita tot sensus;* enfin, et en prenant leur congé, je leur dis, que cette maladie n'était pas une maladie vénérienne, vérole ou syphilis, mais une épizootie passagère, comme le temps et les circonstances climatoriales ou autres qui l'avaient produite. Depuis cette époque j'entendis fréquemment nommer cette maladie simplement l'*épizootie*.

Dans ce même temps de l'hiver 1851-1852, où mon *Chant napoléonien* en musique occupait mon esprit presqu'autant que l'épizootie, et qui enflamma tant la bile des ineptes, des faquins et des blancs-becs, surtout de Plaisance, de Tarbes et de Pau, je priai M. le président de la commission médicale de me faire part du rapport de la commission, aussitôt qu'il serait imprimé, ce qu'il me promit, mais que je ne reçus jamais de sa part ni de celle d'aucun autre membre, comme s'ils me l'eussent tenu dans le secret. Ce ne fut qu'un an après, le 22 février 1853, que je l'obtins d'un de mes anciens condisciples et confrères de l'école impériale d'économie rurale et vétérinaire d'Alfort, *M. Sempastous*, ami d'heureuse mémoire et ex-médecin-vétérinaire du haras de Pompadour.

Quand j'eus ce rapport, je fus désireux de connaître celui de MM. *Yvart* et *Lafosse*. J'écrivis à ce sujet, le 1er mars 1853, à M. le directeur de l'école impériale vétérinaire de Toulouse, qui me répondit que ce rapport n'avait point encore reçu aucune publicité et qu'il n'en avait aucune connaissance. Surpris d'un aussi grand retard et ne connaissant pas l'adresse de M. Yvart, j'écrivis, le 8 du même mois de mars, à M. le ministre de l'intérieur, présumant qu'il en avait quelque connaissance; mais ce ministre me répondit qu'il n'était pas encore imprimé et qu'aussitôt qu'il le serait il m'en adresserait un exemplaire, si toutefois il n'était pas inséré dans les journaux scientifiques vétérinaires, dans lesquels je pourrais en prendre connaissance; enfin, j'ai vu ce rapport, dans le *Recueil de médecine vétérinaire*, du mois d'avril 1853, troisième série, tome x.

L'un ni l'autre de ces deux rapports ne parlaient que de l'espèce chevaline, et nullement des autres espèces d'animaux domestiques, ni non plus de l'espèce humaine, desquelles je me trouvai, parmi les médecins et les vétérinaires du monde, le seul observateur. Persuadé de la grande similitude qui existait entre les maladies de l'espèce humaine dont j'ai parlé dans la première classe de cet ouvrage avec celles de ces animaux domestiques, je voulais en faire une publication particulière et je fis à ce sujet imprimer un prospectus, pour établir une souscription, qui était textuellement conçu en ces termes : *L'Epidémozootie entérogénitopurulique, nouvelle maladie, appelée vérole ou syphilis, qui a régné dans le midi de la France, en 1851, 1852 et 1853, sur l'espèce humaine et sur les animaux domestiques, surtout sur les étalons, les baudets, les juments poulinières, les oies, les dindons et les poules, avec les moyens de la prévenir et de la guérir.* Je propageai ce prospectus, *franco*, par la voie de la poste, dans toute la France; mais, et à mon grand étonnement, il ne produisit, grâce à la cupide avarice ainsi qu'à la grande jalousie des hommes, qu'une seule souscription, quoique le prix ne fût élevé qu'à la somme de 3 fr. 50 cent. l'exemplaire, et je renonçai aussitôt à la publication de cet ouvrage.

Enfin, réfléchissant toujours sur cet important objet et le perfectionnant sans cesse, l'arrivée de la maladie des vignes, le retour de celle des pommes de terre, et autres motifs, ont réveillé mon zèle et mon amour scientifique et m'ont déterminé à publier ma présente *Epigéonosie;* laquelle est d'une étendue beaucoup plus grande que cette *Epidémozootie,* dont elle ne forme maintenant qu'une simple partie; et qui, malgré cela et quoique dans une nouvelle souscription, imprimée et propagée en France, par la voie de *voyageurs spéciaux,*

et non par celle des postes, qui sont ordinairement infructueuses, ne produisit, grâce aux mêmes et incorri-
gibles vices qui dévorent la plupart des mortels, et
quoique le prix ne fût élevé qu'à la valeur actuelle d'un
simple quart d'hectolitre de blé ou de vin, qu'un très
petit nombre de souscripteurs, et seulement dans les
classes les plus élevées et éclairées et même dont j'étais
avantageusement connu; preuve évidente que les lumières appellent et entretiennent les lumières, tandis
que l'ignorance appelle et entretient sans cesse l'ignorance et les vices divers qui forment d'ordinaire son
nombreux et déplorable cortége. Et, pour comble de sa
misère morale, c'est que plus cette ignorance est grande,
plus elle est crédule, têtue, bourrue, malveillante, orgueilleuse, et se croit surtout savante. A la vérité, pour
se blanchir ou se disculper, surtout quand elle est riche, elle dira affectueusement qu'on l'encombre journellement de prospectus et d'ouvrages, quand on n'en
voit aucun ou presqu'aucun dans ses nues ou désertes
bibliothèques; elle ajoutera qu'elle a été trop trompée
pour avoir confiance aux œuvres nouvelles, quand elle
ne l'a probablement été jamais, puisqu'elle ne possède
pas d'ouvrages, et quand au contraire elle ne s'aperçoit
pas qu'elle ne fait que mesurer les autres sur elle-même,
puisqu'elle constitue la Reine de la friponnerie générale. Enfin et en résultat, je dirai que le principal
avantage que cet épigéonosique Prospectus me procura
est d'avoir fourni, aussitôt après son apparition sur la
scène du monde, les matériaux d'un visible mais in-

forme plagiat, surtout viticole, qui a été inséré dans un journal d'agriculture du midi de la France, et, en même temps, un étrange refus de la part de quelques préfets du voisinage de m'autoriser à faire propager ce même Prospectus dans leurs départements respectifs; comme aussi quelques gouvernements d'Europe m'ont refusé et me refusent encore, depuis déjà plus de vingt-cinq ans, la simple *autorisation* d'établir à mes frais, sur leurs royaumes, mon nouveau et extraordinaire *système locomoteur*, espérant sans doute que, tôt ou tard ou de jour en jour, et aussitôt qu'il paraîtra à la lumière, il fournira les matériaux de quelque nouveau et grandiose plagiat; comme cela a déjà impunément eu lieu pour ma nouvelle et extraordinaire *télégraphie*, après l'avoir pendant plus de quinze ans considérée ou affecté de la considérer comme une rêverie, une chimère, une folie! Bel exemple et bel encouragement sans doute pour faire du bien aux hommes, et, surtout, pour faire progresser sur la terre l'industrie, les arts, les sciences et la civilisation (1)!

Mais terminons ici cet utile discours préliminaire, et reprenons le fil naturel de notre organopurulie dans les animaux domestiques, depuis la première espèce successivement jusqu'à la dernière.

---

(1) M. Jean-Baptiste RHODES, quand il était à Londres, proposa sa *Nouvelle Télégraphie* au Roi d'Angleterre, Georges IV, et, à son retour en France, en 1829, au Roi Louis-Philippe, ainsi qu'à tous les Rois et Empereurs du monde; et partout on la traita, durant plus de quinze ans, d'extravagance, de folie, de chimère : comme on en traita, depuis cette même époque. et même sous l'assemblée nationale ou républicaine de 1848, et même encore, son *Nouveau système locomoteur*, qui peut parcourir plus de cent lieues par heure, et qui pourrait faire le bonheur de ce Monde. Voilà l'aveugle incorrigibilité des Mortels, qui durera peut-être autant que l'Univers !!

SECTION PREMIÈRE.

L'ORGANOPURULIE

DANS L'ESPÈCE CHEVALINE.

Les individus de l'espèce chevaline, qui ont été atteints de l'organopurulie, sont les étalons, les baudets et les juments surtout poulinières, ainsi que quelques chevaux et poulains ou pouliches, particulièrement ceux des plaines et des vallées, qui, en général, en ont été plus frappés que ceux des côtes et des montagnes. L'ordre que je vais suivre dans son histoire est celui que j'ai déjà suivi, dans la première classe, pour l'espèce humaine.

§ I.

L'ENTÉROPURULIE.

Cette maladie, qui a été si épidémique et si purulente dans l'espèce humaine, surtout pendant les années 1851 et 1852, n'a été, dans ces mêmes époques, que sporadique et très légère sur l'espèce chevaline; on ne voyait, çà et là, qu'un petit nombre d'individus qui en fussent atteints, principalement les juments; leur jetage anal consistait dans une petite quantité de matières glairo-purulentes, d'un blanc jaunâtre ou verdâtre, qui coiffaient quelquefois les crottins, et qui n'étaient pas d'une odeur très puante.

Ce jetage était souvent précédé d'un grand prurit dans l'anus, et suivi par temps d'une expulsion d'œstres, de strongles ou d'ascarides vermiculaires, morts ou vivants. Les malades mangeaient également et même avec voracité, mais ils dépérissaient et avaient de fréquentes douleurs intestinales ou colliquatives, qui les obligeaient de se coucher de tout leur long, d'étendre raidement les membres, surtout les postérieurs, et quelquefois de se rouler, au sein de gémissements plus ou moins plaintifs, comme s'ils eussent été en proie à de violentes mais très passagères coliques; provenant sans doute de partielles ou plus ou moins générales inflammations ou irritations des membranes des intestins, surtout de la muqueuse, ainsi que de la parasite et intermittente action des vers; mais cette affection intestinale, qui dura très longtemps, n'eut aucune suite grave, ne causa aucune mortalité, ni ne laissa aucun reliquat dans l'organisme des animaux qui en furent affectés.

§ II.

L'UROPURULIE.

Les chevaux, les juments, ni les baudets n'ont en général manifesté, pendant le règne de l'Organopurulie, aucune sorte d'écoulement morbide par l'urètre, ni par les autres organes urinaires, qu'une urine un peu plus trouble, blanchâtre ou très jumenteuse, que l'état normal, et laissant précipiter par sa stagnation au fond des vases une plus grande quantité de sédiment. Mais quand ces animaux voulaient uriner, ils éprouvaient de violentes épreintes, qui les forçaient de s'accroupir beaucoup, pour n'expulser souvent qu'une très petite quantité d'urine, surtout les juments; preuve évidente qu'il existait dans la membrane muqueuse qui tapisse l'intérieur des organes urinaires une inflammation ou une irritation particulière ou générale, qui devenait plus douloureuse au moment du passage ou du contact de l'urine.

Ces faits établissaient assez que les organes urinaires, quoiqu'il n'y eût pas une réelle et abondante purulence, étaient cependant, comme dans l'espèce humaine, légèrement affectés de l'Organopurulie.

Enfin, cette affection n'existait ordinairement jamais seule, mais concurremment avec la précédente ou avec la suivante.

§ III.

LA GÉNITOPURULIE.

La génitopurulie est la seule maladie organopurulique qui, pendant les années 1851, 1852, 1853 et 1854, ait particulièrement frappé et même mis en émoi le public, les observateurs, les hommes de l'art et le gouvernement, par son caractère, ses ravages et les mortalités nombreuses qu'elle laissait sur son passage. Cette maladie était en général considérée, soit dans les étalons, soit dans les baudets, soit dans les juments, comme une véritable et contagieuse *vérole* ou *syphilis*, qui, au grand étonnement de tout le monde, sévissait pour la première fois, dans le midi de la France, sur l'espèce chevaline. On croyait assez généralement que le funeste présent de l'Amérique avait été secrètement et bestialement communiqué à ces animaux, par quelque individu corrompu de l'espèce humaine. En un mot, croyant à sa réciproque contagion, tout le monde était et se tenait en France sur le qui-vive à l'approche d'un aussi redoutable ennemi, d'un fléau aussi alarmant, prêt à sévir partout et joncher la surface de la terre d'immondes et mortels torrents de pourriture !

Cette étrange et nouvelle maladie se présentait, dans les étalons et les juments, sous des caractères très différents, quoique dans le fond ils pussent avoir une commune origine. Il est donc rationnel de la considérer à part ou d'en constituer séparément deux articles, quoiqu'elle existât sur ces animaux constamment dans les mêmes temps.

I.

DANS LES ÉTALONS ET LES BAUDETS.

Les étalons et les baudets, en général beaucoup moins affectés que les juments, n'ont manifesté aucun écoulement morbide ou purulent par l'urètre, qu'une urine plus trouble ou jumenteuse que dans l'état normal, ainsi que je l'ai déjà dit dans le précédent article de l'uropurulie; mais le pourtour de l'orifice ou bout de ce canal génito-urinaire était ordinairement un peu plus rouge et plus gonflé que dans l'état normal, ainsi que la surface du pénis; quelquefois il y avait phimosis ou paraphimosis; et, très souvent, la membrane muqueuse qui recouvre ce membre génital, offrait, ainsi que la base du fourreau, surtout en dessus ou en dessous et plus ou moins près de la ligne médiane de ce membre, tantôt au milieu et tantôt aux extrémités, des engorgements partiels, isolés, rougeâtres et plus ou moins indolents, dont l'étendue variait en général de quelques millimètres à 3 ou 4 centimètres de diamètre, et qui dans quelques jours se dissipaient insensiblement sans laisser des traces de leur passagère existence; ou bien et le plus souvent ces inflammatoires engorgements se transformaient et se couvraient d'un ou plusieurs boutons rougeâtres, proéminents et plus ou moins arrondis et varioleux, chancreux ou aphtoïdes, du variable diamètre de trois à dix millimètres, et plus ou moins prurigineux, qui finissaient en peu de temps par se percer au sommet, laisser couler une petite quantité d'une sanie ou matière blanchâtre ou jaunâtre, puis s'affaisser, former des érosions ou des ulcères passagers, et, enfin, se sécher, se couvrir d'une croûte et s'exfolier ou tomber, naturellement ou sans l'application d'aucun remède, dans l'espace de quinze à vingt ou trente jours.

Ces malades ne manifestaient aucune notable diminution d'ardeur coïtale, ni anorexie, ni douleur parti-culière bien grande, ni sensible dépérissement; sauf très peu d'exceptions ou dans un très petit nombre de cas, qui ont produit la consomption et la mort des malades, dans le variable espace en général de quatre ou cinq à vingt mois, surtout dans le département des Hautes-Pyrénées et autres départements du midi de la France.

Mais, dans ces derniers cas, la maladie offrait en outre d'autres symptômes, d'un caractère beaucoup plus grave, dont les principaux étaient successivement et progressivement les suivants :

1° Tristesse, assoupissement, désir de se coucher et d'y rester longtemps comme en sommeil, ou bien de se coucher et de se relever fréquemment, avec épreintes et plaintes semblables à celles que causent des douleurs intestinales;

2° Grande et douloureuse sensibilité de la région dor-sale et lombaire, qui obligeait les malades de vousser le dos et de rapprocher les membres postérieurs du centre de gravité, surtout sous la pression de la main, ou sous la moindre charge, comme si une forte dou-leur interne y eût existé et l'eût repoussé en dehors;

3° Grande faiblesse du train postérieur, fréquent pié-tinement, claudication et souvent roideur ou passagère tension de l'un ou de l'autre membre de derrière;

4° Gène locomotive, et engourdissement ou paralysie, complète ou incomplète, de la moitié postérieure du corps, accompagnés ou suivis de dépérissement et d'émaciation particulière ou générale, surtout de la croupe, ainsi que de la cuisse du membre affecté quand il y avait eu claudication;

5° Quelquefois boutons, phlyctènes, ou pustules sur diverses parties du corps, et, d'autrefois, jetage nasal d'une apparence plus ou moins catarrhale ou morveuse;

6° Chute plus ou moins subite, longue station par terre, sans pouvoir se relever, et mangeant toujours; comme les bêtes à corne atteintes de la paralysie du train postérieur, appelée vulgairement *lancis,* ou comme les personnes paralysées de la moitié inférieure du corps.

L'autopsie des animaux succombés à cette grave maladie offrait ordinairement un notable ramollissement du cerveau et de la moëlle épinière, surtout dans la région lombaire, ainsi que du système musculaire, glanduleux et presque de tous les autres tissus organiques, plus ou moins solides, jusqu'aux articulaires, surtout cotyloïdiens, conjointement avec une rougeur de l'endocarde et un grand apauvrissement ou hydrique liquidité du sang, ainsi que de tous les autres fluides, et quelquefois hydropisie du péricarde; ensuite, la membrane muqueuse des voies urinaires était légèrement enflammée et en outre elle offrait çà et là, dans la vessie, de petits points rouges, brunâtres ou ecchymosés; enfin et presque constamment la membrane muqueuse de l'estomac et des intestins, surtout du rectum, était rougeâtre ou violacée ou ecchymosée, ou çà et là parsemée d'érosions plus ou moins marquées, entremêlées d'arborisations veineuses, et quelquefois de purulentes ulcérations, ainsi que d'œstres, d'ascarides vermiculaires et quelquefois de tænias plus ou moins nombreux, qui n'étaient pas sans doute étrangers à toutes ces altérations organiques gastro-intestinales.

Quant au traitement, soit prophylactique, soit curatif, quelques moyens qui aient été mis en usage, tous ont été en général infructueux, ou d'un effet très peu avantageux; et les malades qui ont été sauvés, l'ont été plutôt par les soins et les ressources de la nature, que par ceux de l'art ou de la médecine vétérinaire. Cependant, il est certain que les moyens hygiéniques, les bons aliments et les remèdes toniques ont toujours produit de meilleurs effets que les moyens et les remèdes débilitants.

Mais cette grave maladie n'a pas en général affecté tous les étalons ni tous les baudets des haras, dépôts et stations, ni des montes privées; il y en a toujours eu quelqu'un et quelquefois la grande majorité qui n'en ont pas été affectés, du moins d'une manière apparente ou sensible; sauf très peu d'exceptions et dans les seuls lieux où l'épizootie sévissait avec le plus de violence. Un grand nombre de ces établissements en ont même été complètement exempts, même quelquefois tout à côté ou à peu de distance de ceux qui en étaient complètement infectés; anomalie singulière, qui annonçait que certains lieux étaient plus propres à développer ce fléau que certains autres, quoique situés quelquefois sur la même plaine, sur la même vallée, ou sur les mêmes coteaux. Ensuite, puisque dans le même établissement on voyait souvent des individus être atteints et non les autres, c'est une preuve évidente que l'idiosyncrasie de ces êtres y jouait un grand rôle, et qu'elle était plus favorable dans les uns, pour développer cette maladie, que dans les autres. Enfin, de ce qu'il est constant que, dans une foule de cas, des individus sains ont cohabité avec des individus malades, sans contracter la maladie, c'est encore une preuve évidente que, soit par leur constitution organique, soit par leur tempérament particulier, soit par toute autre cause, cette maladie n'était pas de nature à avoir prise sur eux, ou qu'elle n'était nullement contagieuse, du moins d'une manière naturelle, ni, d'après l'expérience, d'une manière artificielle ou par directe inoculation. On a cependant bien cru à sa contagion et même sur les personnes, mais nul ne l'a démontré sans réplique ni avec affirmation, du moins pour ce qui concerne les étalons : d'ailleurs, je reviendrai beaucoup plus longuement sur cet article dans l'histoire des juments. Passons, en attendant, sur quelques faits qui concourront à établir que cette épizootie avait sa source dans la nature, plutôt que dans la contagion.

PREMIER FAIT.

D'abord, les chevaux hongres ou mutilés par la castration n'ont pas été atteints, du moins à ma connaissance, de cette plus ou moins redoutable maladie; tous ont conservé leur état normal, pendant son règne, et ont continué sans gène leurs travaux accoutumés; ils ont cependant eu plus d'ébullitions cutanées, de gales et d'affections pédiculaires ou de poux que dans les temps antérieurs; ainsi qu'une certaine faiblesse corporelle, ou organique, plus grande que d'habitude et jointe à un moindre embonpoint, qui les a portés à buter et à s'abattre fréquemment sur le devant, de manière à se produire des contusions ou meurtrissures plus ou moins grandes et surtout à se couronner plus ou moins profondément. Aussi, il y a bien longtemps qu'on n'avait vu et peut-être jamais autant de chevaux et juments de travail couronnés qu'il en paraît depuis quelques années. A la vérité, on leur fait toujours faire des travaux de plus en plus forcés et surtout des courses de plus en plus extravagantes, soit par l'effet de l'ignorante et sordide cupidité, soit par le désir immodéré ou la folie de vouloir courir comme le vent, pour tomber comme la pluie; soit pour d'autres motifs, tout aussi peu sensés, qui viennent se joindre à cette générale faiblesse et aggraver pitoyablement ses funestes effets.

SECOND FAIT.

Ensuite, beaucoup de poulains entiers, de tout âge, mais plus particulièrement ceux de six à trente mois, ont été affectés, pendant le règne de cette épizootie, d'un état morbide plus ou moins semblable à cette maladie, mais porté à un moindre degré de gravité, qui les tenait également pendant très longtemps tristes, abattus, maigres, poil terne et sec, avec nonchalance, faiblesse du train postérieur, difficulté et douleur pour uriner, urine trouble ou jumenteuse, et fréquents accès de fièvre, sans perdre toutefois l'appétit, et qui leur développait souvent des claudications ou des ébullitions cutanées, quelquefois des engorgements ou des tumeurs suppurentes, et presque toujours des affections psoriques ou pédiculaires, plus ou moins opiniâtres. Cette maladie, qui tenait ces jeunes animaux plus ou moins accablés, et qui sévissait sur eux surtout pendant l'automne et l'hiver, n'a causé en général que peu de mortalités, et a souvent disparu plus ou moins complètement par les salutaires effets des bons pacages printaniers, surtout composés de trèfle incarnat, appelé *faroun*, *ferrou* ou *farouche*, dans la plupart des contrées du midi de la France. Et, chose notoire, on voyait un plus grand nombre de ces jeunes animaux affectés, parmi ceux qui étaient encore entiers que parmi ceux qui avaient déjà subi la castration; comme si l'intégrité des organes génitaux eût été une essentielle ou principale condition au développement de cette maladie, et qu'ils eussent pour ainsi dire attiré ses germes producteurs.

Quant aux ânons, comme le nombre en est si petit dans ces contrées, je n'ai pas eu occasion d'observer s'ils avaient oui ou non été atteints de cette même affection.

II.

DANS LES JUMENTS POULINIÈRES.

Les juments poulinières sont les premières qui ont fourni le sujet de l'éveil général sur la prétendue vérole ou maladie vénérienne de l'espèce chevaline; leur génitopurulie a été en général beaucoup plus apparente et beaucoup plus grave que dans les étalons et les baudets; un nombre beaucoup plus grand en a été affecté, et a produit chez elles une plus grande mortalité.

Dans le principe de la maladie, ou peu de temps après son invasion, mais ordinairement quelques mois après la saillie ou copulation, un grand nombre de ces juments avortaient, sans cause connue, ou traînaient une triste et valétudinaire grossesse, rarement terminée par une bonne parturation, parce qu'il est difficile que des êtres malades puissent engendrer des fruits sains et vigoureux. Mais, comme si la nature eût voulu diminuer le nombre de ces avortons, beaucoup de juments menées à l'étalon ou au baudet ne prenaient pas et restaient dans une stérilité maladive.

Les caractères principaux de l'état morbide de ces juments poulinières, à partir de l'invasion, étaient successivement et progressivement les suivants :

1° Apparence de santé, avec bon appétit ;

2° Grand prurit et fréquent éréthisme de la vulve et

du clitoris, avec projection de quelques gouttes d'un liquide limpide, glaireux, plus ou moins blanchâtre;

3° Tuméfaction de la vulve et sa muqueuse plus rouge et plus boursouflée que dans l'état normal, surtout vers la commissure inférieure;

4° Flux intermittent par cette vulve d'une matière mucoso-purulente, plus ou moins fétide, qui agglutine et salit les crins de la queue, ainsi que le poil de la face interne des cuisses et des jarrets, s'y sèche, y forme des croûtes plus ou moins jauno-verdâtres, et fait tomber le poil de ces membres qu'elle touche, comme si elle était d'une nature alcaline ou caustique;

5° Grand et fréquent éréthisme vulvaire et clitorien, accompagné de l'action d'abaisser fortement la croupe ou de se camper, comme pour uriner, et d'expulser avec gêne et épreintes ou plaintifs gémissements, un peu de cette matière purulique et quelquefois un peu d'urine, mêlées ensemble ou séparément;

6° Augmentation du flux purulent et de la puanteur des matières expulsées, lesquelles deviennent d'un blanc de plus en plus jaunâtre, et souvent mêlées de stries sanguinolentes;

7° Faiblesse générale, notable douleur dans la région lombaire, gêne dans les mouvements des épaules et surtout des membres postérieurs, avec fréquent piétinement et souvent claudication de l'un ou de l'autre de ces membres, et, surtout quand les malades sont couchés, tension ou grand allongement de ces mêmes membres postérieurs, accompagné d'épreintes et de plaintives douleurs, comme dans l'acte de la parturation ou dans le commencement de quelque colique;

8° Grande gêne locomotive, notable amaigrissement du train postérieur, surtout de la croupe, dépérissement général, retroussement des flancs, grande tristesse, grande faiblesse du pouls, et cependant l'appétit se maintient;

9° Augmentation de tous ces symptômes, avec complication quelquefois de catarrhe nasal ou pulmonaire et même de morve, et d'autrefois d'affections cutanées ulcéreuses ou psoriques; émaciation générale; poils et crins ternes et s'arrachant facilement; corps beaucoup plus froid et les yeux très ternes; très grande faiblesse et plus forte boiterie du train postérieur, suivies de paralysie complète ou incomplète; et, si le malade tombe ou se couche, il ne peut plus librement se relever qu'avec la plus grande peine ou sans être fortement aidé;

10° Enfin, chute dernière, comme une masse inerte et sans pouvoir plus se relever, aidé ou non aidé, et sans cependant cesser de manger, jusqu'au terme de son existence, qui arrive ordinairement du quatrième au huitième mois de l'invasion de la maladie et quelquefois beaucoup plus tard.

Quels qu'aient été les moyens mis en usage pour les guérir, *antiphlogistiques, excitants, irritants,* ou préparations mercurielles, avec ou sans *exutoires* ou *vésicatoires,* plus de la moitié des juments poulinières atteintes de cette épizootie a péri de cette manière, et celles qui ont échappé au fléau, soit parce qu'elles n'en étaient pas aussi profondément frappées, soit parce qu'elles ont été bien soignées, ou parce que la nature les a mieux favorisées, ont mené, pendant plusieurs mois, une vie faible et languissante, et ont mis très longtemps à se rétablir complètement; si même il n'est pas resté dans le sein de leur organisme un sourd état anormal, qui les prédisposera à des rechutes plus ou moins complètes, ou à divers autres dérangements organiques.

A l'autopsie des juments poulinières, mortes de cette maladie, on trouvait à peu près les mêmes désordres organiques que dans la nécroscopie des étalons dont il a été déjà question; mais, et en outre, on trouvait ordinairement :

1° Que ces désordres organiques étaient plus graves ou plus profonds;

2° Que le ramollissement général des tissus solides était plus grand;

3° Que l'hydrique liquidité du sang et de tous les autres fluides, avec tendance plus ou moins grande à la purulence, étaient également beaucoup plus prononcées;

4° Que l'ethmoïde était souvent d'un brun jaunâtre, comme pourri, et que la membrane des sinus frontaux et celle des narines étaient jaunâtres et couvertes d'une mucosité purulente de même couleur, comme dans les cas de morve;

5° Que les articulations supérieures des membres, surtout la cotyloïde, étaient plus endommagées dans les

cas où il y avait eu claudication, et que, non-seulement
le cartilage et le ligament inter-articulaires étaient plus
épaissis, injectés et ramollis, mais encore qu'il y avait
quelquefois ecchymose noirâtre ou charbonnée, ainsi
qu'aux chairs musculaires avoisinantes, avec grande
luxation coxo-fémorale, sans rupture du ligament inter-
articulaire cotyloïdien, qui, de court et cylindroïde et
blanc qu'il est naturellement, était devenu molasse,
jaunâtre, aplati et allongé jusqu'à avoir plus de cinq
centimètres de longueur, de manière à permettre un tel
jeu à la tête du fémur, dans la cavité cotyloïde et dans
son pourtour, qu'on aurait dit, pendant le vivant du
malade et jusqu'à y faire méprendre les hommes de
l'art, que ce ligament était rupturé, ou bien, que le
fémur ou le coxal en ce point étaient fracturés; tant
cette région coxo-fémorale s'enfonçait pendant la
claudication dans la cavité pelvienne ou au-dessous du
bassin ! Phénomène remarquable, que j'ai particulièrement observé dans l'autopsie d'une jument du sieur Li-
gnac, propriétaire à Plaisance du Gers;

6° Que la vessie, ainsi que le bassinet des reins contenaient souvent une urine plus jaunâtre, plus épaisse,
gluante et floconneuse, et que la membrane muqueuse
de ces voies urinaires était plus rougeâtre, surtout dans
la vessie, où elle était souvent parsemée d'ecchymoses
ou points isolés d'un rouge brunâtre, et où elle était recouverte, ainsi que les uréthères et le méat-urinaire,
d'une mince couche de mucosités blanchâtres, qui s'en-
levaient facilement sous le scalpel;

7° Que le vagin était ordinairement plus rougeâtre que dans l'état normal;

8° Que l'utérus, souvent vide et quelquefois contenant une plus ou moins grande quantité de matières blanchâtres, plus ou moins purulentes, avait ordinairement la membrane muqueuse très épaissie et d'un brun rougeâtre, même parsemée de stries ou de points ecchymosés et quelquefois d'ulcérations, surtout dans ses cornes;

9° Que la membrane muqueuse des trompes de Fallope était quelquefois un peu rougeâtre, surtout au pavillon;

10° Que les ovaires, souvent ramollis, étaient quelquefois au contraire très durcis et remplis de cicatricules, ainsi que de petits kystes sphéroïdes et pleins d'un liquide jaunâtro-verdâtre;

11° Que l'estomac et les intestins, surtout les grêles, contenaient ordinairement une plus grande quantité d'œstres, d'ascarides lombricoïdes et quelquefois de tænias, presque constamment enveloppés de matières glaireuses jauno-verdâtres, ou nageant dans leur sein.

Quant aux prétendus entozoaires ou vers curieux et inconnus, que des observateurs et surtout *la commission médico-vétérinaire* de Tarbes ont dit avoir trouvé dans les gros intestins, principalement dans le cœcum, et que ce dernier corps de savants décrit ainsi dans son rapport : « *A la première vue de ces vers*, on croirait » avoir affaire à des graines de citrouille, tronquées à » leur extrémité la plus arrondie. L'autre extrémité

» offre aussi un léger renflement, tête séparée du reste
» par un étranglement presqu'imperceptible, qui forme
» le cou, qui devient bien apparent et est susceptible de
» se laisser distendre d'une manière remarquable, lors-
» qu'on le tire, soit pour les détacher de la muqueuse
» intestinale, soit en les tenant par leurs deux extré-
» mités. » Quant à ces vers, dis-je, il est très probable
qu'ils n'étaient que de très jeunes *tœnias rubanés*, de
quelques millimètres à un centimètre de long sur une
largeur un tiers moindre, que j'ai fréquemment trouvés
dans ces mêmes intestins, spécialement dans le détroit
ou passage des intestins grêles aux gros, lesquels revêtaient exactement la même forme et la même grandeur;
ou bien, c'était des *fascioles* ou *douves*, qui, du foie ou
de l'embouchure de son canal cholédoque, auront suivi
le canal intestinal; ou bien, enfin, c'était des *cucurbitains,* ou anneaux du *tœnia solium*, ainsi nommés parce
qu'ils ressemblent à des semences ou graines de courge
(*cucurbita*), qui se séparent souvent du corps du tænia
et qui sont isolément expulsés au-dehors; segments que
les anciens croyaient être de véritables vers, mais que
des savants modernes n'auraient pas dû confondre avec
de véritables entozoaires.

L'histoire médicale et surtout la crédulité publique
ont sans doute rapporté, au sujet des corps étrangers
trouvés dans le corps des animaux ou des personnes, ou
expulsés au dehors, des faits extraordinaires donnés
pour certains quand ils n'étaient que le fruit de l'ignorance ou de l'erreur; combien de *pseudo-helminthes* in-

testinaux n'a-t-on pas décrits, figurés, et fait servir à la fondation de nouvelles *espèces* ou *genres* zoologiques ! Le nombre en est grand sans doute; mais évitons de pareilles aberrations d'esprit, et renvoyons à ce sujet le lecteur à mon Mémoire sur le *Bospseudohelminthe*, que j'ai inséré, par son intérêt et sa curiosité, à la fin de la présente *Epigéonosie*.

RECHERCHES SUR L'ORIGINE ET LA CONTAGION DE CETTE MALADIE.

Toutes les juments poulinières qui sont mortes, dans l'origine de l'épizootie, par suite de cette prétendue maladie vénérienne, avaient été en général saillies par les étalons du gouvernement, spécialement par ceux du dépôt impérial de Tarbes, ou de ses divers détachements ou stations.

De là, surgit un cri général de contagion, qui accusa ces mêmes étalons d'avoir infecté toutes les contrées dans lesquelles ils avaient fonctionné, surtout celles de l'arrondissement de Tarbes, premier berceau, en France, de cette étrange et alarmante maladie. Tous les éleveurs, surtout de l'espèce chevaline, étaient en émoi et très portés à sévir contre le dépôt impérial. Les œuvres expérimentales de la commission médico-vétérinaire de Tarbes, proclamant la non-contagion, ne purent nullement atténuer leur exaspération : cependant tout se passa dans le calme, dans l'attente et l'espérance que le fléau recevrait prochainement sans doute quelque conjuration.

Mais, dans une pareille situation, en présence des deux sexes, mâle et femelle, d'une même espèce, atteints, dans le même temps, de cette prétendue maladie vénérienne ou syphilis, que des quidams attribuaient à quelque secrète fornication ou crime de bestialité, qui aurait été commis dans le Bigorre, de quel côté fallait-il placer ce primitif et immonde foyer de corruption ?

Est-ce *dans quelqu'impure et repoussante fornication?* Sans doute il a existé et il se commet probablement encore, çà et là et de loin en loin, quelqu'un de ces actes abominables, l'horreur des deux sexes de l'espèce humaine, conduits par le vice à ce dernier terme de noire corruption ! Sans doute les journaux de médecine et spécialement la *Gazette médicale de Toulouse,* n° de février 1852, rapporte, au sujet de la syphilisation, que la vérole ou syphilis peut s'inoculer des personnes aux animaux, surtout aux singes et aux chiens; que même, par suite du crime de bestialité, des chiens avaient pris cette maladie vénérienne de femmes et qu'ils l'avaient à leur tour communiquée à d'autres femmes de mœurs déréglées; mais tirons le rideau sur ces actes obscènes, qui n'ont malheureusement peut-être que trop de fondement, et croyons que l'homme ne les aura pas commis sur les juments, pour leur inoculer cette redoutable maladie.

Est-ce *dans les étalons du dépôt impérial de Tarbes?* Mais, d'abord, tous les étalons de ce dépôt, quoiqu'ils eussent également servi des juments, ne furent pas affectés de cette prétendue vérole, et ceux qui en furent atteints ne manifestèrent aucun écoulement purulent par l'urètre, ni aucun notable signe de syphilis sur le pénis, ou que de très légers, si encore ils en revêtaient réellement le caractère. Comment donc auraient-ils pu communiquer cette maladie aux juments, pendant le coït, et, surtout, dans la supposition de cette contagion, comment aurait-elle pu se développer dans leur propre sein, si, au contraire, ce n'était pas plutôt les juments qui la leur avaient communiquée à eux-mêmes? Mais les juments, à l'époque du coït, n'étaient pas malades ou montraient du moins une apparente santé; comment donc à leur tour auraient-elles pu la leur communiquer? Sans doute cette redoutable maladie, pour les personnes, se développe de préférence dans les lieux publics ou de corruption que partout ailleurs, en raison sans doute de la trop grande fréquence coïtale des femmes et de la variété et du mélange infini des liqueurs prolifiques qu'elles y reçoivent et que leurs organes génitaux retiennent toujours en plus ou moins grande quantité; lesquelles liqueurs ne peuvent, par leur hétérogénéité et leur stagnation plus ou moins longue, qu'y contracter une grande propension à se dissoudre, se corrompre, se putréfier et acquérir un plus ou moins notable caractère de virus ou de contagion. Mais quoique les haras, pour l'espèce chevaline, soient des sortes de lieux publics presque semblables, mais composés de mâles, et plus fructifères; quoique les étalons y opèrent contre nature de trop fréquents actes de copu-

lation, qui sans doute doivent les énerver et contribuer même à nuire aux qualités de leur sperme et à
développer en eux une certaine prédisposition pour leur
faire naître la syphilis, ces étalons, au lieu de recevoir
et de faire stagner des liqueurs prolifiques étrangères et
variées dans leurs organes génitaux, comme cela a lieu
pour les femmes déréglées, donnent au contraire
les leurs aux juments, sans en recevoir d'elles,
que superficiellement ; ce qui par conséquent ne
peut nullement ou que très peu contribuer à aggraver leur prédisposition syphilitique, dans le cas où
elle existât réellement, et ce qui prouve évidemment
que c'est ailleurs qu'il faut en chercher la cause efficiente.

Est-ce *dans les juments poulinières elles-mêmes*? Mais
ces juments, quoique également saillies par ces mêmes
étalons, n'ont pas toutes été affectées de cette étrange
maladie. La très grande majorité en a été complètement
exempte; c'était ordinairement celles qui prenaient à la
première ou à la seconde saillie, et non celles qui en
exigeaient un plus grand nombre et qui par là prouvaient qu'elles étaient déjà malades. Sans doute leur
propre constitution organique, leur tempérament, leur
habitation, leur climat, auraient pu contribuer à cette
exemption; mais, pour les juments atteintes, si elles
n'ont réellement pas été contaminées par ces étalons,
ainsi que cela paraît pour ainsi dire évident, surtout
d'après ce que je viens de dire sur le compte de ces
mêmes étalons, où auront-elles pu prendre le germe

primitif de cette mortelle maladie? Est-ce hors d'elles, ou dans elles-mêmes?

Sans doute leur caractère éminemment herbivore éloigne leurs humeurs de la propension à contracter des corruptions, surtout contagieuses ou pestifères, qu'on voit si fréquemment se développer dans les espèces carnivores et surtout dans l'espèce humaine; mais l'annuelle gestation et parturation que le gouvernement et les propriétaires-éleveurs exigent d'elles, par une absurde cupidité, contrarie beaucoup en elles la marche de la nature, ainsi que dans les fruits qu'elles mettent au jour, surtout encore par l'absurde et très nuisible habitude de ramener ces juments à l'étalon trop tôt et souvent huit jours et quelquefois moins après la parturation; pratique infiniment vicieuse, qui nuit à la fois au nouveau fruit qu'elles portent par suite dans leur sein et surtout à celui qu'elles viennent de faire naître; lequel est obligé d'alimenter la jeunesse de son existence avec un lait imparfait, peu riche, séreux ou mal élaboré, qui nuit évidemment à son développement et à sa vigueur, tout en le prédisposant à bien des maladies et surtout à la fluxion périodique, si fréquente depuis l'établissement des haras; tandis qu'en même temps le fruit en gestation souffre à son tour de ce partage alimentaire et contre nature, que la mère, placée entr'eux et naturellement attachée à leur existence, est forcée de leur faire; et, par suite, développer malheureusement trop souvent de tristes et cacochymes avortons, sans corps et sans âme, et qui ne se soutiennent plus tard

qu'à force de soins et de bons aliments restaurânts,
ainsi que leur propre mère, insuffisants sans doute
pour corriger, pas plus que pour les personnes, les vices primitifs ou radicaux de leur organisation et de leur
vie, qui, au contraire, vont toujours croissant, comme
la boule de neige sur les flancs escarpés des hautes
montagnes; de manière à amener insensiblement une
réelle dégénération de l'espèce, déjà si palpable dans
tant de lieux différents! Les œuvres de la nature, non
plus que beaucoup d'autres, ne peuvent pas être ainsi
hâtées, pour produire quelque chose de bon et surtout
pour marcher vers la perfection; il leur faut toujours un
temps moral, sans lequel ces choses restent imparfaites
et progressent vers la dégénérescence ou la détérioration.

Par ce perpétuel état de gestation et d'allaitement,
qui ne laisse jamais rentrer la nature dans son état
normal, dans ce repos si utile pour réparer ses forces
épuisées ou redonner du ton et de l'énergie à ses divers
ressorts, il est certain que les organes génitaux, surtout
l'utérus et les mamelles, doivent être dans un perpétuel
état d'atonie ou de faiblesse, qui doit les empêcher de
pouvoir communiquer de la force à leurs produits, et
même leur donner une grande prédisposition à contracter différentes sortes d'affections et à les communiquer
à ces mêmes produits. Les humeurs sécrétées ou exha-
lées par ces organes et particulièrement par l'utérus,
ou celles qui y abordent ou qui y sont éjaculées, soit du
dedans soit du dehors, et qui ne sont pas immédiate-

ment employées à la formation du fœtus, ne peuvent
pour ce motif être bien élaborées dans la cavité de ce
viscère génital, y croupissent ou stagnent plus ou moins
longtemps, et finissent par y contracter un caractère
d'une plus ou moins grande corruption et de s'y transformer en matière purulente plus ou moins caustique,
qu'on voit s'échapper fréquemment par la vulve de ces
juments, surtout dans les premiers temps de leur gestation : ne serait-il donc pas possible que cette matière
purulente pût contracter par son séjour dans cet utérus,
surtout dans certaines circonstances morbides, comme
par exemple dans l'épizootie qui nous occupe, une nature plus ou moins virulente et contagieuse, de manière
à pouvoir se transmettre aux étalons, pendant l'acte du
coït, et alors ces juments constituer elles-mêmes le
foyer primitif de contagion que nous cherchons? Les
liqueurs séminales mêmes, par leur grande subtilité et
par leur naturelle tendance à se pénétrer et à s'unir,
dans l'acte de la génération, ne doivent-elles pas conserver, dans le cas de leur altération, une certaine tendance également pour pénétrer et s'unir aux humeurs
ou aux tissus sur lesquels elles sont appliquées et y
engendrer la contagion? Et la matière vulvaire de ces
juments contaminées ne faisait-elle pas tomber, par sa
virulence et sa causticité, le poil qu'elle touchait, et ne
causait-elle pas souvent, sur la peau dépilée, des érosions?
Pourquoi donc n'en aurait-elle pas pu produire de semblables et même de beaucoup plus fortes, pendant l'acte
du coït, sur la beaucoup plus sensible membrane mu-

queuse qui recouvre la surface du pénis? N'avons-nous pas vu, dans la génitopurulie de l'espèce humaine, de pareilles communications se faire, dans la même circonstance, de la femme à l'homme? Et les juments par conséquent n'auraient-elles pas réellement été pour les étalons, comme les femmes l'ont été probablement pour l'homme, le primitif foyer de cette contagion? Car, enfin, cette funeste maladie a eu un commencement, et où faudrait-il le chercher plus rationnellement que dans le sexe féminin, dans les femelles, si toutefois ce n'était pas plutôt dans le sein de la nature? Ne l'a-t-on pas également vue régner sur des chiennes, sans avoir eu d'autre commerce qu'avec des chiens, qu'elles contaminaient; ainsi que sur d'autres espèces plus ou moins carnivoraces, à humeurs toujours très putrescibles ou corruptrices et ayant une grande propension à produire de plus ou moins funestes affections, étrangères ou très rares chez les herbivores? Et, ensuite, certains individus ne sont-ils pas plus impressionnables, par l'effet de leur constitution et de leur tempérament particulier, aux diverses causes morbides, que certains autres? et, par conséquent, est-il étonnant que toutes les juments et tous les étalons, qui ont coïté ensemble, n'aient pas été atteints de cette redoutable affection, et qu'au contraire la grande majorité en ait été exempte? Non, sans doute. Mais dans cette grave question de contagion, il ne faut cependant pas tout à fait exclure les étalons; lesquels, par suite de la maladie régnante ou organopurulique, auront pu avoir le sperme plus ou moins altéré, et, par son éjaculation dans la matrice des juments, ce sperme aura pu aggraver l'état morbide de cet organe génital et concourir à y développer la purulence, manifestée par la vulve de ces mêmes juments.

Dans cet état de choses, on voit clairement, d'un côté, que la contagion aurait pu exister, surtout dans les juments; et, de l'autre côté, que la maladie aurait pu naître individuellement et séparément, dans chaque animal atteint, par la voie de la nature; c'est-à-dire, que, dans le premier cas, il y aurait eu contagion; tandis que, dans le second, il n'y en aurait pas eu. Que faut-il donc croire de cette double et opposée opinion? A laquelle faut-il donner la préférence et l'adhésion?

Sans doute les faits nombreux que je viens de rapporter seraient suffisants pour prouver la nature contagieuse de cette maladie, si ce n'est pas d'une manière profonde, du moins d'une manière superficielle, surtout de la femelle au mâle; mais l'inoculation des matières qu'elle produit, sur les diverses parties cutanées et muqueuses du corps, n'a jamais pu la développer dans les sujets inoculés, même de diverses espèces, ou n'a produit que de superficielles et passagères ulcérations, telles qu'on les voit dans la plupart des inoculations de matières diverses plus ou moins putrides ou virulentes; preuve évidente que cette maladie n'était pas réellement contagieuse; à la vérité, un corps inerte et froid, tel qu'une aiguille ou une lancette, chargé de ces matières, également froides, ou non fraîchement exsudées de l'organisme animal, ne peut point être comparé à des instruments vivants et chauds, tels que le sont le pénis et le vagin des organes génitaux, naturellement chargés de matières virulentes et chaudes, qui les inoculent par un rapide et électrique frottement, dont l'effet doit être beaucoup plus vif et pénétrant, et par conséquent pouvoir produire une réelle, profonde et durable contagion, quand l'aiguille ou la lancette ne produisent qu'une simple et passagère ulcération. Mais voici des faits irrévocables, qui vont sous tous les rapports trancher la question, et faire puissamment pencher la balance vers la *non-contagion,* et même la prouver sans réplique, pour établir enfin que les éléments ou les germes de cette épizootie existent uniquement dans le sein de la nature.

D'abord, on se rappelle que j'ai déjà dit que des chevaux hongres et beaucoup de poulains avaient été plus ou moins atteints de cette même maladie, ainsi que des étalons qui n'avaient point sailli des juments contaminées, preuve bien évidente que la nature la leur avait développée; mais j'ajouterai, pour dernier renfort contre sa contagion, qu'une foule de juments poulinières, ou non poulinières, ainsi que beaucoup de pouliches, qui n'avaient point été saillies par des étalons ni par des baudets contaminés, ni par d'autres, et dont plusieurs n'avaient même jamais parturé, en ont cependant été profondément atteintes, sans jamais l'avoir communiquée à celles avec lesquelles elle cohabitaient; que plusieurs en sont mortes, et que beaucoup d'autres

en sont encore gravement malades, surtout dans les
contrées occidentales du département du Gers, des
Hautes-Pyrénées et probablement dans beaucoup d'autres départements, quoique ces lieux soient très éloignés du primitif foyer de contagion, ou des contrées où
régnait l'épizootie meurtrière de Tarbes. J'en ai même
vu qui, sans avoir été saillies ni avoir parturé depuis
plusieurs années, jetaient continuellement par la vulve
une telle quantité de matière purulente et tellement
puante, sans pour cela cesser de manger ni de vaquer à
leurs travaux accoutumés, ni avoir communiqué leur
maladie à aucun autre animal, ni à personne, comme
on le voit fréquemment aussi pour la morve, que
leurs propriétaires, notamment les sieurs Dupleix de
Préchac et Cestac de Plaisance, département du Gers,
fatigués de les voir sans cesse jeter de pareilles pourritures, sans espérance de guérison, ont secrètement ven-
dues, à vil prix.

Enfin, je me rappelle avoir été également témoin d'un
cas semblable, dans une vieille jument poulinière, il y
a déjà une trentaine d'années, qui appartenait à feue
madame Saint-Pierre Lesperet, de Castelnau-Rivière-
Basse, département des Hautes-Pyrénées. Fait remarquable qui prouverait que depuis très longtemps cette
maladie régnait çà et là ou sporadiquement en France et
peut-être dans toute l'Europe, mais qu'on n'y faisait pas
attention, la médecine-vétérinaire étant alors si reculée
et les observateurs instruits étant si peu nombreux, et
qu'on n'y en a fait que lorsque cette même maladie a

pris un caractère *épizootique et meurtrier*, tel que celui qu'elle a montré en France dans les années 1851, 1852, 1853 et 1854, et, en Allemagne, plusieurs années avant cette époque.

Il est même très probable qu'il en a été de même pour la *vérole* ou *syphilis* de l'espèce humaine, qu'on dit en général être née parmi les primitifs sauvages de l'Amérique, vivant ordinairement dans une communiste polygamie, et avoir été portée en Europe, depuis la découverte de ce nouveau continent, par les marins ou compagnons de *Cristophe-Colomb*; c'est-à-dire, que cette funeste et contagieuse maladie aura çà et là régné sporadiquement en Europe et dans toute l'étendue de l'ancien continent et surtout dans le polygame Orient, depuis un temps immémorial, sans qu'on y ait fait attention, ou que d'une manière très superficielle, surtout dans un temps où la médecine était si reculée et le monde peuplé de si peu de bons observateurs, jusqu'à ce qu'elle se sera notablement aggravée et infiniment multipliée, par suite de la croissante corruption et du dérèglement des mœurs et surtout par l'établissement et l'infinie multiplication des *lieux publics*, sortes de *haras féminins*, stériles, nuisibles, contagieux, et souvent criminels, qui en ont constitué et qui en constituent encore les foyers principaux; desquels cette grave maladie s'est de toutes parts propagée et se propage encore sans cesse, jusque dans le sein des plus lointaines et des plus profondes campagnes, qui toujours et en toutes choses veulent singer les grandes cités, surtout en fait de désordres, pour le malheur et la frappante dégénérescence physique et morale de l'espèce humaine !

FAITS REMARQUABLES.

Premier Fait.

Mais un fait frappant et remarquable, parmi tant d'autres que je pourrais encore citer, pour prouver que cette maladie épizootique n'était pas contagieuse ou que très superficiellement, mais qu'elle se développait dans le sein même de la nature, existe dans une jument de selle, bai, navarrine, de douze ans, qui n'avait jamais porté, qui n'avait jamais été saillie par des étalons, ni par des baudets, et qui, par conséquent, était vierge, et qui m'appartenait.

Cette jument, d'une taille avantageuse et naturellement très ardente, commença à fléchir dans le mois d'août 1852; elle n'était pas si allante; elle traînait un peu les membres, surtout ceux de derrière; et quand on voulait y monter, et au moment où le cavalier surtout s'enfourchait sur elle, elle voussait le dos, comme si une douleur interne y eût existé, et se mettait à trembler de tout son corps, comme si elle eût fortement appréhendé de se mettre en voyage, et continuait après le départ pendant quelques minutes de temps, pour recommencer le même stratagème à chaque fois qu'on la montait; peu à peu, elle se mit à boiter de l'un ou de l'autre membre, surtout de ceux de derrière, sans cause apparente; à l'écurie, elle piétinait fréquemment des membres postérieurs, et donnait même par temps de violents coups de pied contre les parois avoisinantes, comme si elle eût voulu se défendre contre quelqu'ennemi secret; elle y tremblait quelquefois de tout son corps, comme si elle eût été transie de froid ou mieux atteinte de quelque prodrome de fièvre; bientôt après, elle y rejetait souvent par l'anus des œstres et des ascarides lombricoïdes, précédés, suivis, ou mêlés de matières blanco-verdâtres, plus ou moins glaireuses et adhérentes sur les poils ou les crins qu'elles touchaient; des vermifuges et des vermicides achevèrent de la débarrasser de la majeure partie de cette vermine, si ce n'est même de la totalité, mais elle continuait de jeter par temps également des matières ou mucosités plus ou moins glaireuses et blanco-verdâtres par cette embouchure intestinale, comme si elle eût été atteinte de l'*Entéropurulie;* mais tout cela ne lui avait pas enlevé l'appétit et mangeait toujours d'une manière même vorace.

Ensuite, une affection psorique et pédiculaire se développa sur son corps, qui finit par disparaître sous la puissance des remèdes anti-psoriques; un violent prurit se développa dans son anus et dans sa vulve, qui la portait à se gratter contre les corps durs et anguleux jusqu'à s'écorcher ces parties; puis, un grand éréthisme se développa dans sa vulve et dans son clitoris, qui tenait ces organes génitaux engorgés et dans une très fréquente érection, ordinairement suivie d'une petite évacuation de matières mucoso-purulentes plus ou moins blanchâtres, mais qui ne furent jamais en bien grande quantité, ou du moins infiniment moins abondantes que dans les autres juments atteintes de cette maladie, en raison sans doute de son état de virginité, et par conséquent de la plus grande intégrité ou force vitale de ses organes génitaux; d'ailleurs et jusqu'à un certain point compensées par celles qu'elle évacuait par l'orifice anal, comme il existait également une sorte de compensation entre le jetage anal ou entéropurulique des personnes et le jetage vulvaire ou génitopurulique des juments, en raison sans doute de la position verticale des premières, et de la station horizontale des secondes; son urine était plus trouble, floconneuse et salissante que dans l'état normal; et quand elle voulait uriner, ou bien rejeter quelque peu de matière par la vulve, elle faisait des épreintes, se plaignait et s'accroupissait beoucoup avant de pouvoir les expulser.

Cette jument avait un appétit vorace et cependant chaque jour elle dépérissait; la claudication et le piétinement des membres postérieurs augmentaient, ainsi que la faibleese et la douleur notable des reins et de l'ensemble du train postérieur; elle passait plusieurs jours sans se coucher; mais quand elle voulait enfin se coucher, pour cause de fatigue de ses membres, elle appréhendait beaucoup et se laissait souvent tomber comme une masse inerte; et, là, étendue sur lá litière, elle y éprouvait par temps de plaintives épreintes, mêlées de fréquentes raideurs et tensions des membres postérieurs, y restait quelquefois très longtemps, sans pouvoir se relever qu'avec la plus grande difficulté, et, même, sur la fin, sans être fortement aidée par la queue et le derrière par plusieurs personnes; pour retomber un ou deux jours après, recommencer les mêmes stratagèmes, et même s'y tenir quelquefois assise, sa tête et ses deux membres antérieurs relevés, telle qu'un lévrier debout sur son siége, ou certains bœufs atteints de la paralysie du train postérieur, vulgairement appelée le *lancis;* enfin, sa paralysie postérieure arriva presque à son comble, ainsi que sa maigreur ou émaciation, de manière à ne plus pouvoir la lever qu'avec grande peine, ni la faire longtemps tenir debout, sans retomber comme une pierre, et cependant mangeant toujours avec voracité.

Cette jument resta dans ce triste état pendant presque tout l'hiver suivant, c'est-à-dire, pendant plus de six mois à dater de l'invasion de sa maladie. Cependant, à force de patience, de soins et surtout de bons et stimulants aliments, tels que bon foin, bon son et bonne avoine, bonne boisson, donnés même souvent en abondance, mais point de saignées, d'affaiblissants, d'exutoires ni vésicatoires, qui à tant d'autres avaient plutôt produit de mauvais que de bons effets, elle parvint à se relever et à se rétablir un peu, quand tous ceux qui l'avaient vue l'avaient depuis longtemps condamnée ou jugée sans ressource; mais et comme on le voit, il ne faut pas toujours s'en tenir aux jugements populaires, quoiqu'on les dise *les jugements de Dieu.*

Enfin, un bon pacage de trèfle incarnat ou farouche, sans jamais boire, acheva de rendre à cette jument presque son état normal, avec un notable embonpoint; et, dans l'espace de deux mois, elle reprit son service accoutumé, avec la même énergie, fit depuis lors et même fait encore un pénible et très rapide courrier, par plaines et par côtes, au grand étonnement des personnes qui l'avaient vue tant accablée, et qui l'avaient tant de fois condamnée!

Ce fait frappant prouve que la mortalité des juments atteintes de cette grave maladie n'aurait pas été de beaucoup aussi grande si les propriétaires avaient apporté, dans les soins à prodiguer aux malades, plus de zèle, d'assiduité, d'intelligence et de persévérance, qu'ils ne l'ont en général fait.

Second Fait.

Beaucoup d'autres juments, vierges ou non vierges, mais qui n'avaient pas été saillies, et d'autres qui ne l'avaient été que par des étalons non contaminés, ont également été atteintes de cette maladie, à un degré plus ou moins grand; car, une même maladie n'offre jamais chez tous les malades le même caractère ni le même degré d'intensité, en raison de la différence de leur âge, de leur tempérament et d'une foule d'autres choses; mais ces faits, plus ou moins remarquables, sont encore de solides arc-boutants pour soutenir et corroborer l'opinion de la *non-contagion* et celle de la naissance de cette prétendue maladie vénérienne dans le sein de la nature, par des causes qui seront plus tard développées.

Enfin, voici de nouveaux faits qui viennent achever de compléter cette preuve d'une manière irrévocable.

Troisième Fait.

Une foule de pouliches, de tout âge et de tout tempérament et vierges, comme nous l'avons déjà vu pour les jeunes poulains, ont été également atteintes, comme les précédentes juments, de cette redoutable maladie; mais sans jetage vaginal qu'une urine un peu trouble et floconneuse : autrement, même dépérissement, sans cause connue et sans perdre l'appétit; même tristesse et faiblesse du train postérieur; claudications; douleurs des reins; paralysie plus ou moins complète de la moitié postérieure du corps; chute; etc., etc.

Cet état morbide était ordinairement de longue durée. Mais aussi, comme dans les sujets adultes, il était très probablement aggravé chez ces jeunes animaux par la nuisible habitude qu'on a, dans plusieurs contrées du midi de la France, de les tondre comme des brebis avant l'hiver, et même quelquefois dans leur très bas âge : car, par cette aveugle opération, on leur enlève la robe ou habit naturel et on les expose plus immédiatement par conséquent à toutes les intempéries hydriques et frigoriques de la rude saison hivernale, qui ne peuvent que nuire infiniment à leur état normal.

Beaucoup de ces jeunes animaux ont succombé à cette maladie, ou ont traîné pendant longtemps une vie valétudinaire, et quelquefois accompagnée d'une certaine fièvre intermittente, avant de se rétablir dans leur état primitif de santé.

Par conséquent et en conclusion de l'importante question de la *contagion* ou de la *non contagion*, il est évident et même irrévocable que, d'après tous les faits qui précèdent, la source ou la cause de l'épizootie était dans le sein de la nature : toutefois, je reviendrai sur ce sujet, à l'article *contagion*.

III.

NOUVELLE ALERTE VÉNÉRIENNE

DANS LE MIDI DE LA FRANCE.

L'épizootie meurtrière dont il vient d'être question continuait çà et là ou sporadiquement ses ravages, dans le midi de la France, quand une nouvelle alarme de *vérole* ou *syphilis*, dans l'espèce chevaline, et particulièrement sur les *étalons*, les *baudets* et les *juments poulinières*, est venue donner des vives inquiétudes aux propriétaires-éleveurs et même les porter, d'après le conseil de certains avocats chicaniers, à intenter des affaires aux chefs des montes publiques ou privées, dans lesquelles ils supposaient, ainsi que tout le monde, que le foyer de contagion existait et que leurs juments y avaient été contaminées par des étalons ou par les baudets. C'est principalement dans les départements des Basses-Pyrénées, des Hautes-Pyrénées, du Gers et autres que cette nouvelle affection, beaucoup moins grave que la précédente, a presque tout à coup commencé à sévir, vers les derniers jours du mois de mars et les premiers du mois d'avril 1853, c'est-à-dire, peu de temps après l'ouverture des montes, surtout privées, et spécialement dans celles de l'*Amayou* (Basses-Pyrénées), de Hères (Hautes-Pyrénées), de Ladevèze (Gers), et autres, ainsi que dans toutes les communes de leur voisinage, jusqu'à un grand rayon de distance. Toutes ces montes privées furent provisoirement suspendues, et ne reprirent leurs fonctions que quelques semaines plus tard.

La plupart des vétérinaires amis de l'art et de la science coururent, ainsi que moi, sur les lieux où régnait cette nouvelle épizootie, pour la reconnaître et l'étudier avec soin. Les autorités supérieures en furent instruites, lesquelles se hâtèrent d'envoyer sur les lieux contaminés, surtout celles des 'Hautes-Pyrénées, des *commissions spéciales de médecins-vétérinaires*, avec ordre de réunir dans ces prétendus foyers de contagion, ou *montes*, toutes les juments qu'on disait y avoir été contaminées, et le nombre en était très grand, pour y être visitées, constater l'état de ce nouveau fléau, et leur en faire le rapport; rapport que j'ignore et qui je crois n'a pas été publié; mais, en général, cette maladie fut considérée par ces hommes de l'art, ainsi que par moi, comme superficielle et peu grave.

Tous les étalons et les baudets de ces montes privées furent affectés de cette prétendue maladie vénérienne, ainsi que la très grandé majorité des juments qu'ils avaient saillies, surtout les baudets; mais, à ma connaissance, aucun ou presqu'aucun étalon ou baudet du gouvernement, soit des haras, soit des dépôts, soit des stations n'en fut atteint, ni aucune ou presqu'aucune des juments qui par eux furent saillies, même dans les mêmes contrées et les mêmes expositions climatoriales; anomalie singulière qui ne pouvait tenir qu'à un plus grand soin nutritif et hygiénique, surtout d'habitation et de propreté, dans les derniers que dans les premiers; mais il resterait à savoir pourquoi les juments saillies par les derniers, elles qui se trouvaient dans les mêmes lieux et conditions nutritives ethygiéniques que les juments saillies par les premiers, n'en avaient pas été atteintes; et si, par conséquent, il n'était pas à présumer que les étalons et les baudets des montes privées avaient contaminé les juments qu'ils avaient saillies; mais toutes les juments par eux saillies ne furent pas atteintes de cette même maladie; comment donc expliquer cette anomalie? Je traiterai cette question à l'article *contagion*. Passons maintenant à sa description.

DESCRIPTION DE CETTE NOUVELLE ÉPIZOOTIE.

Cette nouvelle et légère épizootie, qui parcourait ordinairement ses phases dans l'espace de quinze à trente ou quarante jours, et qui s'annonçait assez rapidement, dans les étalons et dans les juments, ordinairement du premier au quatrième jour de la saillie, sans prodromes apparents, sans diminuer l'appétit, la vigueur, la santé, le désir du coït, ni les autres fonctions naturelles, offrait à l'œil de l'observateur à peu près les caractères suivants.

D'abord, dans les étalons et les baudets :

1° Aucune sorte d'écoulement morbide apparent par l'urètre, ni par aucune autre partie du corps;

2° Engorgements partiels, isolés, rougeâtres, plus ou moins indolents et de l'étendue variable de quelques millimètres à trois ou quatre centimètres de diamètre, qui intéressaient la surface de la membrane muqueuse qui recouvre le pénis, soit vers l'extrémité de ce membre, soit vers son milieu, soit vers sa jonction avec la peau du fourreau, soit sur ce fourreau même, tantôt en dessus et tantôt en dessous, mais toujours très près de la ligne médiane et le plus souvent sur le passage de l'urètre; lesquels disparaissaient ordinairement dans une quinzaine de jours 'de temps, sans laisser des traces notables de leur passagère existence;

3° Apparition sur cette même muqueuse du pénis et quelquefois sur ces inflammatoires engorgements, et toujours sur la ligne médiane de cet organe ou très près d'elle, d'un ou plusieurs boutons rougeâtres, proéminents et plus ou moins arrondis et varioleux, chancreux ou aphtoïdes, du variable diamètre de trois à dix millimètres, et plus ou moins prurigineux; lesquels finissaient en peu de temps par se percer au sommet, lais-

13

ser couler une petite quantité de sanie ou matière blanco-jaunâtre, puis s'affaisser, former des érosions ou des ulcères passagers, et, enfin, sécher, se couvrir d'une croûte plus ou moins épaisse et s'exfolier ou tomber, naturellement, dans l'espace de quinze à vingt ou trente jours, laissant à leur place une petite tache blanchâtre, qui peu à peu disparaissait avec le temps pour reprendre en ce point la teinte ou couleur normale;

4° Enfin, fréquente érection et plus grande ardeur coïtale, pendant toute la durée de ces inflammations, ou de ces passagères ulcérations, que dans l'état normal.

Ensuite, dans les juments poulinières :

1° Écoulement intermittent par la vulve, dans beaucoup de ces juments, d'une matière blanco-jaunâtre, et quelquefois sanguinolente, qui faisait tomber le poil qu'elle touchait et qui durait quelquefois très longtemps, mais dont la majorité étaient exemptes;

2° Muqueuse de l'orifice vulvaire, ainsi que de l'intérieur du vagin, un peu plus rouge qu'à l'ordinaire;

3° Lèvres et côtés externes de la vulve notablement engorgés, ainsi que, quelquefois, le périnée et son raphé, d'autrefois la face interne des cuisses, et d'autrefois l'une ou l'autre des mamelles;

4° Enfin, apparition, sur la surface de la peau des côtés des lèvres de la vulve et jusque dans la jonction de cette peau à la membrane muqueuse de cette vulve et quelquefois même dans l'intérieur du vagin, ainsi que bien souvent sur la peau dénuée de crins de la face inférieure de la base de la queue, de nombreux boutons aphtoïdes ou chancreux, d'une forme, d'une grandeur, d'une nature, d'une durée et d'une terminaison à peu près semblables à celles des boutons aphtoïdes du pénis des étalons et des baudets, dont il vient d'être question; mais qui, après leur dessiccation, laissaient ordinairement à leur place des taches blanchâtres et dénuées de poil, qui ne s'effaçaient pas de longtemps et qui faisaient reconnaître les juments pour avoir été, selon le vulgaire, *boutonnées,* ou atteintes de cette maladie.

Telles étaient ces génitales éruptions, qui inquiétèrent de nouveau les méridionales populations, et qui faillirent les plonger dans de ruineux procès, sous le spécieux prétexte de contagion, communiquée aux juments par les baudets et les étalons. Mais, dans ces singulières affections, qui étaient plutôt externes qu'internes, y avait-il réellement contagion?

DE LA CONTAGION.

Il est de fait :

1° Que les étalons, les baudets et les juments étaient, avant l'ouverture de ces montes privées, dans un apparent état normal;

2° Que cette affection ne se développa, dans les uns ni dans les autres, que quelques jours après cette ouverture;

3° Que dans la plupart de ces étalons et juments ce développement eut lieu du premier au quatrième jour du coït;

4° Et que cette affection naquit et se termina, chez les uns et les autres, à peu près à la même époque.

Or, le coït fut dans cette circonstance, comme on l'avait également et déjà observé en Allemagne, une essentielle condition du développement de cette affection; raison sans doute pour laquelle on la nomma *maladie du coït*; mais qui des étalons ou des juments furent les premiers atteints?

L'observation a montré que ce n'était ni les uns ni les autres, mais que ce développement vénérien s'était opéré dans le même temps; on ne pouvait donc pas plus accuser les étalons que les juments, puisque la cause déterminante pouvait exister dans les uns comme dans les autres.

Est-ce que leur mutuel concours génital, joint à quelque prédisposition particulière, et plus ou moins idiosyncrasique, ou climatoriale, n'auraient pas pu en engendrer le ferment, tel qu'on voit l'étincelle électrique, et celle de l'allumette chimique, ou celle du phosphore et de la poudre naître du simple *frottement?* C'est très probable; et je crois même qu'il serait possible de le démontrer physiquement : car, de même que la *douleur* constitue *un point attractif*, qui appelle les humeurs ou la fluxion, *ubi dolor, ubi fluxus*, de même le *plaisir* ou la *volupté* constitue, quoique à l'opposite, *un autre point attractif*, qui, tout en appelant les naturelles humeurs, peut aussi appeler les morbides, de manière à pouvoir très rationnellement créer et établir cet autre et nouvel axiome : *ubi voluptas, ubi fluxus;* axiome que je présente avec confiance à la *science médicale,* persuadé qu'il est vrai et qu'il sera accepté.

Mais, dans une semblable production morbide, lequel des deux sexes y aura apporté la majeure part? Il est évident, ou du moins très probable, que les humeurs génitales des juments, soit du vagin, soit de la matrice, étant en général plus stagnantes et croupissantes et par conséquent plus prédisposées à devenir corrompues et puantes que celles des étalons, dans leurs réservoirs génitoires, ce sont elles qui y auront apporté le plus de ferment caustique ou inflammatoire, si même elles ne l'ont pas fourni tout entier ; ainsi que je l'ai déjà évidemment prouvé, pour les femmes à l'égard des hommes, dans la précédente *génitopurulie* des personnes. Et cette grande et dernière vérité se trouve même complètement confirmée par une foule de juments atteintes de l'affection [surtout une, appartenant au sieur Lacourtiade, de Labatut (Hautes-Pyrénées), qui fut menée à la station de Jû-Belloc (Gers), où les étalons n'en étaient point atteints], sans avoir été saillies par des étalons contaminés ; preuve évidente que cette affection pouvait, comme la grave épizootie précédente, se développer naturellement en elles, ou sans le concours d'étalons contaminés.

Enfin, pour lever tout doute à ce sujet, je dirai que beaucoup de jeunes pouliches, qui n'avaient jamais été saillies, ont été atteintes, dans plusieurs localités où régnait cette légère ou passagère épizootie et particulièrement à Ladevèze (Gers), de cette même maladie; mais, chez ces jeunes animaux, elle était d'une intensité beaucoup moins grande et d'une durée beaucoup moins longue.

Je vais même citer à ce sujet un fait remarquable, qui s'est très particulièrement passé sous mes yeux, et que les propriétaires-éleveurs, ainsi que les hommes de l'art, ne verront pas sans intérêt.

Une pouliche naquit, dans les premiers jours du mois de mars 1853, d'une jument de race, qui appartenait à M. Domingieux, maire de Préchac (Gers), et qui fut amenée quatre ou cinq jours après sa parturation à la monte privée de Hères (Hautes-Pyrénées), où elle contracta la nouvelle et prétendue vérole ou syphilis, qui se développa bientôt au pourtour extérieur de sa vulve et sous la base de sa queue, mais non sur ses mamelles.

Cette pouliche, à peine âgée de quinze jours et très éveillée, manifesta sur la peau des côtés de la vulve deux petits boutons aphtoïdes, isolés, arrondis et blanchâtres, de trois millimètres environ chacun de diamètre, très comparables à ceux de sa mère, mais moins grands, moins proéminents et moins ulcéreux; elle n'en avait aucun dans l'intérieur du vagin, ni sous la queue, ni dans aucun autre endroit du voisinage de ses organes génitaux; mais elle en avait une très grande quantité, exactement semblables sous tous les rapports à ceux de sa mère, sur la peau des lèvres ou du pourtour de la bouche et jusqu'aux commissures ou jonction de cette peau avec la membrane muqueuse buccale, sans en montrer aucun dans l'intérieur de la bouche.

Sans doute, on ne pourra pas supposer qu'à un âge aussi tendre cela lui ait été contaminé, par des étalons ni par des baudets; comment donc cette jeune bête aura-t-elle pu contracter cette singulière maladie? Par l'action de téter? mais la mère n'offrait aucune trace de maladie aux mamelles; par le contact des pustules génitales ou caudales de sa mère? mais comment concevoir la possibilité de ce contact, surtout au sujet des deux boutons aphtoïdes de sa vulve, puisqu'elle n'était pas assez grande pour y atteindre, à moins que ce ne fût elle-même avec ses propres lèvres affectées, et encore aurait-il fallu supposer dans ces aphtoïdes ulcérations une réelle propriété contagieuse, qui sans doute est très incertaine dans une foule de circonstances. Etait-ce par la voie du lait qu'elle têtait? mais il aurait fallu supposer ce lait infecté des germes de cette maladie, et par conséquent aussi le sang et toutes les humeurs et même le corps entier de cette mère; sans doute cela pouvait être ainsi, mais, dans ce cas, pourquoi cette pouliche n'aurait-elle pas puisé les éléments de cette maladie dans ceux de sa mère, quand elle était encore dans son sein, en état de fœtus ou de gestation? Certainement cela paraît être autant et plus probable encore, car les principes de cette maladie pouvaient depuis longtemps couver dans le sein de cette mère et

n'attendre que la déterminante et attractive occasion
du coït pour se développer et faire éruption à l'extérieur de son corps, *ubi voluptas, ubi fluxus,* comme
ceux de cette pouliche n'attendre que sa naissance pour
éclater et faire également éruption au dehors, et vers
la bouche plutôt que vers la vulve, à cause de l'effet
puissamment attractif de l'action de téter, *ubi voluptas,
ubi fluxus,* qui aura plus particulièrement appelé, vers
ce point du corps, les internes humeurs morbides, dont
la nature tend sans cesse à se débarrasser, par les voies
les plus courtes et les plus faciles.

Voilà pourquoi cette nouvelle épizootie, comme la
première, a parcouru ses phases et s'est terminée par
les simples soins et secours de la nature, sans que l'art
y ait nullement contribué, surtout quand on n'a pas su
aider cette même nature, spécialement de l'intérieur à
l'extérieur, ou par quelque point attractif de l'extérieur
à l'intérieur : car, tous les moyens externes qu'on a
employés, de quelque nature qu'ils aient été, soit débilitants, soit fortifiants, soit émollients, soit astringents,
soit caustiques, soit escarhotiques, soit cautérisants
ou ignés, soit mercuriels, etc., etc., n'ont en général fait
que contrarier plus ou moins sa marche épuratoire, en
troublant les efforts continuels que cette nature faisait
pour se débarrasser et expulser au dehors les principes
morbides qui troublaient plus ou moins fortement
l'harmonie de ses fonctions vitales.

Enfin, quand cette seconde et passagère épizootie,
qui ne produisit à ma connaissance aucune mortalité,

eut terminé son cours, la première continuait toujours son train meurtrier, sporadiquement ou çà et là, et le continua jusqu'à la fin de l'année 1853 et même jusqu'au commencement de l'année 1854, surtout dans les contrées occidentales du département du Gers et les vallées d'Argelés, dans les Hautes-Pyrénées, et l'y continue encore.

CONCLUSION.

Il est donc et en résultat évident, d'après tout ce qui précède, ainsi qu'on doit le voir clairement :

1° Que cette *épizootie* ou prétendue *maladie vénérienne* a régné à la fois et à différents degrés d'intensité, non-seulement dans l'espèce humaine, mais encore dans l'espèce chevaline, et même, ainsi qu'on le verra plus loin, dans toutes les autres espèces d'animaux domestiques;

2° Qu'elle était tantôt *contagieuse* et tantôt *non contagieuse*, selon la constitution et le tempérament des sujets et une foule d'autres circonstances naturelles ;

3° Que quand elle était contagieuse, cette contagion n'était ordinairement que superficielle, peu profonde, et de courte durée;

4° Qu'elle pouvait naître par l'effet de l'acte du coït ;

5° Que, dans cet acte, les femelles contribuaient à la développer plus que les mâles, et même qu'elles les contaminaient, plutôt qu'eux à elles;

6° Que cette maladie pouvait également et directement naître de la nature, et que sa primitive source était même dans cette nature, ainsi qu'on le verra clairement à l'article *Causes générales de l'épigéonosie.*

Telle est la succincte histoire des deux épizooties, dites vénériennes, qui ont sévi sur l'espèce chevaline, en 1851, 1852, 1853 et 1854, dans les contrées méridionales de la France, et que nous retrouverons bien caractérisées sur toutes les autres espèces des animaux domestiques; preuve évidente qu'elles étaient *un fruit de la nature et non de la contagion.*

Passons maintenant à quelques autres affections qui, pendant cette même période, ont également régné sporadiquement ou çà et là, et d'une manière plus ou moins purulique, sur une foule d'individus de cette même espèce chevaline.

§ IV.

LA PNEUMOPURULIE.

Sur la fin de l'année 1852 et dans le commencement de l'année 1853 et jusqu'au mois de mai, précisément dans le temps du règne de la grippe humaine, il y a eu une foule d'individus de l'espèce chevaline, de tout sexe, de tout âge, de tout tempérament et de tout travail, qui ont été atteints d'affections catarrhales, nasales, laryngées et pulmonaires, plus ou moins intenses; lesquelles étaient précédées de légères fièvres quotidiennes, ou intermittentes, de toux, de râles, suivis d'expectorations morveuses plus ou moins abondantes, et qui ont en général duré de quinze jours à un mois et souvent davantage, comme dans la grippe des personnes, après lesquels ces animaux sont revenus dans leur état normal, sans presqu'aucun secours de l'art, que quelques simples moyens hygiéniques.

§ V.

LA NARISOPURULIE (1).

Pendant le règne de ces dernières affections, un grand nombre de chevaux et de juments, de trait, de diligence, de poste, mais surtout de roulage, ont été atteints de *morves* plus ou moins opiniâtres et ordinairement incurables, qui, d'après la loi réputées mais à tort contagieuses, ont nécessité leur abattage; quand et sans aucun danger de contagion, ni pour l'espèce chevaline, ni pour l'espèce humaine, ils auraient pu rendre à l'agriculture ou au commerce, pendant plusieurs années et même durant toute leur vie, de grands services. Mais tel est le coupable aveuglement des hommes et des gouvernements; malgré qu'on leur ait déjà mis sous les yeux tant de preuves contraires et qu'il fût possible de leur en y mettre encore bien davantage, ils persistent toujours et même de la manière la plus opi-

____

(1) Du latin : *naris*, narine.

niâtre, sans aucun solide fondement, à considérer ces sortes d'affections puruliques et plus ou moins chroniques comme éminemment contagieuses, non-seulement pour l'espèce chevaline, mais encore pour l'espèce humaine! Absurde erreur, s'il en fut jamais sur la terre, qu'il serait bien temps d'éclairer et d'anéantir. Je me propose de faire, sans tarder, un travail spécial à ce sujet.

§ VI.

LA CUTANOPURULIE.

Pendant la même période de 1852, 1853 et 1854, il y a eu sur l'espèce chevaline une foule d'exanthèmes ou éruptions cutanées, de forme et de grandeur variées, d'une nature plus ou moins phlegmoneuse et purulique, même quelquefois gangréneuse, et d'une durée plus ou moins longue, mais ordinairement de trois semaines à un ou deux mois, qui se sont développées tantôt sur la croupe, tantôt sur les cuisses, tantôt sur les mamelles, tantôt sous le ventre, tantôt sur le dos ou sur les épaules, tantôt sur l'encolure ou sous la ganache, et tantôt sur toute l'étendue du corps, mais alors par gros boutons aplatis et passagers, souvent accompagnés de catarrhes pulmonaires et quelquefois accompagnant eux-mêmes la grave et prétendue maladie vénérienne dont il a été déjà question; lesquels exanthèmes, souvent très douloureux et fournissant ordinairement une abondante quantité de matière purulique, plus ou moins blanchâtre, qui par sa causticité faisait dépiler la peau sur son passage, n'ont produit qu'un passager dépérissement, sans notable anorexie, mais nulle mortalité.

Parmi ces diverses éruptions cutanées, je n'ai point reconnu de véritables *farcins;* mais j'ai observé, sur une foule d'individus, non atteints de ces exanthèmes, beaucoup d'affections psoriques et pédiculaires, quelquefois très opiniâtres, surtout à l'encolure et à la base de la queue, ainsi que de fréquentes coliques.

§ VII.

LA DACTYLOPURULIE.

La dactylopurulie est une des maladies parmi celles qui ont affecté l'espèce chevaline qui a le moins régné ou qui a offert le moins de cas; un très petit nombre d'individus en ont été affectés et encore très légèrement; si même les claudications plus ou moins arthritiques, des pieds ou des rayons supérieurs des membres locomoteurs, ne reconnaissaient par des causes accidentelles, sauf dans le cas des précédentes épizooties; mais il n'y a pas eu de productions puruliques, comme dans la dactylopurulie des personnes, si ce n'est dans quelques cas de *javarts* et de *piétins,* qui ont régné çà et là sporadiquement, et qu'on peut jusqu'à un certain point et même à juste titre comparer aux *panaris* ou *onglades* des personnes; puisque, comme eux, ils attaquent la dernière phalange, qu'ils fournissent une abondante quantité de matière purulente, et qu'ils sont ordinairement très longs à guérir.

Telles sont les diverses affections qui, pendant les années 1851, 1852, 1853 et 1854, ont régné sur l'espèce chevaline, et qui en général étaient d'une nature plus ou moins purulique et plus ou moins éruptive ou épurative, comme celles qui, pendant la même époque, ont affecté l'espèce humaine, et comme si les unes et les autres reconnaissaient les mêmes causes.

Passons maintenant à l'histoire des maladies qui, durant cette même époque, ont régné sur l'espèce bovine, dans lesquelles nous trouverons la plus grande similitude avec les précédentes, surtout pour ce qui concerne la *génitopurulie* ou la prétendue *syphilis*.

SECTION SECONDE.

L'ORGANOPURULIE

DANS L'ESPÈCE BOVINE (1).

Les espèces herbivores, dont la bovine est une des principales, sont en général d'un naturel à produire difficilement de la matière ou pus et ordinairement en très petite quantité. La nourriture végétale est toujours moins putrescible ou portée à la putride corruption que

---

(1) Du grec : βους, bœuf.

la nourriture animale, en raison sans doute de sa plus simple composition; ainsi que le prouvent les espèces carnivores et les omnivores, dont la putridité des humeurs, dans les cas morbides et surtout cadavériques, parcourt beaucoup plus rapidement ses phases : aussi l'organopurulie, chez les herbivores, est beaucoup moins fréquente et beaucoup moins abondante que chez les carnivores, les omnivores et même que chez l'espèce chevaline, dont le naturel est d'être un peu moins herbivore, plus granivore, et, jusqu'à un certain point, avec une tendance plus omnivore. Il ne faudra donc point être surpris si l'espèce bovine, non plus que l'espèce ovine et l'espèce caprine, ne fournissent pas autant de cas puruliques, ni d'une gravité, ni d'une durée aussi grandes.

L'espèce bovine, parmi nos animaux domestiques, comprend le *Taureau*, la *Vache*, et le *Bœuf* ou hongre bovin. Le taureau, ne sert ordinairement qu'à la reproduction; la vache, à la reproduction et au travail; et le bœuf, au travail seulemeut, surtout de l'agriculture, dont il est en général, spécialement dans le midi de la France et de l'Europe, le principal soutien et pour ainsi dire le premier et le plus antique fondement.

§ I.

DANS LES TAUREAUX.

Les taureaux de reproduction étant en général en très petit nombre et isolés de loin en loin, çà et là, il m'a été très difficile de les oberver, d'autant plus qu'ils sont très rarement malades et que d'ailleurs leurs propriétaires cachent et sont intéressés à cacher autant que possible leurs affections, surtout génitales, afin de ne point nuire à leur clientelle reproductive.

Je suis cependant persuadé que, pendant la période triennale de 1851, 1852 et 1853, ils ont dû être plus ou moins atteints de maladies, surtout génitales, plus ou moins intenses et plus ou moins semblables à celles dont il a été question pour l'espèce chevaline; mais, ne les ayant pas observées, je ne puis rien en dire : je me rappelle seulement, mais je parle d'une époque qui remonte à peu près à une vingtaine d'années, qu'un taureau de reproduction, appartenant à M. Sabail, de Castelnau-Rivière-Basse, stationnant à sa métairie de Hères, département des Hautes-Pyrénées, fut atteint à la surface de la verge, durant un printemps, d'*inflammations rougeâtres*, ainsi que de *boutons pustuleux* plus ou moins aphtoïdes ou chancreux, qu'il communiquait, disait-on, aux vaches qu'on lui menait; quand c'était peut-être plutôt ces vaches qui le contaminaient à lui-même, puisqu'après chaque saillie il y avait surexcitation inflammatoire et même constamment saignante, ou quand du moins cela pouvait être le fruit, ainsi que pour l'espèce chevaline, de leur mutuel coït; mais qui suffit pour faire suspendre cette monte bovine, durant toute la saison coïtale de cette année.

Ce taureau guérit, sans aucun secours de l'art, par les simples soins de la nature.

On doit palpablement reconnaître, dans l'affection génitale de ce taureau, le plus grand rapport avec celle des étalons et des baudets dont il a été déjà question; et en même temps concevoir ou présumer que cette affection a pu, dans le temps, exister sporadiquement ou çà et là dans une foule d'autres localités, tant chez les uns que chez les autres de ces animaux, et peut-être même depuis un temps immémorial, à l'insu des observateurs, ou sans qu'on y ait fait aucune sérieuse attention, ainsi que cela a eu également lieu pour une foule d'autres choses.

§ II.

DANS LES VACHES.

Les vaches, soit *vélières*, soit de travail, n'ont pas offert beaucoup de cas d'organopurulie, dans cette même période triennale, sauf quelques toux et catarrhes des voies respiratoires. Mais une très grande quantité ont eu 1" de fortes douleurs des reins, et même des coliques accompagnées quelquefois de jetages glairo-sanguinolents par la vulve, avec fortes et accroupissantes épreintes; 2° de fréquents renversements de vagin, avant le part, et de matrice après la parturation; 3° beaucoup d'avortements; 4° beaucoup de parturations précoces, ou de quinze jours à un mois avant le terme et ordinairement très laborieuses; 5° beaucoup de veaux cacochymes ou très peu viables; 6° et, enfin, un certain nombre ont offert des boutons aphtoïdes sur la peau des lèvres de

la vulve, qu'on croyait en général être des piqûres de
mouches, mais qui étaient à peu près de la même nature
que ceux de la vulve de l'espèce chevaline; et qui, par
conséquent, prouvaient, ainsi que les divers faits ou
états morbides que je viens d'exposer, que ces vaches
étaient plus ou moins atteintes de la même maladie
génitale des juments et des pouliches dont j'ai déjà
parlé, mais à un degré beaucoup moins élevé, puisqu'il
n'y a pas eu de notables mortalités.

§ III.

DANS LES BŒUFS.

Dans les bœufs, il y a eu quelques cas d'entéropurulie,
avec douloureuses et accroupissantes épreintes, jetage
mucoso-morveux et quelquefois sanguinolent par l'anus,
mais conservant parfaitement l'appétit ordinaire, ainsi
que l'apparence de la santé.

Il y a eu également, chez ces précieux animaux, des
cas de dactylopurulie complète ou piétin aux quatre
pieds, ordinairement de longue durée, et compliquée
d'un fréquent éréthisme du membre génital, avec une
petite difficulté d'uriner, qui leur causaient de petites
épreintes.

Ces animaux ont été atteints aussi de beaucoup de
toux et de catarrhes pulmonaires, ainsi que d'une sorte
de *farcin interne*, qui leur faisait infiniment grossir les
glandes lymphatiques des aines, celles du défaut anté-
rieur des épaules, ainsi que celles qui longent intérieu-

rement le dessous de la colonne vertébrale, depuis la cavité pelvienne jusqu'à la région sternale de la cavité pectorale; glandes qui ne suppuraient point, ni en dehors, ni en dedans, mais qui acquéraient un volume qui variait depuis celui d'une châtaigne à celui d'un gros œuf d'oie et quelquefois bien davantage; et qui, d'un tissu homogène et blanchâtre, ferme, plus ou moins lardacé, laissaient exsuder, sous la pression ou le ratissage du scalpel, une petite quantité de matière lactée, plus ou moins purulente, dont elles paraissaient être complètement saturées.

J'ai constaté encore, chez ces animaux, plusieurs cas de subites mais passagères et grandes inflammations ou tuméfactions rougeâtres, au pourtour de leur mufle et de leur anus, qui se développaient et se terminaient ordinairement dans l'espace d'un quart d'heure, demi-heure, ou une heure de temps, sans produire dans leur organisme, pendant leur courte durée, qu'une grande oppression respiratoire, avec beaucoup de bave mais sans épilepsie, et, chez leurs propriétaires, une épouvantable crainte de les voir perdus, mais qui disparaissait presqu'aussi vite que la maladie, ou cette sorte de feu inflammatoire et rapide comme l'éclair, qu'ils appellent en général dans le midi de la France *las gramouilladas*, parce que sans doute et de temps immémorial ils croient cette affection, qui arrive communément quelques instants après que ces animaux ont bu, produite par quelques grenouilles (en idiome gascon *gramouillas*), qu'ils ont avalé, en buvant, dans les abreuvoirs; erreur grossière, sans doute, dont la science ou la lumière seule pourra les débarrasser.

Ensuite, beaucoup de ces animaux ont été affectés, pendant cette triennale période, soit au dos, soit au ventre, soit aux membres, de ces engorgements plus ou moins indolents et d'une nature plus ou moins sérososanguinolente, qui se développent dans le sein du tissu cellulaire sous-cutané, surtout par suite du long repos à l'étable, qui ne troublent pas sensiblement la santé, qui ne font presque jamais boiter, que quelques scarifications suivies de toniques frictions font assez promptement disparaître, et qu'on appelle vulgairement *louvets* ou *charbons volants*.

Enfin, j'ai observé sur ces mêmes animaux beaucoup de douleurs des reins, avec ou sans engorgements indolents et crépitants, très souvent suivies de paralysies opiniâtres et même presque constamment incurables du train postérieur, c'est-à-dire, de la région lombaire, de la croupe et des membres de derrière, et qu'on appelle vulgairement dans le midi de la France *lancis;* paralysies qui font presque constamment tomber ces animaux, de manière à ne pouvoir plus se relever naturellement ou que très rarement, et à être obligés de rester couchés, tels que des cul-de-jattes, durant le reste de leur vie, qui pourrait s'étendre à plusieurs années, sans jamais perdre l'appétit ni la rumination, jusqu'à leur mort; mort qu'on est souvent obligé de hâter, à cause de l'incurabilité ordinaire de ces redoutables affections, quel que soit le traitement médical ou opératoire qu'on fasse subir à ces malheureux animaux.

Mais une autre funeste maladie, qui détruit beaucoup plus vite la vie de ces animaux et qu'on appelle en général *charbon* ou *fièvre charbonneuse*, a également sévi sur eux, d'une manière plus ou moins épizootique, surtout dans le Bas-Armagnac, ou occidentales contrées du département du Gers, spécialement sur la fin d'août et le commencement de septembre 1853; et cela au point de nécessiter, pendant son règne, l'établissement de cordons sanitaires entre les lieux contaminés et ceux qui ne l'étaient pas; mesure sans doute ordonnée par la loi, mais qui n'est pas toujours aussi utile ou indispensable qu'on se plaît généralement à le croire, parce que cette maladie n'est que très rarement contagieuse, si même elle l'est réellement jamais, du moins sans des circonstances infiniment aggravantes, qu'il faudrait avant tout constater.

Telles sont les maladies principales qui, pendant cette période triennale, ont affecté l'espèce bovine et dont la plupart ont un plus ou moins grand rapport, pour tout profond observateur, avec celles dont il a été question pour l'espèce chevaline et même pour l'espèce humaine.

SECTION TROISIÈME.

L'ORGANOPURULIE

DANS L'ESPÈCE OVINE (1).

L'espèce ovine, cette première compagne et premier trésor des patriarches ou pasteurs des premiers âges du monde, comme elle l'est encore pour l'agriculteur et pour l'agriculture, surtout par ses agneaux, sa laine et son précieux fumier, a également payé son tribut d'af-fections morbides, plus ou moins puruliques, pendant la même période de 1851, 1852, 1853 et 1854, que je vais, comme pour les espèces précédentes, passer successivement en revue.

§ I.

DANS LES BÉLIERS.

Si nous avons trouvé des difficultés pour observer les taureaux, nous en trouverons bien davantage pour les béliers, toujours fourrés pêle-mêle parmi les troupeaux; d'autant plus encore que ces troupeaux sont ordinairement confiés à des enfants, ou à des vieillards

---

(1) Du latin : *ovis*, brebis.

peu ingambes et à courte ou trouble vue, qui ne font ou presque jamais attention à l'état morbide ni sanitaire de ces êtres couverts d'une précieuse toison, que l'irré-flexion ou l'avarice confie aveuglément à leur garde, de laquelle ils s'acquittent en général si mal !

Les béliers n'ont pas dû échapper sans doute, pas plus que les autres animaux domestiques, à la plus ou moins nuisible influence de l'état morbide du globe terrestre. Je crois certainement que la génitopurulie surtout les a également plus ou moins frappés; mais aucune observation particulière ne peut me permettre de l'affirmer, surtout pour ces êtres qui d'habitude jouissent d'une robuste santé, et qui ne sont guère malades que par suite des violents combats, à la lutte, qu'ils font avec leurs rivaux, quand le hasard les fait rencontrer auprès surtout de leurs amoureuses belles; rencontre pour eux souvent terrible, qni les acharne jusqu'à s'étourdir et même à se briser le crâne, ou à s'occasionner de violents et incurables *tournis*, par suite des profondes et graves atteintes qu'éprouve leur cerveau, dans ces contondantes ou *tumassières* batailles; tant est violent et absolu le grand empire de l'amour !

§ II.

DANS LES BREBIS.

Pendant cette longue période morbide, spécialement en 1852, 1853 et même en 1854, et dans les mêmes contrées où régnaient les précédentes maladies sur l'espèce humaine, l'espèce chevaline et l'espèce bovine, plusieurs affections ont également sévi sur les brebis et en ont fait avorter ou périr un grand nombre.

Parmi ces affections, on observait plus particulièrement la *gale*, l'*anasarque* et surtout la *génitopurulie.*

La gale, ne produisait que l'incommodité du prurit et la chute de la laine, jointes à un notable amaigrissement.

L'anasarque ou hydropisie générale, surtout du tissu cellulaire, vulgairement appelée dans le midi de la France le *galamounc*, la *raca*, l'*éntéc*, etc., en faisaient périr beaucoup parmi celles qui en avaient été atteintes les années précédentes : car cette maladie chronique, souvent compliquée de morves opiniâtres et qui dure jusqu'à deux et trois ans, tue rarement la première année, mais très souvent la seconde ou la troisième.

La génitopurulie, est la maladie qui a fait le plus de ravages sur ces précieuses bêtes; elle montrait à peu près les mêmes caractères que chez les juments poulinières : 1° tristesse, faiblesse générale, surtout du train postérieur; 2° claudications de l'un ou de l'autre membre de derrière; 3° fréquentes épreintes et grands accroupissements, pour n'expulser qu'une très petite quantité d'urine, plus trouble que dans l'état normal; 4° fréquent jetage par la vulve de matières blanco-sanguinolentes, qui souvent encroûtaient leurs membres postérieurs et la face antérieure de leur queue; 5° fréquentes coliques; 6° beaucoup d'avortements, avec les agneaux morts, ou mourant peu de jours après; 7° paralysie du train postérieur; 8° chute, sans pouvoir se relever et mangeant toujours, jusqu'à la mort, qui, comme pour les juments, arrivait ordinairement du premier au cinquième ou sixième mois de l'invasion, et quelquefois plus tard.

Cette génitopurulie était souvent compliquée, surtout quand elle n'était pas bien grave, d'une grande quantité de boutons ulcéreux ou aphtoïdes, plus ou moins passagers, qui se développaient parfois autour de la vulve, mais ordinairement autour des lèvres et des narines, ainsi que sur le museau et jusqu'à moitié tête; beaucoup d'agneaux en étaient également atteints, mais uniquement au museau. Enfin, elle était d'autrefois compliquée d'un grand flux anal, plus ou moins entéropurulique, ou dyssentérique, qui souvent contribuait à hâter leur mort.

§ III.

DANS LES MOUTONS.

Les moutons, en général moins maladifs que les brebis, mais plus que les béliers, n'ont offert que quelques affections psoriques et quelques anasarques passagères ou beaucoup moins longues et beaucoup moins graves que pour les brebis, surtout dans ceux destinés à la boucherie; parce que sans doute ils étaient mieux soignés et mieux nourris.

SECTION QUATRIÈME.

L'ORGANOPURULIE

DANS L'ESPÈCE CAPRINE](1).

L'espèce caprine, quoique beaucoup plus robuste et plus sauvage que l'espèce ovine, a offert aussi quelque cas d'organopurulie. A la vérité, les *boucs*, pas plus que les béliers, n'ont rien offert de bien particulier, soit qu'ils n'en aient point eu, soit qu'on ne l'ait point observé. Mais, à ma connaissance, les *chèvres* ont été en général très atteintes, comme les brebis, de la génitopurulie; comme elles, elles ont eu des épreintes, des jetages blanco-sanguinolents par la vulve, des claudications, des coliques, des avortements, des paralysies du train postérieur, etc., etc., et un grand nombre en sont mortes. Cette maladie, chez elles, comme chez les brebis, était souvent compliquée d'éruptions varioleuses ou aphtoïdes au museau et quelquefois autour de la vulve, surtout dans les individus qui en étaient le moins profondément atteints : de très jeunes *chevreaux* en ont également offert quelques exemples, mais uniquement au museau, et ordinairement d'une courte durée.

----

(1) Du latin : *capra*, chèvre.

SECTION CINQUIÈME.

L'ORGANOPURULIE

DANS L'ESPÈCE PORCINE (1).

L'espèce porcine, d'une notable utilité pour l'alimentation de l'espèce humaine, a également payé son tribut à l'organopurulie : Les *verrats*, les *truies*, et les *porcs* ou hongres porcins, en ont été plus ou moins affectés et plusieurs y ont succombé.

§ I.

DANS LES VERRATS.

Les verrats, généralement très peu nombreux, comme les boucs, les béliers et les taureaux, n'ont offert que peu de chose à l'observation : quelque faiblesse lombaire, accompagnée d'une plus ou moins vive douleur dans cette région, ainsi que quelque variole ou picote sur le corps et sur les oreilles, mais ordinairement de courte durée, sont à peu près tout ce qu'ils ont manifesté.

---

(1) Du latin : *porcus*, porc.

§ II.

DANS LES TRUIES PORTIÈRES.

Beaucoup de truies portières ont été complètement atteintes, comme les chèvres et les brebis, de la génito-purulie. Comme elles, elles ont eu des faiblesses du train postérieur, des claudications, des épreintes avec grand accroupissement, des jetages par la nature de matières blanco-sanguinolentes, des coliques, des avortements et souvent avec les fruits morts, ou peu viables, etc., etc., mais très peu en sont mortes.

§ III.

DANS LES PORCS ET LES TRUIES CHATRÉS.

Beaucoup de porcs et de truies châtrés ont eu des douleurs lombaires, avec ou sans claudication des membres postérieurs. D'autres, ont eu des dactylopurulies ou *piétins*, de longue durée, qui leur faisaient souvent tomber les onglons. D'autres, ont eu des varioles ou picotes sur presque toute la surface de leur corps et surtout aux oreilles. D'autres, des tumeurs cutanées, surtout sous la ganache, plus ou moins suppurantes. Quelques autres, ont eu de véritables entéropurulies, avee dyssenterie et renversement anal, sans perdre pour cela l'appétit, mais sans profiter et aller plutôt en dépé-rissant, pendant fort longtemps. Enfin, un grand nombre sont morts, surtout dans le commencement d'octobre 1853, ainsi que dans les mois de janvier, février et mars 1854, par suite de pneumonies et quelquefois d'hydropisies pectorales, qui les emportaient ordinairement dans l'espace de deux ou trois jours.

Ici se termine l'histoire organopurulique de nos quadrupèdes domestiques, chez lesquels nous avons constamment vu régner, comme maladie principale, la *génitopurulie*; maladie qui a dû très probablement sévir également, mais peut-être avec beaucoup moins d'intensité, sur les quadrupèdes libres ou vivant encore dans l'état de nature.

Passons maintenant à l'histoire organopurulique des oiseaux domestiques, ou de bassecour, chez lesquels nous verrons l'*entéropurulie* et surtout la *génitopurulie* produire plus de ravages encore que sur les quadrupèdes et les personnes, dont il a été déjà question; et, par ce fait, achever de prouver, d'une manière sans réplique, combien il est vrai que la prétendue *vérole* ou *syphilis* des quadrupèdes domestiques, surtout de l'espèce *chevaline*, loin d'être le produit de la *contagion*, n'était que le *simple fruit de la nature*, ou mieux, *le morbide fruit du désordre de cette même nature*, ainsi que cela sera plus tard établi péremptoirement.

SECTION SIXIÈME.

L'ORGANOPURULIE

DANS LES PALMIPÈDES.

Les palmipèdes domestiques comprennent les *cygnes*, les *oies* et les *canards*.

§ 1.

DANS LES CYGNES.

Ces beaux palmipèdes, ces rois, ces voluptueux ornements des bassins d'agrément, qu'on contemple surtout dans les jardins et les parcs princiers, ont dû sans doute être atteints de l'organopurulie; mais, comme ils sont en général très rares, surtout dans le midi de la France et même dans l'Europe, et, ensuite, comme aucun fait à leur égard n'est venu à ma connaissance, je ne puis rien en dire ni affirmer que croire qu'ils n'ont pas échappé, dans leurs séjours princiers, à la pernicieuse influence du général état morbide du globe terrestre.

§ II.

DANS LES OIES.

Si les cygnes ne m'ont fourni aucun sujet d'observation, il n'en a pas été de même pour les *oies*, pour ces précieux oiseaux de bassecour, surtout dans le midi de la France et spécialement en Gascogne, où ils font l'objet d'un notable commerce, à cause de leur plume distinguée, et surtout de leur graisse délicate et de leur excellente viande.

Ces oies, mâles et femelles, ont en général été, en hiver comme en été, surtout en 1851 et 1852, principalement dans les plaines et les vallées, très frappées par l'organopurulie, et spécialement par l'*entérogénito-purulie;* un très grand nombre y a succombé : c'était une mortalité très jalouse sans doute, mais dans certaines localités, surtout au voisinage des rivières et des lieux plus ou moins aquatiques, le nombre des morts s'élevait à plus de la moitié.

Ces animaux devenaient peu à peu, et sans cause connue, tristes, faibles, abattus, sans cependant perdre tout à fait l'appétit, mais si leur caquetage ordinaire; leur bec et leurs pattes contractaient une teinte violacée ou blanco-bleuâtre; leur plumage devenait terne, brûlé, sec, friable, jusqu'à se déchiqueter par pièces au moindre attouchement; leur soif était inextinguible; leurs excréments étaient des mucosités plus ou moins purulentes et quelquefois sanguinolentes, d'un blanc plus ou moins verdâtre; leur anus et l'orifice de l'oviductus, dans les femelles, devenaient rougeâtres, s'engorgeaient ou se tuméfiaient en dehors, jusqu'à acquérir le volume d'un œuf de poule; leur démarche devenait oscillante et trainante, avec claudication de l'une ou de l'autre jambe; ils s'accroupissaient fréquemment, et, quelque-

fois, ils se tenaient sur le dos, le bec et l'encolure portés
sur le ventre et se débattant beaucoup des jambes,
comme si une violente douleur intestine les eût rongés;
enfin, ils s'accroupissaient ou mieux tombaient, pour
ne plus se relever, ni faire aller les jambes, comme s'ils
eussent été paralysés de la moitié postérieure du corps,
et mouraient dans cet état, ordinairement dans l'espace
de quinze jours à un ou deux mois à dater de l'invasion
de la maladie.

A l'autopsie, j'ai trouvé presque les mêmes lésions
organiques que dans les quadrupèdes, dont il a déjà été
question : chairs rougeâtres et d'une grande flaccidité;
tête des fémurs et cavités cotyloïdes d'un rouge noirâtre à leur surface interne, avec ramollissement, aplatissement et allongement du ligament inter-articulaire;
surface interne du gésier très jaunâtre; membrane muqueuse des intestins plus rouge, épaisse et parsemée çà
et là d'ecchymoses ou de traînées plus ou moins longitudinales, d'un rouge foncé, et souvent ulcérées et recouvertes de purulentes mucosités, surtout sur la fin
des intestins grêles et des intestins gros, jusqu'à l'anus,
où elles étaient le plus intenses, ainsi que jusqu'à une
petite distance dans l'intérieur de l'oviductus; et, dans
le sein des purulentes mucosités intestinales, il existait
presque constamment un plus ou moins grand nombre
de *tænias rubanés* et souvent de *cucurbitains*, de deux
à plusieurs centimètres de longueur; foie noirâtre et
comme cuit ou très mollasse, se déchirant avec beaucoup de facilité, avec sa vésicule biliaire très dilatée

par une grande quantité d'une bile noire et très liquide; poumon droit noirâtre et hépatisé; ventricule et oreillette gauches du cœur souvent vides de sang, ainsi que le ventricule droit, mais l'oreillette droite quelquefois très dilatée par un grand caillot de sang noir, avec des ecchymoses sur ses parois, quelquefois tellement profondes qu'elles semblaient les traverser de part en part; le sang des veines était très noir et très liquide; le cerveau et le prolongement rachidien étaient très ramollis, ainsi que l'ensemble des autres tissus organiques.

Les oies qui n'ont pas succombé au fléau épizootique, ou qui n'en ont pas été atteintes, ont en général fait des œufs plus gros qu'à l'ordinaire, mais en moindre quantité, plus hydriques, et même quelquefois sans coque solide et très volumineux, tels que des vessies pleines d'eau albumineuse, n'offrant en général qu'un très mollasse et très informe jaune. Aussi la plupart de ces œufs, même ceux qui paraissaient être les plus sains, ou les meilleurs, n'ont pu résister à l'incubation et se sont troublés, gâtés, pourris, ou n'ont produit que des avortons, ou des oisons morts avant la naissance, ou bien mourant peu de jours après avoir vu la lumière. Plus des trois quarts sont morts de cette manière, et même, dans certaines localités, plus de quatre-vingt-dix sur cent.

§ III.

DANS LES CANARDS.

Les canards, quoique plus vivaces et moins maladifs que les oies, ont été également frappés par ce fléau épizootique, et ont montré les mêmes symptômes entérogénitopuruliques, ainsi que les mêmes désordres nécroscopiques, mais à un moindre degré d'intensité.

Quant aux palmipèdes sauvages, ils n'auront sans doute pas échappé non plus, quoique beaucoup plus tenaces et plus accoutumés aux intempéries atmosphériques que les palmipèdes domestiques, à ce général fléau de la nature; mais il est cependant probable qu'ils n'en auront pas été à beaucoup près aussi fortement frappés.

SECTION SEPTIÈME.

L'ORGANOPURULIE

DANS LES GALLINACÉES [1].

Les gallinacées domestiques ou de bassecour, qui comprennent principalement, dans nos contrées, les *paons*, les *dindons*, les *pintades*, les *poules*, les *faisans* et les *pigeons*, ont été, selon les espèces, plus ou moins frappées de l'organopurulie, spécialement de l'*entérogénitopurulie*,

---

[1] Du latin : *gallinaceus*, oiseaux du genre de la poule, *gallina*.

et en ont même présenté des exemples frappants, dans le midi et dans presque toutes les contrées de la France, précisément dans les mêmes temps où cette générale maladie sévissait sur les palmipèdes, les quadrupèdes et les personnes, tout en produisant çà et là sur son passage de plus ou moins grands ravages.

§ I.

DANS LES PAONS, LES POULES ET LES DINDONS.

Mais, parmi ces différentes espèces de gallinacées, dont quelques-unes sont plutôt pour l'ornement et l'agrément que pour l'utilité, surtout le *paon*, ce céleste roi des oiseaux par sa beauté, ce sont principalement les *poules* et les *dindons*, ces inappréciables trésors des bassecours des campagnes, qui ont été le plus gravement atteints de cette grave épizootie et qui ont offert le plus de mortalités : une foule de bassecours en ont été dépeuplées.

On voyait ces précieux volatiles, mâles et femelles, devenir peu à peu et sans cause apparente, ainsi que les oies déjà mentionnées, tristes, faibles, abattus, sans perdre tout à fait leur appétit mais si leur ordinaire caquetage; leur bec et leurs pattes contractaient une teinte violacée, ou blanco-bleuâtre, ou noirâtre; leur crête et leurs caroncules devenaient flasques, tombantes et noirâtres; leur plumage perdait son brillant et devenait terne, brûlé, sec et friable jusqu'à se déchiqueter par pièces au moindre attouchement et comme s'il eût été taillé avec des ciseaux; leur soif était inextinguible; leurs excréments étaient des mucosités purulentes, plus ou moins glaireuses, et ordinairement d'un blanc et d'une consistance comparables à de la chaux très blanche et très délayée ou en bouillie; leur anus et l'orifice de l'oviductus, dans les femelles, devenaient rougeâtres, s'engorgeaient ou se tuméfiaient en dehors juqu'à acquérir le volume d'un œuf de poule; leur démarche devenait oscillante et traînante, avec claudication de l'une ou de l'autre jambe; ils s'accroupissaient fréquemment et faisaient des épreintes comme pour expulser des œufs ou des excréments; enfin, ils tombaient pour ne plus se relever, ni faire aller les membres, comme s'ils eussent été paralysés, surtout du train postérieur, et mouraient dans cet état, ordinairement du huitième ou quinzième jour à un ou deux mois à dater de l'invasion de la maladie.

A l'autopsie, j'ai trouvé à peu près les mêmes ravages organiques que dans les palmipèdes dont il a déjà été question : tissus divers et surtout les chairs pâles et d'une grande flaccidité, c'est-à-dire dans un état de ramollissement général; tête des fémurs et cavités cotyloïdes d'un rouge-brun noirâtre à leur face interne, avec ramollissement, aplatissement et allongement du ligament inter-articulaire; surface interne du gésier très jaunâtre; membrane muqueuse des intestins plus rouge, épaisse et parsemée çà et là d'ecchymoses et de traînées longitudinales plus ou moins rouges-noirâtres et souvent ulcérées et recouvertes de purulentes mucosités, surtout dans le trajet des intestins grêles et dans le rectum jusqu'à l'anus et l'intérieur de l'oviductus; dans le sein ou au travers des purulentes mucosités intestinales existaient constamment un plus ou moins grand nombre de *tœnias rubanés*, de *cucurbitains*, et quelquefois, surtout dans les coqs, d'*ascarides lombricoïdes*, de deux à quatre ou cinq centimètres de longueur; l'un des poumons, ordinairement le gauche, très hépatisé et noirâtre; le foie souvent très volumineux et molasse, avec sa vésicule bilaire très distendue par une grande quantité de bile claire et très liquide; reins plus gros et plus mollasses; légère hydropisie du péricarde, souvent contenue dans une fausse membrane; les cavités du cœur souvent remplies d'un sang coagulé, surtout les oreillettes, mais très liquide et noirâtre dans les vaisseaux, surtout dans les veines; le cerveau et le prolongement rachidien ramollis, ainsi que l'ensemble des autres tissus organiques.

Les poules et les dindes qui n'ont pas succombé au fléau épizootique, ou qui n'en ont pas été atteintes, ont en général fait, comme les oies et les canards, des œufs plus gros qu'à l'ordinaire, mais en moindre quantité, plus hydriques, et même quelquefois sans coque solide et très volumineux, tels que des vessies pleines d'eau albumineuse et n'offrant en général qu'un très mollasse et très informe jaune : aussi la plupart de ces œufs, même ceux qui paraissaient être les plus sains ou les meilleurs, étaient mauvais, d'un goût désagréable, et n'ont point en général pu résister à l'incubation, se sont troublés, gâtés, pourris, ou n'ont produit que des avortons, ou des poulets et des dindonneaux morts avant de naître, ou bien mourant ordinairement peu de jours après leur naissance. Plus des trois quarts sont morts de cette manière et même dans certaines localités plus de quatre-vingt-dix sur cent. Et, souvent, ceux qui résistaient et survivaient à l'épizootie, étaient atteints, un ou deux mois après leur naissance, surtout dans le printemps de 1853, précisément à l'époque de la nouvelle ou seconde alerte de la prétendue vérole de l'espèce chevaline, d'une *affection éruptive* qui en faisait périr ou estropier un grand nombre : ils devenaient tristes, pâles, crête noire et tombante; plumage terne et déchiqueté; excréments blanchâtres et liquides; tête enflée, ainsi que la langue, bientôt couverte de boutons aphtoïdes et pustuleux, qui finissaient par ne former qu'une croûte et souvent leur enlever la vue et les yeux; mais sans leur enlever l'appétit jusqu'à la mort, qui arrivait ordinairement du quinzième au trentième jour de l'invasion et quelquefois beaucoup plus tard.

Enfin, une foule d'autres volatiles, même parmi ceux qui vivent en toute liberté dans le sein de la nature, ont dû être plus ou moins frappés par cette générale maladie du globe terrestre, mais plus ou moins à l'insu de la plupart des observateurs; ainsi qu'une foule d'autres animaux, de toute espèce, qui lui auront infailliblement payé un tribut plus ou moins fort, surtout les insectes, s'il est du moins permis d'en juger par les *abeil-*

les domestiques; lesquelles n'ont en général produit qu'une très petite quantité de miel et de très mauvaise qualité, et dont même les ruchers, depuis le règne de cet état morbide du globe, se sont en général vidés, dans plusieurs localités, ou ont éprouvé de grandes pertes.

RÉFLEXION PARTICULIÈRE

SUR L'ÉPIDÉMOZOOTIE.

Ici se terminerait l'*épidémozootie*, ou l'*organopurulie*, dans l'homme et dans les animaux domestiques, si les faits déjà observés à leur égard ne conduisaient pas naturellement, avant de passer aux végétaux, à une autre série d'importantes considérations médicales.

Jusqu'à présent, il n'a été pour ainsi dire question que des ravages qu'a produits l'organopurulie sur les surfaces membraneuses, cutanées et muqueuses, ou externes et internes, qui, par leur ensemble, constituent ce grand et général sac, de toute part contigu et criblé de myriades d'imperceptibles ouvertures ou porosités, qui enferme et protége dans son sein tous les systèmes organiques de la vie animale et sensitive, ainsi que cette vie elle-même, qui les maintient en mouvement depuis leur génération jusqu'à leur mort; c'est-à-dire, que cette grave maladie n'a pour ainsi dire été considérée jusqu'à présent que dans le *contenant* et non ou très peu dans le *contenu*.

La *nécroscopie* cependant, qui a révélé tant de faits internes, permet d'en dire quelque chose; abordons donc, appuyé sur elle et sur les faits extérieurs, ce nouvel ordre d'études épidémozootiques; lequel nous facilitera infiniment la recherche des causes premières qui ont développé tant de désordres organiques et produit tant de mortalités.

Mais, avant d'entreprendre cet important sujet, portons nos regards en arrière et récapitulons très succinctement ce que nous avons déjà dit de principal sur l'organopurulie épidémozootique.

RÉCAPITULATION

DE L'ORGANOPURULIE ÉPIDÉMOZOOTIQUE.

Récapitulant l'organopurulie dans l'espèce humaine et dans les animaux domestiques, nous voyons que cette maladie s'est en général manifestée et fait jour, en dehors, au travers de la peau ou système cutané qui recouvre la surface du corps, et, surtout, au travers des membranes muqueuses, sortes de systèmes cutanés internes, qui tapissent les systèmes respiratoires, digestifs, urinaires et génitaux; d'où j'ai établi la *cutanopurulie*, la *dactylopurulie*, la *buccopurulie*, la *pneumopurulie*, l'*entéropurulie*, l'*uropurulie*, la *génitopurulie*, etc.; noms divers qui n'expriment en général ici que les branches variées du *tronc* de l'organopurulie, dont les *racines* sont disséminées dans l'intérieur de l'organisme, et qui feront l'objet du titre suivant.

Mais, parmi ces divers embranchements organopurgiques, les uns étaient plus constants, d'une plus longue durée et plus abondants en matière purulique que les autres; c'était ceux qui avaient leur issue par les intestins et par les organes génitaux; les autres étaient beaucoup plus légers et beaucoup plus passagers : aussi l'*entéropurulie* et la *génitopurulie* constituaient-elles les principales de ces affections, autour desquelles les autres variétés venaient se grouper, ou bien les suivre, à des distances plus ou moins grandes; telles que des enfants entourent ou suivent leurs mères, ou bien, tel qu'on voit souvent autour ou à la suite de deux grands orages collatéraux et marchant de front, une foule d'autres petits et humbles orages, de manière à embrasser, çà et là, par leur ensemble, de vastes contrées, pour y décharger quelquefois des feux ou des torrents dévastateurs.

L'entéropurulie et la génitopurulie ont donc ouvert la grande scène épidémozootique, que toutes les autres sortes de purulies ont accompagnées, ou suivies, à des distances plus ou moins grandes. Toutes ces affections étaient évidemment des *éruptions*, qui avaient leur source dans le même foyer organopurulique; mais qui n'attendaient pour éclater au dehors que des causes déterminantes, externes ou internes, plus ou moins irritantes et attractives; lesquelles se seront trouvées tantôt dans des actes spéciaux des parties affectées, tantôt dans des agents extérieurs qui auront morbidement agi sur elles, tantôt dans des accidents plus ou moins imprévus, ou dans d'autres troubles de leurs fonctions naturelles. De là, ces matières plus ou moins puruliques et plus ou moins caustiques ou corrosives, qui s'évacuaient tantôt par les voies antérieures, tantôt par les voies postérieures, et tantôt par les extrémités ou par la surface du corps : car la nature tend sans cesse à rétablir l'ordre troublé dans son sein, en s'efforçant d'expulser hors d'elle tout ce qui peut l'embarrasser dans l'intérieur.

Enfin, quant aux vers intestinaux et aux gales cutanées, il est très probable que ces parasites n'étaient ni la cause, ni l'effet de l'état morbide des organes ou des lieux qu'ils habitaient, puisque certains malades en avaient d'énormes quantités et n'en mouraient pas, tandis que d'autres qui n'en avaient point, ou que très peu, succombaient à la maladie; mais que ces organes, ou ces lieux morbides, auront plus ou moins appelé ou favorisé leur développement et leur multiplication par l'effet du caractère particulier, plus ou moins cachectique, de leur propre affection; tel qu'on voit généralement partout les êtres ou les objets malades, en fermentation, décomposition, corruption, ou cadavériques, appeler de toutes parts les carnivores, les vers, les insectes et les cirons. Cependant, il est infiniment probable que cette même affection en aura été plus ou moins aggravée, en y augmentant la locale irritation, qui aura dû y appeler une plus grande quantité de matière purulique, *ubi dolor, ubi fluxus,* et, en même temps, y troubler plus ou moins les importantes fonctions digestives et cutanées, et, par suite, celles de l'ensemble du corps.

DE L'ORGANOPURULIE ÉPIDÉMOZOOTIQUE
INTERNE.

Je n'ai considéré l'organopurulie épidémozootique, jusqu'à présent, que par ses effets pour ainsi dire extérieurs, c'est-à-dire, par les éruptions et les purulences plus ou moins grandes de la peau et des membranes muqueuses ; cependant, ces éruptions et ces purulences ne pouvaient venir de l'*extérieur*; elles devaient donc avoir leur source sécrétive dans l'*intérieur*, c'est-à-dire dans l'*organisme* contenu dans ce grand sac cutano-muqueux. Cet organisme moteur, respiratoire, circulatoire, sécréteur, sensitif, générateur, etc., était donc malade; en quoi consistait cette affection? Telle est la question : tâchons de la résoudre.

Mais, avant tout, une distinction importante est à faire. Cet organisme, de quelques organes ou ressorts et substances qu'il soit composé, se réduit en résultat, en *solides*, *liquides* et *fluides* : or, cette affection régnait-elle dans les premiers, ou dans les seconds, ou bien et à la fois dans les uns et les autres? Il est certain que la nécroscopie a constaté en général un plus ou moins

grand ramollissement ou flaccidité dans les solides, surtout dans les muscles, les glandes et les nerfs, et un
plus ou moins grand apauvrissement ou fluidité dans
les liquides, surtout dans le sang, le chyle et la lymphe. Par conséquent, et quoique la maladie fût dans le
principe évidemment inflammatoire, les uns et les autres étaient affectés, pendant le vivant, d'une faiblesse
ou *atonie* plus ou moins grande et plus ou moins générale, qui a été quelquefois poussée jusqu'à l'atrophie,
et d'autrefois jusqu'à la cachexie, mais jamais d'une
manière complète; en un mot, c'était un relâchement
organique plus ou moins intense, qui avait suivi la
tension inflammatoire, joint très probablement à un désordre ou à une perturbation plus ou moins grande des
éléments composants, qui, sortis de leur ordre ou de
leur rapport normal, auront directement fourni l'aliment morbide à toutes les sortes d'organopurulie, qui se
sont fait jour au travers de la peau et des membranes
muqueuses, dont il a été déjà question.

Donc, les *solides*, comme les *liquides* et les *fluides*,
ont été le siége de l'affection; mais l'ont-ils été dans le
même temps, ou bien les uns ont-ils précédé les autres et les ont-ils affectés à leur tour? Sans doute, les
solides auraient pu être les premiers affectés ou frappés de ce relâchement, ou de cette atonie plus ou moins
désordonnée et générale, et, par suite, élaborer incomplètement ou plus ou moins mal les liquides et les
fluides soumis à leur action vitale, et, par ce moyen,
les constituer dans un état plus ou moins morbide;

mais les liquides et les fluides auraient également pu l'être, et, par suite, mal abreuver ou alimenter ces solides et troubler plus ou moins leurs naturelles fonctions : or, dans un pareil état de choses, quelle rationnelle décision est-il permis de porter? A qui accorder l'honneur de la priorité? Peut-être aux uns et aux autres, ainsi qu'il sera plus tard établi ou prouvé.

Mais ces solides, ces liquides et ces fluides ne sont pas des corps simples, ils sont plus ou moins composés, et offrent même souvent une curieuse organisation, ainsi que je l'ai établi dans ma *Théocosmorhodie*, ouvrage dont on trouvera un extrait à la fin de la présente Epigéonosie : or, quels sont ceux de leurs éléments composants qui ont été le plus particulièrement affectés? Cela sera également établi ou prouvé plus tard, au titre de la causalité ou de l'Etiologie.

Enfin, si les solides, les liquides et les fluides, ainsi que leurs éléments composants, étaient morbidement affectés, est-il possible que le principe vital qui les anime ne le fût pas également? Sans doute il devait plus ou moins participer à tous ces désordres organiques, avoir lui-même l'énergie troublée, et y jouer même le premier rôle, jusqu'à son extinction, ainsi qu'il sera également établi au titre de l'Etiologie générale.

Il est donc évident, d'après ces données, que ces diverses et primordiales substances, ayant pu successivement et réciproquement s'affecter ou s'altérer, et l'ayant très probablement fait ou opéré d'une manière inflammatoire, plus ou moins chronique et plus ou moins atonique, avec purulence, ou sans purulence bien marquée, il est donc évident, dis-je :

1° Que les organes du système digestif auront produit une plus ou moins mauvaise digestion des aliments pris pour la substantation, soit par leurs actions déréglées, soit par leurs morbides sécrétions; et par suite ils auront formé un mauvais chyme et un mauvais chyle, plus ou moins aggravés ou troublés par les vermineuses déjections, qui, loin de porter dans le torrent circulatoire du sang de bons principes corroborants et réparateurs, en y auront versé de plus ou moins mauvais, ou ataxiques;

2° Que les organes du système cutané auront produit de mauvaises sécrétions et de mauvaises transpirations, ainsi que de mauvaises absorptions; et, par suite, ils auront troublé leurs importantes fonctions; et porté ou refoulé, dans ce même torrent circulatoire du sang, des principes plus ou moins mormides ou perturbateurs, quand au contraire ils étaient faits pour en y porter de corroborateurs, et, surtout, pour contribuer puissamment, avec d'autres organes et spécialement avec les respiratoires et les urinaires, à l'épurer ou à le débarrasser des superflus perspiratoires et des résidus nutritifs ou assimilateurs;

3° Que les organes respiratoires auront plus ou moins mal épuré, élaboré et vivifié le sang de ce même système circulatoire, ou produit une plus ou moins mauvaise hématose, et, par suite, laissé ou constitué ce nutritif et vivifiant liquide de l'organisme dans un plus ou moins grand état d'apauvrissement ou de corruption, qui aura produit une plus ou moins mauvaise assimilation;

4° Que les organes des systèmes sécréteurs, surtout les urinaires, et ceux des systèmes sécréto-récrémen titiels, surtout les salivaires et les biliaires, auront plus ou moins mal dépouillé ce sang de ses impuretés et produit des sécrétions d'une plus ou moins mauvaise nature;

5° Que les organes du système exhalant et du système absorbant, ou lymphatique, n'auront produit, absorbé et charrié dans ce sang qu'une lymphe plus ou moins impure;

6° Que ce sang, par conséquent, se sera trouvé dans un grand et complexe état d'impureté, ou mieux d'atonique morbidité, et, par suite, il aura porté des germes de mort, plutôt que de vie, dans les divers tissus organiques, qu'il était appelé à nourrir ou à vivifier, et fourni l'aliment corrupteur à toutes les sortes d'organopurulies, internes et externes;

7° Que les organes du système circulatoire, par leur diastole et leur systole, plus ou moins atonique et déréglée, auront fait circuler ce sang, ainsi que la lymphe, d'une manière plus ou moins lente et plus ou moins désordonnée, et, par ce moyen, ils auront porté les divers matériaux assimilateurs, dans un temps et dans un ordre plus ou moins inopportuns et même en incomplète quantité, au pied d'œuvre des organes *capillaires vasculo-nerveux* de l'importante et vivifiante *assimilation organique*, de manière à en troubler plutôt qu'à en favoriser l'opération;

8° Que les organes du système nerveux ou sensitif, producteur, sécréteur ou élaborateur de la sensibilité, des idées, de la volonté, de la vie, auront plus ou moins mal exécuté leurs fonctions, et, par suite, ils auront produit des désordres ou des perturbations dans les effets de leur système, et surtout des engourdissements ou des paralysies plus ou moins complètes dans les parties qui se trouvaient sous leur immédiate dépendance, spécialement dans les régions inférieures ou postérieures du corps, soumises à la puissance nervo-vitale de la partie inférieure ou postérieure de la moëlle épinière ou prolongement cérébro-rachidien;

9° Que les organes du système moteur et locomoteur auront plus ou moins mal exécuté leur motilité et leurs actes de translation, et, par suite, ils auront produit des mouvements atoniques, des oscillations locomotives, de plus ou moins grandes claudications, et même souvent des chutes opiniâtres;

10° Que les organes du système génital ou reproducteur, vers lesquels la vie semble de toutes parts se diriger, par une sorte d'attraction vitale, pour la reproduction et la perpétuité des espèces, auront également exécuté plus ou moins mal leur sécrétion ou élaboration des principes générateurs, et, par suite, ils auront produit une incomplète stérilité, ou des générations morbides, difformes, des avortons, ou bien des êtres cacochymes et peu viables, et presque toujours précédés ou accompagnés de matières puruliques plus ou moins abondantes;

11° Enfin, l'augmentation de l'ensemble de tous ces désordres organiques, portés surtout à leur *nec plus ultrà,* auront produit ou amené plus ou moins promptement, dans une foule d'individus, la cessation de l'existence, la *mort.*

TERME DE L'ÉPIDÉMOZOOTIE.

Ici se termine enfin la succincte histoire de l'*organopurulie épidémozootique,* de cette opiniâtre maladie, plus ou moins ramifiée dans l'organisme, qui, depuis quelques années, a sévi sur l'espèce humaine et sur les animaux domestiques, jusqu'aux volatiles et même les abeilles.

Passons maintenant à l'*organopurulie épiphytosique,* à ce même fléau qui, depuis quelques années également, a sévi sur les végétaux, spécialement sur *les pommes de terre* et sur *les vignes,* sur lesquelles elle a produit des ravages encore plus alarmants.

FIN DE LA PREMIÈRE PARTIE DE L'ÉPIGÉONOSIE.

SECONDE PARTIE.

L'ÉPIPHYTOSIE[1]

ou

L'ORGANOPURULIE
DANS LES VÉGÉTAUX

SPÉCIALEMENT

DANS LES PLANTES CULTIVÉES.

DISCOURS
SUR L'ÉPIPHYTOSIE.

Si jamais maladie a généralement sévi sur l'ensemble des êtres de la nature, successivement ou à la fois dans de vastes contrées et même dans toute l'étendue du globe terrestre, c'est sans contredit celle qui fait l'objet de cette épigéonosie.

Nous avons déjà vu les ravages que cette maladie a faits sur l'espèce humaine et sur les animaux divers, sur ces êtres détachés du globe et se locomouvant à volonté,

---

(1) J'ai composé le mot *épiphytosie* de deux mots grecs : επι, sur; φυτος, plante.

qui l'ornent avec distinction et qui en constituent le bouquet vivant et intelligentiel.

Nous allons maintenant considérer les ravages qu'elle a développés sur les *végétaux*, spécialement sur les *plantes cultivées*, sur ces êtres également vivants e^t curieusement organisés, mais fixés ou attachés au sol qui les a vus naître et qui les nourrit, duquel ils constituent naturellement le pittoresque et ravissant parterre, partout et toujours jonché de brillantes fleurs, que succèdent ordinairement des semences ou des fruits plus ou moins utiles et plus ou moins délicieux, de manière à offrir un inépuisable foyer d'alimentation générale, et, à la fois, le spectacle enchanteur d'un *paradis terrestre*.

On sera surpris sans doute que des êtres immobiles et d'une apparence inerte, et considérés comme tels par une foule d'esprits irréfléchis ou étrangers à l'histoire naturelle, puissent avoir, sous les noms techniques : 1° de racine, collet, tige, branche, feuille, fleur, fruit, graine; 2° d'écorce, parenchyme, fibre, liber, aubier, cœur, moëlle; 3° de vaisseau, trachée, tube, chevelu, pore; 4° de sève, cambium, suc propre, arôme, etc., etc., puissent avoir, dis-je, une organisation compliquée jusqu'à offrir pour ainsi dire les mêmes systèmes organiques que les animaux; c'est-à-dire, des bouches absorbantes, des embouchures exhalantes, des organes digestifs, des organes respiratoires, des organes circulatoires, des organes sécréteurs, des organes sensitifs, des organes sexuels ou procréateurs, etc., etc., tous hermétiquement couverts ou enveloppés dans un système cutané, également semblable à celui de ces animaux.

On sera à plus forte raison surpris également que ces êtres, en apparence privés de mouvement, de sentiment et de vie, puissent être affectés, comme ces animaux, de maladies diverses et plus ou moins semblables à celles de ces miraculeux chefs-d'œuvres de la création ! Mais telle est leur organisation et leur vie que, dépendants comme eux de la puissance suprême de la nature, ils sont humblement soumis à ses lois et sensibles à ses bénignes ou à ses malignes influences; ils jouissent de ses douceurs, quand elle est dans son état normal, comme ils souffrent de ses intempéries ou de ses rigueurs, quand elle se trouve dans un état morbide ou anormal. Fixés au lieu qui les vit naître, ils subissent toutes les conséquences des agents, des substances et des circonstances qui les entourent, dont les unes leur portent des germes de vie et les autres des germes de mort, que leur immobile fixité ne leur permet pas de fuir ni de refuser; bon gré, mal gré, ils sont forcés de les accepter, telles que cette nature le leur offre : aussi, en sont-ils, à notre insu, fréquemment incommodés, sans que la médecine végétale songe même à les soulager; et, comme tout ce qui possède la vie est sujet à la mort, comme tout ce qui est né doit mourir; ils subissent les sinistres conséquences de cette juste et immuable loi de la nature, et succombent naturellement ou accidentellement, pour rentrer dans le vaste océan du néant, si toutefois quelque chose au monde peut s'anéantir et que tout ne passe pas plutôt à un nouveau mode d'existence, ou du moins servir à de nouvelles existences, à une époque plus ou moins éloignée de leur naissance, qui, selon les espèces, peut s'étendre de quelques minutes à plusieurs siècles.

Mais, parmi ces innombrables végétaux, ces antiques enfants de la terre, toujours renouvelés comme dans un printemps perpétuel, et constituant un foyer inépuisable d'alimentation générale, sur lequel repose et vit en résultat l'ensemble du règne animal, tous n'ont pas été également affectés, non plus que ces animaux, par la générale maladie qui nous occupe; les uns en ont été plus frappés que les autres, selon leur constitution organique, leur idiosyncrasie, leur habitation, leur origine première, et leur naturalisation ou habitude climatoriale; mais, en général, et comme cela a eu lieu pour les animaux, ceux qui étaient originaires des pays froids, ou tempérés, l'ont été moins que ceux qui étaient originaires des pays chauds : c'est ainsi, par exemple, que les *vignes*, les *fruitiers*, les *pommes de terre*, etc., en ont beaucoup plus souffert qu'une foule d'autres végétaux. Nous commencerons donc par eux l'histoire de l'*organopurulie végétale*, pour la continuer successivement dans les espèces qui en ont été moins frappées, ou qui offrent en économie rurale une moins haute importance.

L'*Epiphytosie*, branche importante de l'*Epigéonosie*, sera donc également divisée par classes et sections successives, dans l'ordre suivant : 1° *vignes*; 2° *arbres frui-*

tiers; 3° *pommes de terre*; 4° *céréales*; 5° *légumes*; 6° *four-rages*; et, selon le besoin, ces sections seront subdivisées en sous-sections également successives, comme je l'ai déjà effectué pour l'*Epidémozootie*.

CLASSE PREMIÈRE.

L'ORGANOPURULIE

DANS

LES ARBRES ET LES ARBUSTES

FRUITIERS.

Les arbres et les arbustes fruitiers sont sans doute les premiers des végétaux qui, dans l'origine du monde, ont fourni l'aliment à l'espèce humaine et même à un grand nombre d'animaux; ils leur ont immédiatement mis sous la main et la dent la meilleure et la plus saine des nourritures; et, si le *Paradis terrestre* a réellement existé, *Dieu* ne pouvait sans doute y placer des sources de vie plus abondantes, plus agréables et plus salutaires : aussi, le globe devrait-il en être couvert ou jonché, pour le bonheur des êtres créés; ces êtres jouiraient alors d'un nouveau et réel *Paradis terrestre* : Puissent les hommes concevoir et mettre en pratique cette grande et céleste vérité ! !

Parmi ces arbres et arbustes fruitiers, les *pommiers* et les *poiriers* fournissent sans doute la plus abondante et

succulente quantité d'aliment nutritif, et mériteraient
par conséquent ici l'honneur d'être placés en tête;
mais, comme la *vigne* ne leur cède presqu'en rien,
qu'elle est également abondante et qu'elle fournit à la
fois l'aliment solide et l'aliment liquide, même le *nec-tar des dieux*, et que, par cette excellente production,
elle fait l'objet d'un important commerce, je vais lui
donner le méritoire honneur d'être traitée la première.

L'ORGANOPURULIE
DANS LES VIGNES.

HISTORIQUE.

Depuis tant de siècles que la vigne est cultivée, si même elle ne l'est pas depuis l'origine de la civilisation, jamais peut-être elle n'avait été frappée d'une maladie aussi générale et aussi désastreuse que celle qui l'affecte depuis quelques années et qui règne encore en ce moment, plus fortement peut-être que jamais, surtout dans les contrées méridionales de l'Europe, spécialement en France, en Espagne, en Portugal, en Italie, en Grèce, ainsi qu'en Afrique, en Asie, et, probablement, dans toutes les contrées viticoles du globe. Et si, dans le cours des siècles, cette grave maladie a déjà régné, l'époque de ce règne se perd pour nous dans la nuit des temps.

On a dit, à la vérité, d'après Pline le naturaliste, qui vivait il y a environ dix-neuf cents ans, qu'en son temps toutes les vignes de l'Italie avaient été ravagées par ce fléau, qu'il décrit, dans son 17e Livre, par les

paroles suivantes : « Une maladie particulière aux oli-
» viers et aux vignes existe en ce moment; on peut
» l'appeler toile d'araignée, car, semblable à une toile,
» elle enveloppe le fruit, le consume et l'absorbe.»
Description succincte qui sans doute offre beaucoup de
rapports avec les caractères principaux de la maladie
régnante; si, toutefois ce n'était pas réellement une
toile d'araignée, ou mieux celle d'une chenille que j'ai
bien des fois observée dans les vignes du midi de la
France, dont elle dévorait les fleurs ou causait leur
dessiccation, ainsi que de jeunes baies des grappes.

Mais, si du temps de Pline cette maladie exista, il
n'y a pas de raison pour qu'elle n'ait pu régner avant
comme après, à des époques plus ou moins éloignées
les unes des autres et probablement plus que séculaires,
sans qu'on y ait fait aucune sérieuse attention; ainsi
que semblerait le prouver, si toutefois le fait est vrai,
sa nouvelle apparition, il y a 400 ans, sur les vignes de
cette même Italie, qu'elle ravagea dit-on de nouveau
et leur aurait fait produire un vin détestable, qui se cor-
rompit et qui donna naissance à une désastreuse épidémie.

Mais, s'il existe des doutes au sujet du règne de cette
grave maladie dans les temps anciens, il est bien certain qu'elle règne dans les temps présents et même d'une
manière malheureusement trop désastreuse; puisqu'elle
emporte, selon les contrées et les localités de ces contrées, jusqu'à la moitié et même les trois quarts et plus
de la récolte, et qu'elle menace même les souches d'une
extinction prochaine.

Ce fléau dévastateur a donné et donne encore de justes alarmes à tous les viticulteurs et a stimulé et stimule encore l'esprit d'observation des œnologistes et de la plupart des savants, jusqu'à se disputer pour ainsi dire l'honneur de la priorité de sa découverte, comme cela a ordinairement lieu pour toutes les nouvelles apparitions et surtout pour les *inventions*.

Mais, parmi les savants d'Europe, il est assez singulier que les Anglais veuillent toujours et partout primer, s'attribuer l'honneur de la plupart des découvertes, et que les savants des autres nations, surtout les Français, leur tolèrent sans cesse cette priorité; comme il est également singulier que, généralement, les savants des grandes cités veuillent sans cesse avoir la primauté sur ceux des humbles campagnes, comme si Phébus les eût plus particulièrement favorisés ou privilégiés !

L'Angleterre a donc trouvé le secret de s'honorer de la découverte de cette générale maladie de la vigne, comme de tant d'autres choses et même dit-on de la nouvelle télégraphie, qui m'appartient, et surtout de la cause qui l'a produite; quand cette cause est réellement et évidemment encore plongée et enveloppée dans les profonds secrets de la nature, où la perspicacité d'un œil scrutateur peut seul l'aller trouver et la porter en triomphe sur le théâtre de la lumière.

C'est dans les serres de Margate que cette Angleterre place le berceau de ce terrible fléau, sous l'œil du jardinier *Tucker*, d'où, et tel qu'un nouveau choléra, elle

lui fait franchir la Manche, pour porter sa prétendue
contagion (car cette contagion n'existe pas plus que l'an-
téchrist), dans les serres belges et françaises, surtout
de Versailles, et, de là, sauter d'un bond dans les départements du midi de cette France, de l'Espagne, de
l'Italie et successivement dans toutes les autres nations
du midi de l'Europe, jusqu'en Afrique, l'Asie et probablement dans toute l'étendue du globe !

Mais, pour faire un aussi long voyage, il lui fallait
un bon passeport, afin de ne point être arrêtée par les
Argus de la science; ce fut le Révérend M. J. Berckley
qui le lui procura : la croyant causée par l'*efflorescence*
ou *moisissure* que Tucker observa, il la baptisa du nom
de *Oïdium*, (sans doute du grec οινος, vin; ou bien, οινας,
vigne; ainsi que probablement du mot anglais *dead*,
mort; c'est-à-dire, *mort de la vigne:*) auquel il ajouta le
mot *tuckeri*, pour rappeler sans doute le nom de son prétendu premier observateur, qui affirmait l'avoir découverte en 1845, quand ses principaux ravages en Europe
ne datent que de 1851 à 1854; et, par ce moyen, le nom
d'*oïdium* fit et continue de faire le tour du monde; quand
la mucédinée ou moisisssure (de *mucere*, moisir) que ce
nom exprime, loin d'être la *cause* de cette maladie,
n'en est évidemment que l'effet; ainsi que je le prouverai sans réplique dans le cours de cet ouvrage. Et d'où
il suit que ce nom d'*oïdium* n'est pas applicable à cette
grave maladie, puisque ce n'est pas cette moisissure
qui la produit, ni ne fait mourir la vigne, et que c'est,
au contraire, cette vigne et cette maladie qui donnent

naissance à cette moisissure; mais il vaudrait beaucoup mieux, selon moi, si tant on veut donner un nom technique à cette maladie, la nommer l'oïNOSIE, (du grec οινος, vigne, οινος, vin, et νοσος, maladie), c'est-à-dire, *maladie de la vigne et du vin.*

Mais, quelle que soit la nomination, la cause et la première apparition de cette maladie, sur tel ou tel point du globe terrestre, il est certain que, depuis quelques années et surtout depuis 1852, elle fait de grands ravages sur cet inestimable arbuste qui élabore ou distille, dans le sein de son organisme, le meilleur nectar peut-être que puisse produire le règne végétal, pour corroborer et réjouir l'esprit, le cœur et l'amour de l'homme, et qui, pour ce motif sans doute, constitue une si importante branche du commerce, qui, des pays vinicoles, s'étend jusqu'aux recoins les plus éloignés du globe.

Aussi, tout s'intéresse, tout s'ingénie à connaître et surtout à conjurer cette alarmante maladie : *propriétaires, viticulteurs, œnologistes, savants, inspecteurs généraux de l'agriculture, sociétés agricoles, académies, instituts, gouvernements, ministres de Dieu,* en un mot, toutes les *sommités intelligentielles* se font honneur et gloire de travailler avec zèle à cette œuvre importante; et des *sociétés d'encouragement* ont même promis des prix honorants à ceux qui remporteraient les lauriers de la victoire, spécialement celle de Paris, qui, à ce sujet, a mis au concours deux prix de trois mille francs, le premier pour l'auteur du meilleur travail sur cette

maladie, et le second pour l'inventeur du moyen préventif ou curatif le plus efficace; mais ces prix, qui
sont sans doute beaucoup pour de telles sociétés, ne
sont rien pour un triomphe semblable : c'est *des millions* que les gouvernements devraient donner à de tels
bienfaiteurs de l'humanité, surtout à ceux qui obtiendraient sa cure complète. Et si la France et l'Espagne
ont compris cette vérité, et qu'elles aient réellement
proposé à ce sujet des prix grandioses, elles n'ont fait
que leur devoir.

Espérons qu'avec de tels concours, ou de pareils canons braqués contre ce fléau épouvantable, on ne tardera pas à le culbuter et à le réduire en poussière, que
les vents dissiperont pour toujours dans l'empire du
néant.

Mais, pour arriver à ce but important, il ne faut pas
s'amuser, comme c'est assez le genre ou la mode du
jour, à honnir, critiquer, voiler, piller, persécuter ou
abandonner dans la détresse les philosophes ou les observateurs consciencieux qui s'occupent avec zèle et
assiduité de ce grand objet ; il ne faut pas leur tendre
des pièges secrets, pour s'emparer, d'un coup de filet,
du fruit de leurs laborieux et ruineux travaux, et oser
même impunément insérer ces diaboliques procédés
dans les journaux, sous la barbe des gouvernements
qui, en général, y sont indifférents ou ferment les yeux
à ces sortes de criminalités, comme s'ils y avaient
quelqu'ombre de complicité ; il ne faut pas s'emparer
de la clé de la science et en fermer la porte aux autres,

sans souvent y être entré soi-même, ainsi que l'a judicieusement dit le divin *auteur de l'Evangile;* il ne faut
pas malveillamment ou larciniquement fermer les yeux
devant l'encourageant et divin principe qui règne dans
le sein de tous les bons cœurs et qui est laconiquement
exprimé par les mots *Rendez à César ce qui appartient
à César;* il ne faut pas s'amuser surtout à chercher et à
prôner charlataniquement des milliers de remèdes empiriques, de prétendus spécifiques, sans connaître la cause
du mal, et souvent dans l'unique but d'en faire un
commerce lucratif: il faut, avant tout, étudier et connaître cette cause; et, ensuite, baser rationnellement sur
elle le traitement prophylactique et le traitement curatif, C'est alors et alors seulement qu'on agira avec dis-
cernement et utilité: sinon, c'est opérer en véritables
aveugles, en tâtonnants empiriques, qui mettent des
siècles pour arriver au but, si encore le pur hasard ne
les y conduit pas!

Travaillons donc avec courage, marchons logiquement et sans cesse du connu à l'inconnu, et, dans cette
grande et utile recherche, procédons lumineusement,
l'œil, le microscope et l'expérience en main, dans
l'ordre suivant: 1° *Nosographie;* 2° *Etiologie;* 3° *Thérapeutique;* 4° *Prophylactique.*

§ 1.

NOSOGRAPHIE

ou

DESCRIPTION DE LA MALADIE

DES VIGNES.

Habitant d'un pays, dans le midi de la France, éminemment vinicole, que l'*oïnosie* ou maladie *oïnique* a infiniment maltraité, et observant attentivement cette maladie depuis l'époque de son apparition, dans ce lieu et dans les contrées voisines et lointaines qui l'entourent, on ne trouvera sans doute pas étrange qu'après tant de travaux déjà faits à ce sujet par des savants distingués, qui brillent remarquablement sur l'horizon surtout par un fatras de verbiages scientifiques, je prenne à mon tour la liberté de porter, sur cette *oïnosique* scène, les fruits de mon observation, de ma réflexion, de mon expérience, ou de ma philosophie naturelle.

Tandis que cette *oïnosie* ravageait déjà l'Italie, la Hongrie, le Tyrol, la Suisse, la Provence, le Roussillon, la Catalogne et toute l'Espagne, son apparition commençait à préluder, en août 1852, dans les contrées occidentales du midi de la France, ma patrie naturelle, et portait même déjà l'alarme dans le Médoc et autres plages atlantiques plus septentrionales; mais c'est en 1853 qu'elle s'est montrée, dans ces contrées, dans tout son développement, et qu'elle a jeté une alarme générale parmi les viticulteurs et les méridionales populations, qui, de prime abord, ont cru la récolte du vin et même les vignes perdues; et, pour ce motif, ils ont hésité de vendre les vins qu'ils possédaient dans leurs caves et en ont insensiblement et même rapidement fait monter le cours, ainsi que celui des eaux-de-vie, au prix exorbitant où il est encore en ce moment; lequel s'élève, pour les vins rouges nouveaux ou de 1852, à plus de soixante francs l'hectolitre, et, pour les eaux-de-vie, également nouvelles, à plus de cent quarante francs le même hectolitre; et ce prix exorbitant va encore progressivement croissant, de sorte qu'on ne sait point à quel chiffre il s'arrêtera, tant cette maladie oïnique a jeté de secrètes craintes dans les esprits ! Cependant, comme le principal consommateur de ces précieux liquides est le peuple, ou la classe ouvrière, et que ce peuple, depuis l'époque de ce haut prix, n'en boit point ou très peu, il est infiniment probable que ce défaut de consommation, généralement suppléé par des *piquettes,* des *oxycrats,* ou par l'eau naturelle, arrêtera cette hausse dépravée, ou du moins lui mettra un frein rationnel et salutaire, et, par suite, apaisera l'insatiable cupidité des propriétaires-viticulteurs ou producteurs, ainsi que celle des commerçants, qui, en général, falsifient impunément les denrées progressivement et à mesure que leur prix devient plus élevé, au grand détriment de la santé des personnes qui les consomment, si même elles ne donnent naissance, ainsi qu'on l'a eu vu, à de meurtrières épidémies.

C'est dans le commencement du mois d'août, de cette année 1853, que cette redoutable maladie a commencé de donner, dans ces contrées, des traces évidentes de son existence, pour développer ensuite progressivement ses ravages, jusqu'aux vendanges suivantes; puis, les continuer après la cueillette, d'une manière latente; et, enfin, pour reparaître peut-être, pour la récolte prochaine, avec plus de violence, si toutefois on ne peut découvrir quelque moyen puissant pour arrêter son cours dévastateur et meurtrier. Cependant, elle s'était déjà manifestée dès la floraison des vignes, dans le printemps dernier, et avait même causé de notables mortalités sur certains plants, surtout sur le *Jurançon;* elle en avait même également produit la précédente année; mais c'était des cas particuliers, sporadiques, et non une affection ou calamité générale, comme celle qui se développa plus tard et qui règne encore.

Ce fléau dévastateur n'a pas également sévi sur toutes les sortes de vignes, sur toutes les sortes de sols ni sur toutes les sortes de localités : les vignobles rouges, ou blancs, qui en ont été les premiers et le plus fortement maltraités sont :

1° Ceux qui étaient les plus vigoureux ou luxurieux et les plus fertiles, même souvent les plus jeunes, soit sur les plaines, soit sur les coteaux;

2° ceux qui étaient les plus terrés, amendés, ou fumés;

3° Ceux qui étaient les mieux travaillés ou cultivés;

4° Ceux qui étaient d'habitude plus exposés à ce qu'on appelle le *brouillard*, ou la gelée, et qui surtout avaient été embrouillardés l'année précédente;

5° Ceux qui étaient situés sur les plaines, les vallées et le pied des coteaux, surtout dans le voisinage des mers, des fleuves, des rivières, et des lieux humides, aquatiques ou marécageux;

6° Ceux qui avaient la tige ou souche la plus élevée, et, par conséquent, les *treilles* plus que les *hautins*, ceux-ci plus que les *espalières,* qui l'étaient plus que les *piquepouts* ou vignes basses, sauf dans le cas où ces piquepouts étaient disposés en hautins;

7° Enfin, ceux qui étaient composés de vignes rouges, surtout précoces, qui l'étaient beaucoup plus que les vignes blanches; à l'exception cependant des espèces exotiques ou gourmandes, telles que muscats, ambroisies, malagas, chasselas, clairets, etc., qui ont été en général partout, soit dans les treilles, soit dans les vignobles, beaucoup plus gravement frappées par ce fléau destructeur, qui, au contraire, a plus ou moins ménagé les espèces indigènes et plus ou moins tardives, ou celles qui étaient les plus acclimatées.

J'ai en outre observé :

1° que les jeunes vignes étaient plus malades que les vieilles, sauf le cas où ces dernières étaient très vigoureuses et en sol très fertile;

2° Que sur les terres découvertes elles étaient plus frappées que sur les sols entourés de murs, haies, ou de boiseries;

3° que les vignes qui se trouvaient sous des arbres fruitiers ou autres étaient moins frappées de la maladie que celles qui en étaient éloignées, sauf dans le *Bigorre* où, quoique jonchées d'arbres, elles ont été infiniment maltraitées;

4° Que la direction des lignes ou rangées des souches, qu'elle fût du sud au nord, ou du levant au couchant, ou dans toute autre direction, n'influait en rien pour ni contre le développement de la maladie;

5° Que les vignobles situés sur des sols sablonneux, pourvu que le sous-sol ne fût pas argileux, n'étaient pas aussi frappés du fléau que ceux qui étaient placés sur des sols de toute autre nature;

6° Que sur les terres très maigres, ou stériles, la maladie n'avait pas ou que très peu touché ces vignobles, de quelque couleur et de quelque hauteur qu'ils fussent;

7° Que sur les terrains secs, elle les avaient également moins frappés que sur les humides;

8° Que des vignobles qui n'avaient pas été labourés, ni travaillés à la main, n'avaient pas été malades, même à côté d'autres, terre-tenante et labourés, qui l'étaient;

9° Que sur les coteaux, surtout très élevés, ils étaient en général beaucoup moins malades que partout ailleurs;

10° qu'il était infiniment rare que, dans un même vignoble, toutes les souches fussent à la fois atteintes et qu'il n'en restât pas toujours, même dans ceux qui étaient les plus affectés, un plus ou moins grand nom-

bre d'intactes; comme aussi, dans chaque souche affectée, il restait ordinairement quelque bon raisin, surtout
près de la tige ou souche principale et dans les sarments
les plus tardifs;

11° Qu'enfin les souches et les vignobles qui n'étaient
point atteints de la maladie, ou mieux qui ne paraissaient pas l'être, n'avaient en général qu'une plus ou
moins petite quantité de raisins, et moins de bois et surtout beaucoup plus court que dans les années précédentes.

Voilà les principales généralités, ainsi que les parti-
cularités, que j'ai observées sur cette étrange maladie;
maladie qu'en général on croyait très contagieuse,
même pour les personnes, qui, surtout les pusillanimes
ou les bornées, n'osaient manger, toucher, ni approcher
des raisins malades; quand cependant ils n'ont fait du
mal, que je sache, à personne, à moi, ni à aucun autre
être vivant.

Voici, maintenant, les principaux caractères que
cette *oïnosie* m'a offerts, dans ces contrées, depuis les
premiers jours de son apparition, en août 1853, jusqu'au
sommeil hivernal ou repos passager de cet oïnique
arbuste.

Mais, d'abord et avant tout, écartons une erreur notable, qui s'est glissée dans les esprits des observateurs,
mêmes dans ceux de premier ordre, au sujet de la nature et des caractères principaux de cette maladie.

Faux Caractères de l'Oïnosie.

Ces observateurs ont en général considéré, comme notable caractère de cette maladie, de petites *taches blanchâtres* et plus ou moins mucédinées, qu'ils ont aperçues sur les feuilles et autres parties vertes des vignes malades, et qu'ils ont même cru être le véritable oïdium.

Mais j'ai déjà et depuis longtemps observé que ces taches paraissaient sur ces feuilles, pendant tout le cours et surtout dans le principe de la végétation de cet arbuste, dans le printemps et souvent pendant l'été, pour ainsi dire régulièrement toutes les années; mais en plus ou moins grand nombre, selon le caractère de ces années, quel que fût l'état normal ou anormal de cet arbuste, et sans porter sensiblement aucune fâcheuse atteinte à sa santé.

Ces taches, blanchâtres, roussâtres, vineuses ou brunâtres, selon leur âge, et plus ou moins irrégulièrement arrondies, dont la grandeur variait d'un à huit ou dix millimètres, étaient ordinairement placées sur la page inférieure ou tomenteuse des feuilles, quelquefois sur leurs pétioles, et d'autres fois mais plus rarement sur l'écorce verte des sarments.

Ces taches, d'abord blanchâtres et qui devenaient en vieillissant de plus en plus roussâtres et brunâtres, étaient composées d'un très fin et très court duvet, entremêlé quelquefois de microscopiques *sporules* ou sortes d'infiniment petits *œufs* arrondis plus ou moins translucides; leur surface était plus ou moins concave et irrégulière; et cette concavité correspondait, au point opposé de la page supérieure de la feuille, à une mince bosselure ou proéminence plus ou moins saillante, de même forme, mais convexe, et comme elle plus ou moins irrégulière, dont la surface était plus ou moins mamelonnée et glabre ou dépourvue de duvet; de manière à lui donner l'aspect d'une sorte de bouton varioleux ou mieux d'une espèce de verrue à surface mamelonnée. Mais les taches des nervures et des pétioles, des feuilles, ni celles de l'écorce des sarments, n'offraient point cette excavation ni cette convexité, à cause sans doute de la trop grande résistance de ces parties foliacées ou caulinaires.

Toutes ces taches, dont le duvet ou les filaments cotonneux étaient d'une nature plus crystalline ou saccharine que ceux du duvet de la page inférieure de la feuille, étaient çà et là spacées ou isolées sur les deux faces de la palme foliacée, dans le scin d'un parenchyme ou d'un tissu vert, frais et intact, ou anormal, qui les entouraient de toutes parts, soit sur les vieilles vignes, soit sur les jeunes, soit même sur celles qui n'avaient qu'un an, ou qu'on avait planté dans l'année, et toutes d'un aspect sain et vigoureux; preuve bien évidente que la cause de ces taches n'était pas dans la souche, les branches, les pétioles, ni dans les feuilles, mais que, puisqu'elles étaient localisées aux seuls point affectés, sans que leurs alentours fussent malades, il était infiniment présumable qu'elles étaient le produit de quelqu'*insecte*, peut-être microscopique.

Dans cette présomption ou prévision, qui m'occupait beaucoup, longtemps avant qu'on n'accusât les insectes d'être la cause de la maladie de la vigne, du moins dans ces contrées, je m'armai d'une loupe et d'un microscope et je me mis à leur recherche, dans les premiers jours de juillet 1852.

Après avoir constaté, çà et là, la présence de quelques petits pucerons brunâtres, qu'on pouvait même voir à l'œil nu, j'observai presque constamment, dans le sein du duvet des taches blanches, ou dans leur voisinage, de petits *acarus*, ovoïdes, blanchâtres ou rosâtres et quelquefois d'un rouge vineux, surtout les plus vieux, qui avaient un sixième de millimètre de longueur, sur une largeur trois fois moindre, huit pattes, tête conoïde, abdomen obtus et cilié, etc., et qui couraient çà et là avec une grande rapidité, surtout quand ils étaient tracassés ou qu'ils se croyaient en danger.

Le nombre de ces acarus, sur chaque feuille, ne dépassait jamais quatre ou cinq; ils se tenaient ordinairement sous le duvet saccharin des taches, ou bien sur la page inférieure des feuilles, où ils couraient lentement d'une tache à l'autre, en passant sous le tapis tomenteux de cette même page inférieure, sans passer ou que très rarement sur la page supérieure. J'ai même vu butiner ces acarus sous les bords et au pourtour de ces taches; ce qui m'a porté à croire qu'ils en étaient la cause efficiente, et que le duvet plus crystallin qui constituait ces taches n'était que le suc extravasé et desséché des capillaires séveux, ouverts ou rongés par ces mêmes acarus, dans lequel ils déposaient très probablement leurs œufs pour les y faire éclore, et que j'y ai maintes fois observés.

J'observai enfin, sous l'œil armé de la loupe ou du microscope, que ces mêmes acarus attaquaient de préférence les feuilles terminales des branches, celles qui étaient les plus jeunes et les plus tendres, ou qui venaient de naître et de s'épanouir; et qu'alors les petites taches primitives qu'ils y causaient, soit en les piquant, soit en les rongeant, étaient d'une couleur rougeâtre et sans aucune sorte de bourrelet cotonneux, ou prétendu groupe mucédiné d'oïdium; mais que peu à peu et à mesure que ces feuilles terminales grandissaient et vieillissaient, ces taches devenaient vertes en dessus et cotonneuses en dessous, comme dans les feuilles parvenues dans leur développement parfait : nouvelle preuve qui me permit de conclure sans réplique,

1° Que ces taches blanches étaient réellement causées ou produites par ces acarus;

2° Que ce n'était pas par conséquent l'oïdium qui les engendrait;

3° Et que cet oïdium n'était pas la cause de la maladie de la vigne.

Cependant, quand d'autres observateurs eurent découvert cet acarus, ou bien quand j'eus publiquement donné l'éveil de son existence, on crut de suite que c'était l'unique cause de la maladie de la vigne; l'on ne songea plus qu'à détruire cet insecte; et, de là, furent formulés cette foule de remèdes antipsoriques, ou destructeurs, et plus ou moins impraticables, dont les journaux retentirent, mais qui n'eurent, comme on devait bien s'y attendre, aucun bon résultat; puisque cette prétendue et acarique cause n'était pas celle de la véritable et grave maladie de la vigne, que je me suis permis de nommer l'*oïnosie*.

Cependant, il faut que je l'avoue, moi-même je crus de prime abord, dès que j'eus découvert ces insectes et avant qu'il n'en fût nulle part question et même plus d'un an avant que la maladie ne fût arrivée dans ces contrées, qu'ils étaient réellement, ainsi peut-être que les *pucerons*, la cause de cette maladi e;maladie que je croyais alors consister, d'après les dires des journaux publics, purement et simplement en ces taches foliacées ou à des taches analogues; mais, dès que cette maladie fut arrivée, l'année suivante, en 1853, et que je l'eus surtout attentivement et assidûment observée et étudiée moi-même, je ne fus plus de ce sentiment ou de cette croyance, pas plus que je ne crus, non plus, que la *moisissure*, appelée *oïdium*, en fût à son tour la cause efficiente.

Nouvelle Erreur Oïnosique.

Les grands observateurs viticoles ont encore commis une autre grande erreur oïnosique, au sujet de la mortalité de certaines souches, attribuée à l'oïdium, quand elle reconnaît évidemment d'autres causes physiques.

Tout sur la terre naît, croît, change, s'use, s'éteint : Dieu seul est éternel. Minéraux, végétaux, animaux, tout n'a qu'un temps, plus ou moins long ou plus ou moins passager, que des accidents ou des circonstances particulières viennent souvent abréger.

Les vignes, quoique d'une vie plus que séculaire, doivent donc, comme tous les autres êtres, avoir un terme naturel ou accidentel : aussi en meurt-il çà et là et sans cesse quelque pied toutes les années.

J'ai maintes fois vu, depuis un grand nombre d'années, surtout en 1852 et 1853, dans le sein de vignobles très vigoureux et non atteints de l'oïnosie, des souches rouges ou blanches, d'une végétation très luxurieuse et très chargées de raisins même mûrs ou en voie de maturation, tomber, surtout en août ou septembre, presque tout à coup malades, pâlir, flétrir, s'effeuiller et se sécher, ainsi que leurs raisins, quelquefois même dans l'espace d'une quinzaine de jours; et sans aucune notable cause apparente, que quelques taches ou gales blanchâtres ou rougeâtres sur les feuilles et semblables aux précédentes produites par les acarus, ou quelques gangrènes sèches sur leurs bords, et quelques maculations brunâtres sur l'écorce des sarments, mais sans aucune trace de moisissure oïnique ou d'oïdium, qu'on pût comparer à cette efflorescence farineuse et cryptogamique qui recouvre les baies des raisins atteints de la maladie.

Mais ce que ces souches mortes ou mourantes montraient, c'était ordinairement, dans leur tronc, un **bois** délabré et plus ou moins maculé, vermoulu, pourri, ou séché par l'effet immédiat ordinairement de leur mauvaise taille et quelquefois mais plus rarement par celui d'assez gros vers qui les perçaient et les rongeaient jusqu'à la moëlle, de manière à intercepter ou à gêner infiniment et presque tout à coup le cours naturel de la sève, et, par ce fait, amener leur mort, faute d'aliment.

Mais ces ravages du bois n'existaient ordinairement que depuis leur sommet jusqu'au niveau de la terre, sans s'étendre au collet ni aux racines; de sorte que pour renouveler promptement ces souches, il ne fallait que les couper entre deux terres, et attendre leurs pousses nouvelles, qui, dans l'espace de **deux ou trois** ans, commençaient à porter de nouveaux raisins.

Cependant, la cause sporadique de leur mort frappait quelquefois, mais rarement, l'ensemble de leur organisme, et ces souches n'étaient plus susceptibles de régénération, et nécessitaient une nouvelle plantation.

Mais revenons à la véritable description de l'oïnosie, telle que je l'ai moi-même attentivement observée, **soit** à l'œil nu, soit à la loupe, soit au microscope, dans **une** foule de localités du midi de la France.

§ II.

VÉRITABLES CARACTÈRES DE L'OÏNOSIE

ou

SYMPTOMES DE L'ORGANOPURULIE DANS LES VIGNES.

Aux premières nouvelles ou notables symptômes précurseurs de l'existence de l'oïnosie ou organopurulie dans les vignes, qui nous arrivèrent, par la voie des voyageurs et surtout de la presse, des contrées orientales du midi de la France et spécialement de l'Italie, on avait en général de la peine à y croire et bien des gens croyaient même que c'était une simple tactique commerciale, soit de la part des propriétaires-viticulteurs, soit de la part des commerçants, dans le but de faire hausser le prix des vins et des eaux-de-vie : on doutait même pour ainsi dire de sa réelle existence quand déjà le fléau commençait à poindre sur l'horizon viticole avec des caractères cependant irrévocables.

Mais, dès que cette peste eut fait quelques progrès dans sa marche successivement et progressivement envahissante, quand en un mot son existence fut généralement évidente, presque tout le monde tomba sinistrement dans l'alarme; tout courait dans les vignes pour y contempler attentivement le redoutable ennemi, et, au retour, en emporter quelques échantillons en triomphe, pour les montrer, sur leur passage, à l'avide curiosité publique, qui les dévorait des yeux. On ne voyait çà et là que groupes d'intéressés ou de curieux : entretiens et sérieuses causettes, tout roulait sur l'épouvantable oïnosie; et partout on était à se demander s'il y aurait du vin, s'il serait mauvais, si les vignes périraient, s'il faudrait les déraciner, ou s'il faudrait les renouveler ou les replanter.

Quand l'observateur attentif marchait avec zèle vers les divers lieux du sinistre pestifère, le zéphir le devançait et venait à sa rencontre pour frapper son odorat et y déposer les preuves irrévocables de l'infection, par les vapeurs morbides dont ses ailes s'étaient chargées, en traversant ces sortes d'hôpitaux oïnosiques, et dont l'odeur particulière *sui generis*, s'approchait un peu de celle des moisissures fétides, mêlée d'un informe ou morbide arôme vino-alcoolique; odeur morbide que cet observateur sentait de plus fort en plus fort, à mesure qu'il approchait du sein de ces oïnosiques hôpitaux, dont toutes les localités n'étaient pas heureusement infectées.

Mais quand il était arrivé dans le sein de la peste, ou de ces lieux infectés d'oïnosie, il se trouvait entouré d'une foule de sujets plus ou moins pestiférés et fixés chacun dans leur terrestre séjour. Là, il distinguait aisément ces sujets malades de ceux qui étaient sains, par un aspect sombre, sinistre, funèbre, moribond; l'extérieur de la tige et du vieux bois paraissait être sans doute dans son état normal; mais l'écorce du jeune bois ou des pousses de l'année, ainsi que le feuillage et toutes les autres parties vertes de l'arbuste, étaient d'un vert glauque foncé, et plus ou moins violacé, que parsemaient çà et là des pointillations et des taches brunâtres ou noirâtres, d'une forme plus ou moins étoilée ou rosacée, et d'une étendue d'un à un plus ou moins grand nombre de millimètres. Symptômes qui annonçaient, dans le sein de leur organisme, un désordre circulatoire, une sorte de stase séveuse, en un mot, un état morbide plus ou moins pléthorique. Et ce qui ajoutait encore à leur aspect sombre et sinistre ou anormal, qui les faisaient palpablement distinguer des souches saines, c'est que souvent et surtout les plus malades avaient la page inférieure des feuilles un peu plus glabre ou moins cotonneuse et les bords périphériques un peu plus cloqués que dans l'état normal. En un mot, on distinguait aussi facilement les souches malades de celles qui étaient saines qu'on distingue, dans un champ de blé, surtout à l'époque de la floraison ainsi qu'avant et après, les pieds cariés ou charbonnés de ceux qui ne le sont pas.

Après ces symptômes précurseurs, on était bientôt frappé par les symptômes pathognomoniques. Les baies ou grains des raisins, à peine gros comme des têtes d'épingles ou des plombs de chasse, avaient perdu leur beau vert naturel et étaient couverts d'une efflorescence blanchâtre et pulvérulente comme s'ils eussent été saupoudrés d'une fine farine grisâtre, ou mieux d'une mince ou fine toile d'arachnide, qui était une véritable *moisis-sure*, comparable à celle qui se développe sur une foule d'objets en décomposition ou en corruption; moisissure, qu'on a nommée *oïdium*, et qu'on a cru mais à tort être la *cause* de la maladie et même la *maladie* elle-même, quand elle n'en était, ainsi que je le prouverai, qu'un pur et simple *effet*.

C'était principalement sur les raisins de l'extrémité des courroies ou *courrégeades*, dans les hautins et les espalières, et sur ceux des coursons, dans les pique-pouls ou vignes basses, que cette blanchâtre moisissure se manifestait; les raisins des jeunes branches, sortant immédiatement de la souche, en offraient beaucoup moins; en un mot, ils étaient en général d'autant moins malades qu'ils étaient placés plus près de la souche et d'autant plus qu'ils en étaient plus éloignés; et s'il y avait par ci par là quelques exceptions, elles étaient en bien petit nombre.

Une autre particularité qu'offraient encore souvent ces raisins malades, c'était une foule de grains avortés ou incomplètement développés, de toutes les grandeurs, depuis celle de la tête d'une petite épingle jusqu'à la grosseur d'un petit pois, très irrégulièrement espacés les uns des autres sur l'ensemble de la grappe.

Enfin, il en existait quelqu'un qui, sans être moisi, n'en était pas moins malade : les grains étaient tristes, plus ou moins flétris, violacés, mollasses, d'une appa-rence plus ou moins agonique ou mortelle, et finissaient bientôt par se sécher.

Les grains des raisins moisis ou oïdiés croissaient lentement, restaient chétifs, et cependant ils prenaient couleur, surtout les rouges, comme s'ils allaient mûrir les premiers; mais cette couleur, plus ou moins violacée et par conséquent anormale, loin d'aller croissant, dévia bientôt et progressivement sa marche colorique vers le brun, le foncé et le noirâtre, tout en perdant à mesure la blanchâtre moisissure qui les recouvrait et qui laisait à sa place des taches plus ou moins grandes et plus ou moins ramifiées, sortes de croûtes lépreuses, qui leur donnaient successivement l'aspect brun, foncé, ou noirâtre qu'on leur observait. Ensuite, loin de marcher vers leur naturelle maturité, ces grains malades fermentaient, se fendaient quelquefois vers le bout en long ou en croix et laissaient voir la pulpe et les pépins, contractaient un mauvais goût, se gâtaient, se pourrissaient, se vidaient, devenaient très légers, noircissaient et se desséchaient peu à peu, de manière à ne conserver que la peau et les pépins vides eux-mêmes de semence, et, par là, porter les viticulteurs à renoncer à leur vendange. Enfin, tous les raisins des souches n'étaient pas frappés à la fois de cette redoutable maladie; dans certaines souches, ils l'étaient dès le mois d'août; dans d'autres, en septembre; dans d'autres, en octobre; et même dans d'autres au moment des vendanges, quand les raisins avaient acquis leur complet développement, comme si ces souches avaient été atteintes à divers degrés d'intensité et que leur maladie eût nécessité des temps différents pour se développer.

Parmi le nombre des raisins affectés, il y en avait qui, l'étant à un moindre degré, ne s'étaient ni complètement pourris, ni complètement desséchés; mais ils étaient d'un goût et d'une qualité plus ou moins détestables, qui ne suffirent pas pour porter les avides viticulteurs à en faire un rationnel triage; ils les vendangèrent pêle-mêle avec ceux qui étaient plus ou moins sains, et le vin en fut en général très mauvais, d'un goût et d'une odeur de moisi plus ou moins prononcés, sans couleur, sans corps et sans âme, et, ensuite, la quantité extraordinaire des piquettes qu'on fit de leur marc, en ont été exécrables.

Enfin, la récolte du vin a été en général très mauvaise et très jalouse : nulle part, ici, en France, comme ailleurs, qualité ni quantité; sans doute, il est des localités où l'on a eu, surtout en vin blanc, une récolte ordinaire; mais, en général, il y a eu, pour le vin rouge, une grande diminution, qui varie et descend, selon les localités, de la moitié, au quart, au huitième, au douzième, au quinzième et même à zéro; puisque des vignobles entiers, surtout dans le Bigorre, ont été laissés à vendanger, et ont longtemps offert, après les vendanges, ainsi que beaucoup de treilles, la sinistre perspective de leurs sarments chargés d'une prodigieuse quantité de raisins noirs et secs.

Tandis que l'oïnosie parcourait ses phases dans les raisins, elle les continuait sur les parties vertes de l'arbuste vinifère. L'écorce ainsi que les taches des branches ou sarments se rembrunissaient toujours davantage, surtout vers leurs extrémités et spécialement dans les repousses ou pousses secondaires, de manière à acquérir insensiblement une teinte brunâtro-rougeâtre, ou plus ou moins noirâtre, qui, à l'époque des vendanges, se trouvait à peu près à son *nec plus ultrà* de carbonisation; et, en même temps, ces branches ou sarments se ramollissaient, se moisissaient, se flétrissaient, ou se desséchaient plus ou moins, surtout vers leurs extrémités, spécialement dans les souches qui étaient les plus malades; tandis que d'autres conservaient à peu près leur fermeté naturelle, mais, par leurs innombrables taches ou maculations jaunâtro-brunâtres ou noirâtres, elles offraient le morbide aspect de la peau marbrée de la fétide serpentaire ou de celle de certains serpents, surtout quand la feuille était tombée. Les feuilles n'ont pas offert de bien notables changements, si ce n'est qu'elles ont contracté un vert encore plus sombre, qu'elles se sont quelquefois ramollies et moisies , qu'elles ont flétri et séché plus tôt, et qu'elles sont en général tombées, surtout celles des plants précoces ou gourmands, plutôt que celles des souches saines.

CARACTÈRES MICROSCOPIQUES.

Possesseur et inventeur de microscopes divers, de ces curieux et philosophiques instruments, qui révèlent aux yeux étonnés un nouveau monde, dont un surtout est cent et mille fois plus fort que celui du tant fameux

Raspail, je voulus observer la forme et l'organisation de la moisissure, appelée *oïdium* ou mieux *oïnosium*, au moment et pendant le cours de son développement, sur les parties vertes des vignes et surtout sur les raisins, ainsi que les effets de sa disparition.

Cette moisissure, ainsi que je l'ai déjà dit, et que tout le monde le sait, se manifesta surtout et d'abord sur les baies des raisins, sous l'oculaire apparence d'une mince et blanchâtre *efflorescence*, comme si elles avaient été enfarinées.

Cette efflorescence, formée de petits filaments blancs, courts, droits, et perpendiculaires à la surface de ces fruits, ou des parties qu'elle recouvrait, était radiculairement implantée dans la peau ou péricarpe de ces mêmes fruits, ou dans l'écorce de ces mêmes parties, par de sortes de radiculations, d'une excessivement grande ténuité, mais qui ne s'étendaient pas au-delà du parenchyme sous-épidermoïde, dans lequel elles se perdaient insensiblement, comme dans une gangue ou matrice génératrice.

Ces petits filaments mucédinés, comparables à de fines et courtes aiguilles pointues, d'abord sessiles, et qui ensuite s'allongeaient cylindroïquement, étaient plus ou moins albino-transparents et n'avaient pas à peine le diamètre de la vingt-cinquième partie d'un millimètre, sur une longueur, à leur plus grand développement, d'environ demi-millimètre. Ces petits filaments ou tigellules étaient creux et contenaient dans leur canal longitudinal quatre ou cinq *sporules ovoïdes*, placés les uns au bout des autres, comme les grains d'un chapelet, ce qui le faisait paraître divisés de distance à distance, au point de contact de ces sporules, par des étranglements et des cloisons ou diaphragmes brunâtres.

Ces sporules ovoïdes, qui semblaient former, dans ces tigellules, de véritables nœuds, superposés les uns aux autres, avaient à peu près le diamètre de la cinquantième partie d'un millimètre, sur une longueur un peu plus grande, et étaient transversalement entourés chacun de cinq *cercles noirâtres*, progressivement plus petits de leur centre ou équateur à leurs extrémités ou pôles, tels que les cercles de petits tonneaux, également espacés d'un bout à l'autre. Et chacun de ces cercles était composé de *corpuscules sphériques*, joints ou accolés circulairement ou en collier les uns aux autres, au nombre de douze pour le cercle du milieu, six pour chaque cercle mitoyen, et trois pour chaque cercle des bouts, ce qui faisait en tout trente corpuscules, composant chaque sporule ou séminule; corpuscules qui étaient tellement petits qu'ils n'avaient pas chacun le diamètre de la trois-centième partie d'un millimètre; de manière qu'une boîte carrée d'un millimètre cube aurait pu en contenir cinq quatrillions, deux cent cinquante trillions, trente-sept billions, cinq cents millions.

Ces filaments capillaires ou tigellules n'étaient pas tous simples, il y en avait et même quelquefois un grand nombre qui se ramifiaient à droite et à gauche ou en tous sens et d'une manière plus ou moins irrégulière, tels que des branches d'arbres; et ces ramifications, ordinairement au nombre de 2, 3, 4 ou 5, offraient la même organisation nodulaire ou sporulaire que la tige mère qui les supportaient.

Les tigellules simples, ainsi que les branches ou ramifications de celles qui étaient composées, portaient quelquefois, mais pas toujours, à leur extrémité, chacune une *boule* ou *tête* plus ou moins arrondie, plus ou moins irrégulière et plus ou moins grosse, mais dont le volume ne dépassait pas ordinairement six à huit fois le diamètre de la tige ou branche qui les supportaient; quelquefois cependant, au lieu d'une seule tête ou boule terminale, il y en avait deux ou trois, disposées en croix ou en trèfle; de manière à offrir l'aspect de petits arbustes chargés de fruits plus ou moins nombreux. Mais ordinairement les tigellules de l'écorce des sarments, des feuilles et des grappes en avaient le moins, même très peu, et disposées souvent coniquement ou en massue renversée, tandis qu'elles étaient plus ramifiées ou branchues, de manière à former un fin tapis de duvet; et les tigellules de la moisissure des baies, surtout celles du bord des fentes ou gerçures et du moût ou pulpe vinifère, quoique toujours plus simples ou moins branchues, en avaient constamment le plus, de plus grosses, d'une forme plus arrondie, plus irrégulière et presque toujours disposées en têtes mamelonnées ou en choux-fleurs, parce que sans doute cette pulpe contient une plus grande quantité de parties saccharines que toutes les autres parties de la vigne; vérité qui se trouve corroborée par le sucre de raisin, qui, ordinairement, et comme ees têtes mucédinées, revêt, en se crystallisant, la forme mamelonnée de sortes de choux-fleurs.

Ces têtes ou boules mucédinées, en massue, ou en choux-fleurs, étaient composées et hérissées de sporules ovoïdes, annelés et de même grandeur que ceux qui étaient contenus dans le canal central et longitudinal des tigellules et de leurs ramifications, qui sans doute les y avaient insensiblement et successivement poussés et accumulés. Si, avec la pointe d'une aiguille ou d'un canif et d'un fin et sec coup, on remuait ou secouait brusquement ces têtes sphéroïdales, on en voyait soudain s'élever un petit et fin nuage, comme une sorte de fine poussière cendrée, comparable à une très légère fumée, qui voltigeait un instant, retombait, et disparaissait dans l'air. Et si l'on secouait ces têtes, avec le même soin et la même adresse, sur une lame de verre, et qu'on plaçât cette lame sous la puissance visuelle du microscope, on la voyait couverte de myriades de sporules ovoïdes et blanchâtres, pareils à ceux du canal tigellulaire, et qui comme eux n'avaient pas le diamètre de la cinquantième partie d'un millimètre. Egalement cerclés et noirâtres à la périphérie, blanchâtres à l'intérieur, et composés également chacun de trente corpuscules sphériques, ces séminules semblaient être percés d'une ronde ouverture aux deux bouts et se trouvaient souvent adaptés et joints par cette embouchure, l'un au bout de l'autre, jusqu'à quatre ou cinq ensemble, de manière à former une sorte de morceau de chapelet, plus ou moins droit ou plus ou moins courbe; comme si une force interne de cohésion ou d'attraction les eût par ce point retenus ou liés les uns aux autres.

Enfin, ces sporules ou globules, plus ou moins ovoïdes, étaient les prétendues *semences* ou *graines* de l'oïdium, par lesquelles le redoutable cryptogame se propageait de toutes parts et à l'infini par toute la terre, porté sur les ailes du vent, quand ces prétendues graines ou séminules n'étaient évidemment que les corpuscules ou les éléments composants de ces morbides productions cryptogamiques; éléments que je n'ai point trouvés tout formés dans l'écorce, ni sous l'écorce, ni dans le bois, ni dans le fruit, et que j'ai vainement essayé de faire germer et végéter sur la vigne saine, ni sur aucune autre plante, ainsi que je devais m'y attendre, quoique des savants distingués eussent déjà et depuis longtemps affirmé, mais à tort sans doute, que cette germination et cette propagation oïdiale étaient un fait constant et vrai ou prouvé, et qu'on voyait même les séminules contagionnaires dans l'écorce, sous l'écorce, ou dans le bois, tous formés et s'allongeant en végétations cryptogamiques; comble de l'erreur ou du mensonge microscopique!

Si l'on enlevait ces efflorescences ou moisissures des surfaces qu'elles recouvraient, surtout des baies des raisins, auxquelles elles adhéraient au point que le vent, ni la pluie, ni les poussières ne pouvaient les enlever, comme on l'a cru; si on les enlevait, dis-je, soit avec le doigt, soit avec toute autre chose, elles y reparaissaient ordinairement au bout de quelques jours, mais beaucoup plus courtes ou très sessiles, de manière à pouvoir facilement et toujours reconnaître, même à l'œil nu, la place nettoyée qu'elles y occupaient.

Mais, à mesure que le bois, les feuilles, les grappes, ou les baies se flétrissaient, se pourrissaient, ou se séchaient, ou bien et en résultat qu'ils vieillissaient, soit que la verdure ou la fraîcheur de ces parties organiques disparût, faute d'aliment, soit qu'elle se conservât, ces efflorescences ou moisissures suivaient leurs phases destructives et finissaient elles-mêmes par pâlir, flétrir, se rapétisser et se sécher, avant l'époque des vendanges, et laissaient à leur place des pointillations, des taches ou des surfaces rougeâtres, jaunâtres, brunâtres, ou noirâtres, plus ou moins grandes, qui y formaient les diverses marbrures observées, et qui étaient composées, surtout sur le *péricarpe* des baies, d'un fin et très mince *lacis* de *filaments* excessivement ténus ou déliés et en différents sens entrelacés et accolés, résidu de la naturelle dessiccation de ces moisissures; lesquels y formaient de véritables croûtes lépreuses, diversement colorées et nervulées, telles que celles d'une variole cutanée, qui devaient y gêner infiniment et même empêcher la naturelle transpiration de ces surfaces, et, par conséquent, s'opposer à la libre épuration de la sève et surtout à son élaboration dans la pulpe ou moût des baies; et, par ce fait, obliger cette sève de stagner sur place, y fermenter et s'y corrompre ou putréfier; pour ensuite s'évaporer dans l'air, ou être absorbée par l'organisation de l'arbuste, et corrompre ou infecter plus ou moins à son tour l'ensemble de son sein organisé, jusqu'aux extrémités peut-être des dernières racines; ainsi que jusqu'au sein de l'*amande* ou *semence* des pépins, qui restaient ordinairement vides et ne conservaient que le *périsperme* sec, dans le sein du *péricarpe* sec et vide lui-même comme un ballon : de manière à frapper à la fois l'ensemble de l'organisme de l'arbuste et surtout ses organes de la génération; comme nous l'avons également et déjà vu dans l'organopurulie des animaux domestiques, ainsi que dans celle de l'espèce humaine, et comme nous allons bientôt achever de le prouver nécroscopiquement.

Quant aux fentes ou gerçures des baies, ainsi qu'aux petites fendillations de l'écorce des autres parties, qu'on y observait quelquefois, il est évident, d'un côté, que cette putride fermentation de la sève dégageait dans son sein une plus ou moins grande quantité de *gaz*, surtout carbonique, que le microscope et même l'œil nu montrait, surtout dans la *pulpe* ou *moût* des baies, sous la forme de petites bulles incolores, qui, par le dilatant effet de la chaleur interne ou externe, tendaient sans cesse à se porter ou à s'échapper au dehors, ainsi que la sève elle-même, et produisaient ces fentes ou ces gerçures : car le péricarpe des baies et l'écorce ou la peau des autres parties, ayant complètement perdu pour ainsi dire leur naturelle et élastique dilatabilité, devaient infailliblement se fendre ou gercer en quelque point, surtout à l'extrémité des baies, vers laquelle le dilatant ou repoussant effort interne tendait naturellement et sans cesse, sans que le péricarpe pût céder, mais si se crever ou fendiller; tel qu'une vessie dilatée outre mesure, ou incapable de céder ni de résister à l'effort d'une puissance interne qui tendrait sans cesse à s'échapper au dehors, devrait nécessairement se rompre, se fendre ou crever.

Enfin, la surface maculée ou plus ou moins noirâtre des sarments s'éclaircit insensiblement après les vendanges, de manière qu'en décembre son aspect était beaucoup moins foncé qu'avant; parce que les pluies surtout battantes avaient dissout, lavé et emporté une grande partie de la croûte lépreuse que la dessiccation de la moisissure oïnosique y avait déposée.

AUTOPSIE

OU

CARACTÈRES NÉCROSCOPIQUES.

Depuis que l'oïnosie existe dans ces contrées, il n'est mort sans doute qu'un très petit nombre de souches; mais j'en ai déraciné et anatomisé plusieurs, de saines, de malades, de moribondes et de mortes, et, dans leur autopsie, elles m'ont successivement offert, à des degrés différents, selon l'intensité de la maladie, les caractères nécroscopiques suivants.

D'abord, l'écorce et le péricarpe avaient la face externe plus brunâtre ou noirâtre et la face interne d'une teinte canelle plus foncée que dans l'état normal.

Le bois était, surtout immédiatement sous l'écorce,

d'un vert glauque plus foncé, quelquefois plus pâle, et très souvent ramolli et plus flasque ou pliant, comme s'il eût éprouvé une sorte d'interne macération ou cuisson, si toutefois il n'était pas tombé dans un état de dessiccation.

Les racines offraient en général le même ramollissement et la même flaccidité, comme si elles eussent également été un peu macérées, et se déchiraient assez facilement d'une manière longitudinale et plus ou moins filandreuse; mais, en général, celles des souches rouges qui étaient d'un rouge vif ou vineux étaient saines, ainsi que celles des souches blanches quand elles offraient une teinte blanco-jaunâtre légèrement rose.

Le bois des tiges et celui des racines offraient souvent, dans l'intérieur de leur substance, des taches circulaires, des marbrures diverses, ou des lisses longitudinales, surtout autour du canal médullaire, d'une forme plus ou moins irrégulière et d'une couleur plus ou moins noirâtre, qu'on distinguait facilement, surtout quand on venait de les fendre ou de les trancher fraîchement et avant que le contact de l'air et de la chaleur ambiante n'avaient pas encore terni ou fané leur couleur naturelle.

La moelle, naturellement et en général couleur de canelle, d'autant plus noire qu'elle est située plus près du collet et même de l'extrémité de la racine pivotante ou mère, était d'une teinte partout plus foncée ou noirâtre, et d'une consistance plus mollasse et plus humide que dans l'état normal, surtout dans les branches ou sarments poussés dans l'année et spécialement dans les repousses ou sarments tardifs, ainsi que dans les pédoncules des grappes. Mais c'était surtout aux *nœuds* que cette humidité et cette teinte noirâtre étaient le plus marquées, spécialement dans ceux qui donnaient naissance au pédoncule des raisins : là, dans les souches très malades, cette moelle avait l'aspect et la consistance de tabac humide à priser et souvent plus noire encore, dans l'étendue ordinairement de quelques millimètres à un centimètre, tantôt au-dessus, tantôt au-dessous et tantôt de chaque côté du *septum* ou *cloison diaphragmatique* qui sectionne ou qui sépare en ce point nodal le canal médullaire ou moelleux des sarments; septum, bilaminé, qui, ainsi que le bois du nœud qui l'entourait immédiatement, quoique d'une apparence verte, étaient également toujours un peu plus brunâtres que dans l'état normal, surtout dans les souches rouges; preuve évidente que ces organes ou points vitaux étaient sensiblement malades, et que par conséquent ils devaient très mal élaborer la sève qui, dans son cours circulatoire, les traversaient. Mais en général la moelle des nœuds de la base des sarments était plus noirâtre, dans les pousses premières comme dans les dernières, que celle des nœuds du milieu ou des extrémités, où elle était ordinairement plus pâle, surtout quand ces extrémités étaient flétries ou en voie de dessiccation. Quelquefois même cette moelle était très noirâtre, dans les sarments les plus malades, presque dans toute l'étendue du canal médullaire. J'ai même vu plusieurs fois la moelle du bois ou sarments de l'année précédente 1852 offrir, quoiqu'à un moindre degré d'intensité, les mêmes caractères nigriques, surtout au réveil végétatif de la sève printanière; preuve évidente que l'oïnosie les avait frappés dans le courant de cette même année 1852.

Enfin, l'ensemble de l'organisme était plus ou moins affecté, surtout les parties les plus essentielles à la vie et à la régénération, telles que l'écorce ou la peau, les feuilles, les racines, les nœuds, la moelle et surtout les organes sexuels ou de la fructification, ainsi que les fruits, lesquels étaient visiblement atteints d'une réelle *génitopurulie*.

Partout donc l'oïnosie portait plus ou moins ses ravages, mais plus particulièrement et plus fortement sur les parties supérieures de l'arbuste que sur les parties inférieures, et y engendrait l'*organopurulie*; du sein de laquelle surgissaient spécialement ces efflorescences ou moisissures, que les savants ont baptisées du nom d'*oïdium*, et qu'on pourrait aussi bien et mieux encore appeler, ainsi que je l'ai déjà dit, *oïnosium*.

§ III.

ETIOLOGIE

OU

CAUSES DE L'OÏNOSIE.

Si l'histoire de l'oïnosie a offert jusqu'à présent une évidente certitude, une solide clarté, il n'en est pas de même pour ce qui suit ou pour la cause ou les causes qui l'ont engendrée; un inextricable chaos, couvert des plus obscures ou des plus profondes ténèbres, règne à ce sujet de toutes parts : tous les savants modernes, même ceux de premier ordre, ont rivalisé de zèle et d'assiduité, dans toute l'Europe, pour le débrouiller et y porter un jour salutaire; mais ils l'ont vainement fait; leurs efforts ont été infructueux; leur science a été impuissante; et ce chaos reste encore debout, aussi inextricable et aussi obscur que jamais, si même il ne l'est pas devenu davantage.

Tandis que le peuple, surtout les viticulteurs, attribuaient la cause efficiente de cette désastreuse maladie à de *mauvais airs*, à des *vents malsains*, ou à des *brouillards particuliers*, comme ils le font d'habitude pour toutes les sortes de maladies des plantes (car on ne peut donner que les raisons et les lumières qu'on possède), et que d'autres l'attribuaient aussi aveuglément à la nature viciée des premières couches de la terre ou sol, les savants de premier ordre ont cru que cette funeste cause était un champignon, une sorte de *cryptogame*, de la famille des *mucédinées*, appelé *oïdium*, qui serait né de la coïncidence d'une température chaude et humide, jointe à un sol fertile et à des engrais, tel que ces circonstances existent dans les *serres chaudes*, et qui aurait produit des myriades de *sporules* ou *séminules*, dont le vent se serait emparé pour les propager de toutes parts, et, par ce moyen, multiplier à l'infini le funeste fléau oïdique. Mais j'ai déjà prouvé que c'était une erreur, et que l'oïdium, loin d'être la *cause* de cette maladie, n'en était qu'un simple *effet;* comme toutes les sortes de *moisissures* le son t de la fermentation plus ou moins putride qui se développe dans le sein des objets sur lesquels elles existent.

Les autres ont cru que cette cause était un petit mais véritable *végétal parasite*, Ectophyte et non Entophyte, comparable au *gui* et à d'autres plantes parasites, qui végétaient sur la vigne et ses raisins, qui les suçaient et vivaient à leurs dépens, et qui les épuisaient ou portaient une plus ou moins grave atteinte à leur état normal. Mais cette excentrique opinion, pour ne pas dire originale, n'est digne ni ne peut supporter aucun solide examen; parce que, d'abord, ce prétendu végétal n'existait pas sur l'arbuste vinifère, et parce que, le supposant, il n'aurait pu engendrer dans son sein une pareille et désastreuse maladie; pas plus que le gui ni les autres végétaux parasites n'en engendrent ordinairement dans les arbres sur lesquels ils vivent.

D'autres savants ont cru que cette cause était des *insectes,* spécialement de la famille des *acarus*, dont la prodigieuse fécondité et la marche rapide favorisaient infiniment leur propagation, ainsi que les vents chargés de leurs myriades d'œufs imperceptibles et même des acarus eux-mêmes, de manière à pouvoir, par ce moyen, infecter de vastes contrées, pour ainsi dire dans un clin d'œil. Mais j'ai déjà péremptoirement prouvé que ces insectes, quoique réellement existants sur les vignes et y produisant un plus ou moins grand nombre de taches blanchâtres, n'étaient nullement la cause efficiente de l'oïnosie.

D'autres ont cru que c'étaient des *vers* engagés dans l'intérieur des tiges; mais quels arbustes, quels arbres, ou quelles plantes n'en ont pas une fois ou autre, surtout quand leur organisation commence à fermenter, à se décomposer ou à pourrir, circonstances qui appellent tant la vermine! D'ailleurs, quand des vers attaquent des tiges plus ou moins saines ou plus ou moins malades et qu'ils frappent surtout des organes essentiels à la vie, ils ne causent point ordinairement une maladie générale de l'organisme, pareille à celle surtout dont il s'agit, mais leur effet se borne presque toujours à endommager, flétrir ou sécher, plus ou moins complètement, les parties qui sont au-dessus d'eux, et jamais ou presque jamais celles qui sont au-dessous.

D'autres ont cru que la cause de cette maladie existait dans l'influence délétère du *gaz d'éclairage*, joint à d'autres émanations usinaires ou mécaniques, telles que *sulfureuses, phosphoriques, carboniques,* etc., etc., qui, transportées de toutes parts par les vents, allaient se précipiter sur les vignobles et y engendraient la redoutable oïnosie, ou y organisaient directement et de toutes pièces l'*oïdium*, ainsi que d'autres maladies, soit sur les végétaux, soit même sur les animaux. Mais une hypothèse aussi absurde, une erreur aussi grossière, qui avait pour but, dit-on, quelque criminelle entreprise contre l'existence des télégraphes électriques et des chemins de fer, ainsi que contre celle des usines, et qui par conséquent tendait à quelque révolution, n'a trouvé d'écho que parmi des populations ignorantes, ou incapables de reconnaître leur aveuglement et le dangereux précipice vers lequel une telle croyance les entraînait. Cependant, si des émanations semblables étaient très abondantes et qu'elles fussent généralement répandues, nul doute qu'elles ne pussent porter atteinte à la respiration des personnes, des animaux et des végétaux, ainsi qu'à leurs fonctions cutanées; mais comme cela n'existe pas, sauf dans quelques très petites localités, elles ne peuvent leur causer aucun notable dommage.

D'autres savants, surtout dans l'occulte et conjecturale science de la chimie et de la physiologie végétale, attribuaient cette cause oïnosique à quelques *gaz particuliers* que les feuilles absorbaient dans l'air ambiant, ou que les racines pompaient dans le sein de la terre; ou bien, ils soupçonnaient un défaut d'*azote*, un manque de *gluten*, ou de principe fermentescible, dans la sève et dans le fruit vinifère. Mais ces soupçons, purement hypothétiques et enveloppés des plus épaisses ténèbres, doivent être rejetés dans les occultes labyrinthes pour ainsi dire de l'alchimie.

D'autres ont cru que cette cause existait dans une *pléthore* ou un *excès de sève et de santé*, développée surtout par la fertilité du sol, les engrais, la chaleur et l'humidité. Mais, quoique tous les excès soient en général nuisibles, peut-on facilement supposer qu'on soit malade parce qu'on jouit d'une luxurieuse ou gaillarde santé? Il faut être sans doute *Broussaïste* au dernier point pour admettre une semblable hypothèse, et n'avoir dans l'esprit que le désir immodéré d'affaiblir et de saigner, ou de ruiner impunément le plus brillant et le plus solide organisme.

D'autres savants ont cru que la cause de cette maladie existait dans la *dégénérescence de la vigne*. Mais cette opinion n'est point non plus fondée, puisque la maladie n'est pas générale dans de vastes contrées, sous un même climat, dans une même localité, dans un même vignoble, ni souvent sur une même souche, et que partout on observe à ce sujet les plus grandes irrégularités, les plus frappantes anomalies, même d'une année ou d'une saison à l'autre. Sans doute les vignes peuvent s'affaiblir, s'épuiser, ou perdre plus ou moins leur fertilité, et la qualité de leurs produits, surtout par le temps, leur vieillesse, ou par la ruine du sol sur lequel elles végètent; mais, quoiqu'on ne puisse les empêcher de s'user, de vieillir, et par conséquent de dégénérer, de mourir, on peut les restaurer ou les régénérer et rendre plus ou moins au sol sa primitive et complète fertilité.

D'autres savants affirment que cette grande cause oïnosique existe dans un *changement de climat* et la formation d'un *climat nouveau*, qui doit insensiblement et avec le temps détruire les êtres existants, pour faire place à d'autres plus appropriés à ce nouvel ordre de choses climatériques. Mais cette hardie opinion, cette hypothèse complètement erronée, quoiqu'elle repose sur une foule de documents géologiques, paraît avoir pris sa primitive origine dans le contenu du titre de mon *Epigéonosie*, dont le prospectus fut propagé dans le midi de la France et dans d'autres contrées, quelque temps avant l'apparition de cette nouvelle hypothèse sur l'horizon; toutefois, son auteur, qui aura probablement cru deviner ma pensée, s'est trompé dans sa philosophique interprétation, et, par ce fait, il l'a laissée intacte et entièrement soumise encore à ma propre investigation.

Enfin, les plus sages de ces savants n'ont point, au sujet de cette cause, osé trancher la question, et ont renvoyé sa solution à la *sagesse de la science*, qui, appuyée sur de solides et persistantes observations, était seule capable d'en juger, ou compétente dans un aussi profond et aussi difficile jugement; jugement, que des philosophes supérieurs disent même n'appartenir, comme aussi pour la guérir, qu'à DIEU SEUL.

Me fera-t-on un crime d'avoir la hardiesse de me constituer à ce sujet l'interprète de cette science, en attendant qu'il plaise à Dieu de conjurer le fléau? quel que soit le sentiment qu'on en aura, je m'efforcerai d'en être digne, et j'ose même espérer d'y porter un jour salutaire, que le lecteur ne verra pas sans satisfaction.

Mais je renvoie cette curieuse et utile dissertation, comme je l'ai fait pour la génération de toutes les maladies qui précèdent, à l'article spécial de la cause naturelle et générale de l'Epigéonosie.

§ IV.

THÉRAPEUTIQUE

ou

REMÈDES PRONÉS CONTRE L'OÏNOSIE.

Je viens d'exposer les diverses et principales opinions sur la cause de l'oïnosie, toutes entachées d'erreurs plus ou moins profondes, ainsi qu'on vient de le voir clairement. Or, si ces opinions diverses étaient évidemment erronées, pouvait-on conseiller ou mettre en pratique des remèdes efficaces pour combattre victorieusement la cause de cette maladie ? Non, sans doute; on ne pouvait agir qu'au hasard, tel que l'aveugle empirisme, qui, ne sachant d'où il vient, ni où il va, met ordinairement des siècles pour rencontrer quelqu'insignifiant spécifique ou quelque faible méthode curative qui ne vit encore que quelques instants. Et comment, en effet, pouvoir trouver un bon remède, quand on ignore la cause, la nature et le siége du mal! Aussi, combien de remèdes différents, tous plus erronés les uns que les autres, et même en général impraticables ou très dispendieux, n'a-t-on pas vainement conseillés ou mis en usage, dans l'espoir de combattre cette désastreuse maladie! Le nombre en est grand sans doute; chacun s'évertuait, avec un zèle et une assiduité sans doute louables, à le grossir toujours davantage, en s'attribuant, l'un après l'autre, l'honneur d'avoir découvert le meilleur, et même souvent d'en faire un secret d'intérêt ou purement commercial. Je pourrais sans doute les passer tous sous silence, sans causer une grande perte à la science; mais on ne trouvera cependant pas mauvais que j'en fasse ici la succincte histoire, ne ferais-je que les énumérer, afin de rappeler à ce sujet les divers efforts que l'esprit humain a faits.

Les uns ont conseillé ou pratiqué, comme moyens hygiéniques ou prophylactiques, 1° de tailler la vigne en temps sec et le plus près possible du cep; 2° d'ébourgeonner et d'éclaircir le feuillage; 3° de faire sur l'arbuste des aspersions de divers liquides acidulés, alcalins, sulfureux et autres; 4° d'enterrer ou chausser les vignes par des exhaussements considérables de terres; 5° de coucher les vignes sur le sol pour les faire jouir de l'irradiation terrestre et les soustraire aux intempéries; 6° de prévenir par une surveillance exacte, l'invasion de la *contagion oïdiale,* qui sans doute n'existe pas et n'est qu'une pure chimère, etc., etc.

Les autres ont conseillé ou mis en usage, comme moyens curatifs, soit en insufflations, soit en fumigations, soit en aspersions, soit en lotions, soit sous d'autres formes, 1° la fleur de soufre et ses divers composés, avec la chaux, la potasse, ou le fer; 2° la chaux délayée; 3° la cendre mouillée; 4° le goudron de bois ou de houille; 5° le vinaigre étendu d'eau; 6° le marc des lessives de soude; 7° le sel de cuisine; 8° le tabac; 9° l'huile d'olive; 10° le mélange de divers ingrédients à doses différentes, etc., etc.

Les autres ont conseillé ou pratiqué, comme moyens destructifs de l'oïdium et des insectes, 1° de couvrir les vignes de nuages de fumée; 2° de les fumiger avec l'asphyxiant et dangereux gaz sulfureux; 3° de les flamboyer, en brûlant adroitement et vite sur les parties affectées, surtout sur les raisins, du papier, des chiffons, de la paille, ou des herbages, simples ou trempés de suif, de graisse, ou d'huile; 4° de ramasser les feuilles et les sarments et de les brûler, etc., etc.

D'autres ont conseillé ou pratiqué, comme moyens opératoires et également curatifs, 1° de rajeunir la vigne, par de grands sacrifices de bois, afin de concentrer la sève vers le tronc et d'obtenir de jeunes et vigoureux rejetons pour l'année suivante; 2° de trancher la sommité des sarments jusqu'au près des raisins, dès le mois d'août, et puis de les effeuiller du côté du nord, pour éviter la germination des séminules de l'oïdium; 3° de diminuer la quantité de la sève et de prévenir tout excès d'énergie vitale, en intrépide broussaïste, par le défaut ou privation de nourriture et par de copieuses saignées, en taillant la vigne aussi tard que possible, afin qu'elle pleure davantage; en coupant ensuite les pousses sans fruit, après la floraison, et pincer ou décapiter les autres, après quelques nœuds au-dessus des grappes, afin de saigner et d'affaiblir encore; et enfin plus tard et pour diminuer l'humidité et la chaleur du feuillage, éclaircir les feuilles, et n'en laisser que pour la conservation de la plante et du fruit; 4° d'inciser ou de fendre l'écorce des souches longitudinalement, ou bien au pied en travers, dans le même but affaiblissant que le précédent; 5° de râcler et d'enlever les croûtes ou l'épiderme et même l'écorce des souches, et puis de les laver ou brosser fortement avec de la chaux délayée, etc., etc.

D'autres ont conseillé ou pratiqué, dans le but de renouveler ou régénérer les vignes, 1° de leur laisser pousser des provins au pied; 2° de couper leur souche entre deux terres; 3° de faire des semis de pépins; 4° de les greffer, etc., etc.

D'autres ont proposé, 1° d'apauvrir le sol des vignes; 2° de le mal cultiver; 3° d'établir des drainages ou rigoles souterraines, pour le faire facilement égoutter, etc., etc.

D'autres, croyant que les causes de la maladie, cryptogames ou insectes, étaient dans les premières couches de la terre, viciées, ont enlevé ces premières couches du sol, l'ont creusé, labouré, remanié, et en ont fait un sol nouveau, etc., etc.

Enfin, d'autres ont conseillé ou pratiqué le déracinage des vignes, et de faire pendant plusieurs années, sur le sol, différentes cultures moins chanceuses, par un assolement bien entendu, avant d'en y replanter de nouvelles.

Les prières mêmes des ministres de Dieu qui, en toutes circonstances, ne peuvent qu'être bonnes ou salutaires, ont également porté, mais infructueusement, leur tribut médical pour conjurer le fléau.

Mais il paraît, d'après un journal du midi de la

France, du premier janvier 1854, que, parmi tous les inventeurs de remèdes contre la maladie des vignes, c'est un certain ou prétendu *J.-B. Rodange* (dérivé ou corruption probable et politique de *J.-B. Rhodes*, mon nom propre; car la politique, ordinairement obscure comme la bouteille d'encre, se fourre partout et veut s'emparer de tout), qui aurait remporté les lauriers de la victoire, et qui serait parti de la Catalogne pour se rendre à Paris, dans le but de faire la cession de sa précieuse et secrète découverte au gouvernement; et, ce qui semble corroborer ce sentiment, c'est la publique annonce, quelques jours après, de *la pléthore des vignes, combattue par les saignées et les débilitants,* faite par ce même journal et autres, sous le nom d'un *Bibliothécaire broussaïste cahordais,* qui se sont empressés, ayant sans doute cru d'avoir pris la pie au nid, de l'éventer d'avance ou de le mettre publiquement et à mon détriment au jour; mais si, par cet acte de trompeuse ou larronique politique, et tels que des engoulvants, ils ont cru d'avoir saisi ma pensée, dans la contemplation sans doute du titre de mon Epigéonosie, ou bien dans l'ensemble de mes discours verbaux publics, ils se sont grandement trompés : ainsi que je le prouverai dans l'article : *Traitement général de l'Epigéonosie,* auquel, comme pour les cas précédents, je renvoie encore le lecteur.

JUGEMENT

PORTÉ

PAR LA COMMISSION SUPÉRIEURE

ÉTABLIE

PAR LE GOUVERNEMENT DE FRANCE

Auprès de M. le Ministre de l'agriculture, du commerce et des travaux publics, et présidée par M. l'Inspecteur général de l'agriculture,

POUR

ÉTUDIER ET APPRÉCIER LE MÉRITE RESPECTIF DES DIVERS MOYENS CURATIFS PROPOSÉS CONTRE LA MALADIE DE LA VIGNE.

Une chose aussi importante que celle de la cure de la maladie de la vigne ne pouvait manquer de fixer l'attention du gouvernement qui, en toutes circonstances, doit avoir les sentiments d'un bon père du peuple.

En présence de ce grand fléau, et voyant l'embrasante et générale ardeur des observateurs et des savants pour le combattre, ce gouvernement paternel s'empressa d'organiser une *commission supérieure*, composée de l'élite des savants de Paris et de France, qu'il établit auprès de M. le ministre de l'agriculture, du commerce et des travaux publics, sous la présidence de M. l'inspecteur général de l'agriculture, rapporteur.

Cette commission supérieure, composée de savants

distingués et choisis par le gouvernement, était spécialement chargée d'étudier et d'apprécier le mérite respectif des divers moyens ou procédés curatifs proposés contre la maladie de la vigne.

La viticulture et le public avaient sans doute tout à espérer du concours d'un aussi respectable foyer de lumières, pour conjurer le fléau. Nul doute que ce grand foyer de lumières n'ait à ce sujet développé tous ses efforts, pour parvenir au triomphe ; mais, malgré son louable zèle et le vif désir sans doute d'y arriver, a-t-il atteint ce grand et important résultat?

Le rapport de cette savante et respectable commission, attendu depuis longtemps et de toutes parts avec impatience, a été enfin adressé, le 7 mars 1854, à M. le ministre de l'agriculture, du commerce et des travaux publics, par le président-rapporteur, *M. Victor Rendu;* et il a été inséré, le 15 avril suivant, dans le *Courrier du Gers,* ainsi que dans la plupart des autres journaux de France.

C'est dans le beau vignoble — enclos de Thomery, de la contenance de 120 hectares, presqu'exclusivement planté en chasselas, ainsi que dans des vignobles en plein champ, que cette savante commission a contradictoirement procédé à ses examinatrices opérations; dont le résultat a été que, parmi tous les remèdes proposés, celui qui méritait la préférence et l'honneur d'être préconisé, c'était *le soufre, réduit en poudre bien sèche,* et projeté sur la vigne, le matin ou le soir et beaucoup mieux encore de midi à deux heures, ou quand la chaleur du jour était le plus développée, à l'aide du soufflet Gontier, perfectionné par Gaffet.

D'après cette commission supérieure, ce soufrage doit être exécuté à trois époques différentes : 1° quand les bourgeons ont quelques centimètres de développement; 2° aussitôt après la floraison; 3° avant la maturité du raisin. Il ne faut, pour l'ensemble de ces trois opérations sulfureuses, que la quantité de 60 à 70 kilogrammes de soufre par hectare, dont le coût, joint à celui de la main-d'œuvre, est d'environ trente-quatre francs.

Tous les propriétaires de vignes devraient sans doute, de toutes parts et chacun selon ses facultés pécuniaires, éprouver ou essayer, en grand ou en petit, ce moyen préventif ou curatif, préconisé par cette respectable commission; ils ne feraient certainement que leur devoir, d'abord pour leur propre intérêt, ensuite, pour celui de la science, et, enfin, pour l'intérêt et l'honneur de cette commission supérieure : mais il est malheureusement à croire qu'en général leur sordide avarice, sauf quelques honorables exceptions, leur fera regretter à ce sujet quelques minimes dépenses, comme ils paraissent déjà regretter le minime coût de ma présente Epigéonosie, qui sans doute est faite beaucoup plus dans leur intérêt qne dans le mien, tant leur sordide aveuglement est grand en effet, même pour ce qui est pour eux de la plus haute importance ! Et, d'ailleurs, dans leur grand état d'injustice, de partialité, de mensonge et d'ignorance, pourrait-on avoir sérieusement en eux une entière confiance? Dieu me garde sans doute de le contester; mais c'est à eux-mêmes de le prouver, de manière à ne plus mériter des soupçons sur l'intégrité de leurs assertions et de leur conscience.

Selon moi, ce moyen préventif ou curatif ne peut point être sans doute nuisible à la vigne, et, pour ce motif, on n'a rien à craindre de l'essayer, ne serait-ce que pour avoir la satisfaction de connaitre la vérité; mais, qu'on me permette de le dire, il ne peut nullement *prévenir ni guérir* sa maladie : d'où il suit qu'en l'exécutant, on ne fera que jeter de l'argent au vent.

Je suis sans doute très fâché d'être en contradiction avec un corps de savants aussi distingués et aussi respectables que le sont sans contredit ceux qui composent *cette commission supérieure de la maladie de la vigne*, et, par conséquent, avec le gouvernement; mais, dans cette circonstance, comme en toute autre, pourvu toutefois que cela ne soit pas trop nuisible, la *vérité*, la *raison*, cette divine *reine* du ciel et de la terre, doit, ce me semble, primer ou marcher la première; et je me sens fort, qu'on me pardonne cette hardiesse, de lui mettre solidement en main *les lauriers de la victoire!*

Montrez donc, montrez donc votre savoir faire! me criera-t-on de toutes parts, surtout ceux qui sont loin de rendre à César ce qui appartient à César; mais je leur répondrai sans crainte, sans détour et sans fard : *Mortels pressés, attendez que l'enfant ait vu la lumière!!!*

§ V.

TAILLE ET LIGATURE DES VIGNES.

La *Taille* de la vigne est une opération infiniment importante, pour la conservation des souches et pour l'abondance de la récolte du vin. Quoique d'une apparence simple et facile, il n'est pas donné au premier venu de bien l'exécuter. Couper tels ou tels sarments, en conserver tels ou tels autres, et leur laisser telle ou telle longueur, selon leur vigueur et leur position sur tel ou tel côté, par rapport à la vigueur et au côté de la *sanité* ou de la *morbidité*, ou de la sécheresse du bois de la souche, ordinairement très irrégulières, par suite surtout des bonnes ou des mauvaises tailles, influe beaucoup, non-seulement sur la récolte du vin, mais encore sur l'avenir et la longévité de ce précieux arbuste vinifère. C'est à cette taille qu'on reconnaît spécialement le talent et l'intelligence des bons viticulteurs.

La saison ou l'époque de cette taille est également très importante à considérer; mais, pour la reconnaître, ou fixer, il faudrait être, non-seulement bon cultivateur, mais encore profond ou savant *météorologiste;* qualité de premier ordre, qui ne distingue en général qu'un très petit nombre de viticulteurs, si même il en est aucun qui puisse réellement s'en glorifier. Tailler la vigne trop tôt, ou la tailler trop tard, selon les circonstances, est également mauvais : il faut en général faire cette importante opération avant l'hiver, pour hâter la pousse printannière, quand les saisons sont normales et régulières, ou quand on ne redoute pas des gelées tardives, qui puissent frapper la précocité de leurs tendres bourgeons printanniers; mais, quand on redoute ces tardives intempéries, quand, en un mot, on craint que des journées hivernales se développent ou se prolongent frigoriquement dans l'intérieur du printemps, surtout par de subites transitions, il faut bien se garder de pratiquer ces tailles précoces ou *anté-hivernales*, pour les renvoyer plus avantageusement à la fin de l'hiver et même à la naissance du printemps, quand la sève végétative commence à se réveiller, afin de retarder la pousse autant que possible, et, par ce moyen, empêcher qu'elle ne soit aussi fortement frappée par ces intempéries désordonnées.

Il faut également se garder de faire cette importante opération dans les temps très froids, ni dans les temps très humides, afin de ne point exposer à leur nuisible rigueur les fraîches plaies des sections diverses, qui, de préférence, demandent plutôt un temps sec et chaud.

Mais, la grandissime généralité des viticulteurs ne portent ordinairement pas leur observation jusqu'à ces profondes et difficiles questions météorologiques. Depuis des siècles leur routine est traditionnellement tracée, et ils la suivent aveuglément avec une entière confiance, sans qu'aucune raison, serait-elle céleste, puisse les en détourner : *Leurs pères ont agi comme cela, ils veulent suivre la route de leurs pères.* Ce filial et paternel respect est sans doute louable; mais, quand la raison, cette mère céleste, parle, ou indique une plus courte et meilleure route à suivre, pourquoi ne pas l'adopter? Pourquoi ne pas obéir à cette *Reine du ciel*, que *Dieu* développe, de loin en loin, dans le sein de la pensée humaine?

Quoi qu'il en soit de la force et de la puissance de cet argument, les viticulteurs ne se sont pas à ce sujet détournés de leur antique routine : ils ont en général et aveuglément taillé leurs vignes à l'époque accoutumée, c'est-à-dire, avant l'hiver, et sans tenir aucun compte des conseils que les *écrivains* ou les *savants* précités leur avaient prescrits. Ont-ils eu tort? Ont-ils eu raison? Sans doute, pour se permettre de vouloir donner des conseils, il faut en être capable; et nous avons évidemment vu que ces écrivains et ces savants étaient loin de posséder à ce sujet ces transcendantes qualités. Ces viticulteurs n'ont donc pas eu tort, jusqu'à ce jour, de ne pas les écouter.

Persuadé que l'observation et l'expérience sont la pierre de touche ou le creuset de la véritable science, j'ai pratiqué moi-même, sur une foule de mes souches horticoles, différentes sortes de tailles, pour savoir lesquelles seraient les meilleures pour favoriser la pousse nouvelle, produire le plus de raisin et en même temps concourir à la cure de l'oïnosie : aux unes, j'ai laissé toutes les branches ou sarments; aux autres, j'en ai laissé deux ou trois; à d'autres, un ; à d'autres, la moitié d'un; à d'autres, un simple courson; à d'autres, rien; à quelqu'une, j'ai coupé la tige en travers, vers le sommet; à quelqu'autre, vers le milieu de sa hauteur; et, à quelqu'autre, au pied, etc., etc. Ensuite, j'ai opéré ces tailles à différentes époques : avant l'hiver, après l'hiver, au réveil de la sève, à la pousse et après la première pousse. J'attends le résultat de ces expériences.

Après la *taille* générale des vignes, le *pliage* et la *ligature* suivent ordinairement de près; les viticulteurs ont généralement observé, ainsi que moi, qu'en pliant, courbant, ou coudant les *courroies* ou sarments des souches malades, l'écorce se détachait facilement du bois, à l'endroit de la courbure, et se soulevait par bandes ou lanières allongées et sèches, chose qui n'avait pas lieu pour les courroies des souches saines; et qu'ensuite l'écorce de ces courroies, ainsi que celle de la tige de ces souches, étaient beaucoup plus noires que dans l'état normal; ce qui faisait pressentir que ces souches ne pousseraient pas, et qu'elles étaient en danger de périr; et partout on était dans cette sinistre croyance, jusqu'à ce que les premiers jours du mois d'avril 1854 ont enfin apporté quelques lueurs d'espérance, et même rassuré complètement la plupart des esprits.

§ VI.

POUSSE DES VIGNES EN 1854.

Quoique depuis l'invasion de l'oïnosie tout le monde et surtout les viticulteurs fussent plongés dans un doute accablant au sujet de la *nouvelle pousse des vignes*, pour cette année 1854, cependant ils ont eu la grandissime satisfaction de voir leurs justes craintes s'évanouir, presque tout à coup et comme par enchantement, dans les premiers jours du mois d'avril 1854, spécialement du huit au douze, qui ont été si beaux et si chauds, par une pousse subite, rapide, vigoureuse et presqu'enchanteresse : partout ou presque partout, et même sur les sujets les plus malades, dans ces trois ou quatre jours d'avril, les *yeux* ou *boutons* ont éclaté, se sont épanouis et développés, jusqu'à acquérir la longueur d'un à cinq ou six centimètres, et se sont couverts de jeunes feuilles et de raisins, de manière à donner les plus flatteuses espérances pour la récolte prochaine : jamais surprise plus agréable, pour les propriétaires viticulteurs et surtout pour le Peuple qui enfin voyait, même avec délire, qu'il allait à bon marché boire encore du vin ! Et, en effet, dès ce moment, le cours de ce précieux liquide est tombé en *baisse*, et je ne sais où cette chute s'arrêtera, comme en 1853 il courait au galop en *hausse* et croyait même atteindre sans tarder la hauteur du ciel !! Contrastes singuliers qui prouvent la fragibilité, l'instabilité, et presque le néant des choses humaines!!!(1)

---

(1) Si le temps a été très favorable pour la végétation des vignes et même des arbres et arbustes divers, parce qu'ils ont de longues et fortes racines pour aller chercher profondément l'humidité terrestre, il n'en a pas été de même pour les céréales, les prairies naturelles et autres plantes à courtes et faibles racines : la sécheresse générale, qui règne depuis deux ou trois mois. leur a été et leur est encore très préjudiciable, surtout sur les coteaux et les terrains secs, qui auraient tant besoin de pluie! Mais, que dis-je, le suprême ordonnateur du monde sait sans doute mieux que nous ce qu'il faut pour le maintien et la prospérité de son œuvre admirable!

Cependant, un sombre nuage est venu ternir les flatteuses espérances du peuple, ami du vin, et surtout des propriétaires viticulteurs. Ignorant en général la naturelle organisation de la vigne, comme ils ignorent également celle de toutes les autres plantes qu'ils cultivent et qu'ils ont journellement sous les yeux, à leur grande honte, ils ont cru voir le terrible *oïdium* reparaître sur ces jeunes et nouvelles pousses de la vigne, en contemplant attentivement en aveugles le *duvet cotonneux* qui recouvre *la page supérieure* des jeunes feuilles, qui sortent ou qui viennent de sortir des langes fourrées de leur berceau végétatif, comme la page inférieure qui en est constamment couverte, et que la sage nature leur a passagèrement donné pour les garantir sans doute, à leur naissance, du trop vif et trop subit contact de l'air atmosphérique et de la lumière, ainsi que peut-être de l'atteinte des insectes; duvet cotonneux, que cette page supérieure perd, ou s'en dépouille, pour devenir glabre et en rester, à mesure que ces jeunes et tendres feuilles croissent et épanouissent leur mince et belle palme pulmonaire ou respiratoire.

Et ce qui est venu corroborer à ce sujet leur erronée croyance, c'est l'apparition sur les jeunes et tendres feuilles, surtout des souches précoces ou gourmandes, des *taches* concavo-convexes et plus ou moins blanchâtres, que les *acarus* y produisent presque constamment toutes les années; taches et acarus, que j'ai déjà décrits au titre : *faux caractères de l'Oïnosie.*

Voilà comment l'ignorance, avec ses aveugles et

arrogantes prétentions, est à chaque pas exposée de se tromper ou de commettre des erreurs plus ou moins profondes et plus ou moins nuisibles, pour elle et pour les autres !

§ VII.

AVENIR DES VIGNES.

Toutefois, il est bien certain qu'on ne doit point encore, malgré cette belle et ravissante pousse des vignes, trop s'en réjouir; car, il est difficile que des êtres malades, comme le sont les souches des vignes, puissent engendrer des fruits sains et réellement vigoureux, lesquels doivent toujours plus ou moins se ressentir de la nature et du caractère de la source organique et morbide de laquelle ils découlent, comme l'écoupeau ressemble et doit naturellement ressembler au fuseau.

Sans doute, le *septum* au *diaphragme* nodal, qui sépare le canal médullaire en tubes ou compartiments plus ou moins nombreux, offrait, en général, ainsi que le bois du nœud qui l'entourait et sur lequel l'œil ou bouton fructifère ou foliacé se trouvait, un vert aspect de santé, qui devait nécessairement permettre à ce bouton de se développer, nonobstant la noirceur et l'altération ou désordre de l'écorce qui le recouvrait. Mais ce vert aspect était un peu plus sombre que dans l'état normal, ainsi que je l'ai déjà observé et dit à l'article *Autopsie des vignes;* il était donc déjà un peu malade, et la moëlle qui l'entourait ou l'avoisinait l'était surtout beaucoup. Or, si cette moëlle, ce septum, ce bois et cette écorce étaient visiblement malades, l'œil ou bouton qui y était naturellement implanté, qui par conséquent en faisait partie intégrante, pouvait-il être complètement sain? Non, sans doute. Malgré le soin maternel et minutieux que la nature avait pris pour abriter ou protéger cet œil ou bouton, par diverses enveloppes, langes ou habits plus ou moins coriaces, fourrés et imperméables aux agents extérieurs des intempéries, comme elle a également le soin d'en envelopper ou abriter les étamines, les pistils, les ovaires, les fruits, les graines et en général tous les organes et tous les produits de la génération, cet œil ou bouton reproducteur devait être lui-même, quoiqu'il n'en montrât pas bien visiblement l'apparence, plus ou moins malade, ou plus ou moins frappé de la *génitopurulie,* et, par suite, communiquer plus ou moins son état morbide à la pousse ou végétation nouvelle, qui est la présente.

Or, cette nouvelle pousse pourra-t-elle, malgré sa grande et belle apparence, arriver à bon port? Son germe inné morbide ne la troublera-t-elle pas plus ou moins, surtout si de nouvelles causes maladives, spécialement extérieures, viennent encore et derechef aggraver son état anormal? C'est très probable; car, n'avons-nous pas vu les œufs des oiseaux de bassecour être également plus gros ou plus beaux que d'habitude, parce qu'ils étaient plus hydriques, et cependant avorter ou se pourrir presque tous pendant le cours de l'incubation? Ne pourrait-il pas en arriver autant aux raisins ? Souhaitons sans doute que cela ne soit pas; mais, dans l'état morbide régnant, il est évident que cela pourrait être.

D'ailleurs, quand je dis qu'il ne faut pas trop se réjouir encore de cette belle pousse vinifère et pour venir à l'appui de ce sentiment, ne voit-on pas les sarments coupés ou détachés des souches des vignes, si on ne les a pas laissé trop éventer, flétrir ou sécher, également pousser passagèrement, même sur terre, et, s'ils sont plantés dans l'intérieur de cette terre, y prendre racine, y végéter, et former des souches nouvelles, preuve évidente qu'ils contiennent dans leur sein *un principe vivant et régénérateur?* Ne voit-on pas même les arbres et les arbustes, surtout fruitiers, fraîchement coupés ou déracinés et qu'on n'a pas laissé flétrir ou sécher, pousser également et pour la même cause, à la naissance et durant le printemps, de frais bourgeons, des feuilles, des fleurs, mais rarement ou jamais des fruits, ou n'arrivant jamais à leur maturité, pour ensuite et définitivement mourir et sécher? Ne voit-on pas les *yeux* ou *germes reproducteurs* des pommes de terre, quand la pulpe des tubercules est entièrement enlevée, détruite, ou pourrie même par leur maladie, conserver leur vie, dans la peau et le peu de pulpe qui les supporte, pousser, végéter, et se développer en nouvelles solanées, mais tristement, tant la nature prend de soins pour conserver la reproduction de l'*espèce*, but essentiel de la *création?* Enfin, ne voit-on pas des fœtus conserver quelquefois leur *vigueur* et leur *santé*, dans le sein d'animaux ou de personnes très malades, et même leur *vie*, quand ces êtres sont déjà frappés de mort, ainsi que les résultats de l'opération *césarienne* en constituent souvent la preuve irrévocable?

Cependant, il faut en convenir, la *vigne*, elle qui est originaire des pays chauds du globe et qui, par conséquent, aime la chaleur, a eu, depuis deux ou trois mois, le plus beau temps du monde, pour la favoriser et surtout pour contribuer à pallier ou affaiblir infiniment les ravages que l'oïnosie avait faits dans le sein de son organisme; mais le mal était trop profond pour en avoir pu être complètement guérie, et d'où il suit que cette maladie y existe encore. Dieu veuille sans doute que rien de nouveau ne vienne la réveiller ou l'aggraver! Mais, on doit encore avoir des craintes fondées, ainsi que je l'établirai péremptoirement à l'article : *Causes générales de l'Epigéonosie.*

Passons maintenant à la maladie des arbres et des arbustes fruitiers, qui doit naturellement suivre celle des vignes, puisque tous ces végétaux ont naturellement entr'eux une plus ou moins grande similitude, comme végétaux fructifères.

SECTION SECONDE.

L'ORGANOPURULIE.

DANS LES ARBRES ET LES ARBUSTES FRUITIERS.

Les arbres et les arbustes fruitiers ont été, comme les vignes, et à peu près de la même manière, et depuis la même époque, plus ou moins frappés de l'organopurulie; avec la différence cependant que cette affection a été chez eux, en raison de la différence de leur organisation et selon la nature particulière des espèces, plus ou moins profonde, plus ou moins apparente, plus ou moins purulique, et plus ou moins précédée ou accompagnée de taches blanchâtres ou rougeâtres, ou brunâtres, et de moisissures oïdiques, ou mieux oïnosiques, et mieux encore *fructinosiques*, soit sur leurs tiges, soit sur leurs feuilles, soit sur leurs fruits, surtout sur ceux qui étaient pulpeux ou juteux.

Mais en général les arbres et les arbustes fruitiers juteux et précoces, tels que les *cerisiers*, les *groseilliers*, les *framboisiers*, même les *fraisiers* et autres, ont été les premiers et les plus frappés de la maladie, et, pour ce motif, ils n'ont donné qu'une très petite quantité de fruits et de très mauvaise qualité, amers, gâtés ou en voie de corruption, ou même déjà pourris.

Après eux sont venus les *pruniers*, les *abricotiers*, les *brugnons*, les *avant-pêches* et les *pêches*, dont en général les fruits ont également été en très petite quantité et de très mauvaise qualité, amers, gâtés, en voie de corruption, ou déjà pourris.

Ensuite, sont venus les *pommiers*, les *poiriers*, les *coignassiers*, etc., lesquels n'ont pas donné plus de fruits, ni de meilleure qualité, non plus que les *sorbiers* ou *cormiers*, les *néfliers*, ni les *figuiers*.

Enfin, les *noisetiers*, les *amandiers*, les *noyers*, les *châtaigniers*, les *chênes*, etc., n'ont pas été exempts de l'organopurulie, et n'ont en général donné non plus, comme les précédents fruitiers, qu'une très petite quantité de fruits et également d'une très mauvaise qualité, gâtés, amers, en voie de corruption, ou déjà pourris.

Et, chose remarquable, c'est que l'étendue et l'intensité de leur maladie, en général d'une nature très similaire à celle de la vigne, suivait partout l'étendue et l'intensité de la maladie de cette vigne, selon la nature des terrains, leur fertilité, leur exposition et toutes les autres circonstances; preuve évidente qu'elle était le produit de la même cause. Et ce qui vient corroborer cette vérité, c'est que, ainsi qu'on l'a observé pour les vignes basses comparées aux hautes, les arbres *nains*, *taillés*, ou *bas*, ont en général moins souffert et ont eu, toutes choses égales d'ailleurs, plus de fruits et des fruits plus sains et de conserve que ceux qui étaient plus élevés, à toute branche, ou à tout vent. Enfin, ce qui vient achever de le prouver, c'est que leur matu-

rité, comme pour les raisins également, a été très retardée, et, les uns comme les autres, de très mauvaise
conserve, ou se pourrissant en général dans un très
court espace de temps.

La récolte des fruits, comme celle du vin, a donc été
très petite et de très mauvaise qualité : aussi, comme
pour ce vin, leur prix a haussé, doublé, triplé ou qua-
druplé, selon les espèces; et, malgré ce haut prix, on a
de la peine à en trouver, tant la disette en est grande
et générale!

J'ai observé au microscope la moisissure oïnosique,
ou mieux *fructinosique,* de la plupart de ces arbres et
arbustes fruitiers, surtout celle des pommiers et des
poiriers, et j'ai reconnu qu'elle était à peu près de
même forme et de même nature, même celle du pain
moisi, que celle de la maladie de la vigne, sauf quelques petites variantes au sujet de la couleur : mêmes
mycéliums, mêmes tigellules, mêmes sporules ou séminules, et de la même et microscopique petitesse, c'est-
à-dire, du diamètre de la cinquantième partie d'un
millimètre, et leurs corpuscules composants d'un diamètre cinq ou six fois moindre. Mais en général les
moisissures des fruits, surtout de leur pulpe, avaient
constamment ou presque constamment des *sporules* ou
séminules et ordinairement en grande quantité, disposés quelquefois à leur sommet en *tête de choux-fleur,*
comme pour ceux des vignes, et très souvent, selon les
espèces, contenus dans une boîte ronde et bivalve, semblable à celle de la moisissure du pain, tandis que les

moisissures des tiges, des branches et des feuilles n'en avaient pas, ni des nœuds à leurs mycéliums, ni à leurs tigellules, ou qu'en très petite quantité, sauf quelques cas exceptionnels, comme par exemple sur des sections, mutilations, gerçures, ou plaies ouvertes, et laissant exsuder quelque peu de sève ou de suc propre ou particu'ier, plus ou moins concrété, altéré, corrompu, ou en voie de corruption.

J'ai en outre observé dans le sein de la moisissure des pommiers et des poiriers, en général très longue, très fine, très blanche ou très cotonneuse, une plus ou moins grande quantité de petits pucerons, ainsi que d'acarus grisâtres, qui y passaient même l'hiver, plus ou moins engourdis, spécialement dans la partie de cette longue moisissure respectée et située à la face inférieure des branches de ces arbres, sans doute pour être mieux abrités contre les divers météores pluvieux, neigeux, glacés, ou autres de la rigoureuse saison hivernale; météores, qui n'avaient point enlevé en ce point cette moisissure, comme pour favoriser l'hivernage de ces insectes et pouvoir l'année suivante continuer leur prodigieuse multiplication.

Cette dernière observation m'avait même d'abord porté à croire, comme pour les vignes, que ces insectes pouvaient être et étaient la cause de la maladie de ces arbres fruitiers; mais, la généralité de cette maladie sur tous ces arbres et arbustes et ses caractères spéciaux, plus ou moins semblables à ceux de ces vignes et de la plupart des autres végétaux affectés, m'ont détruit cette primitive croyance, et m'ont plutôt porté à croire et le crois consciencieusement encore, que ces insectes avaient été instinctivement attirés sur ces divers végétaux par l'odeur spéciale et anormale, ou morbide, *sui generis,* que cette maladie leur faisait répandre; comme les poux et les mouches le sont par l'odeur des animaux malades, et les carnivores par celle des cadavres.

Mais, quant aux moisissures ou végétations cryptogamiques, je n'ai jamais pu croire, ni ne crois encore, qu'elles soient le produit d'une génération par *graines* ou *séminules,* quoiqu'elles produisent des quantités prodigieuses de *sporules,* qui, selon moi, ne sont point procréateurs, mais bien celui d'une *génération directe ou spontanée,* surgie du sein d'une fermentation plus ou moins putride, ou de la décomposition ou corruption interne de ces végétaux; ainsi que toutes les sortes de *cryptogames* de la nombreuse famille des *champignons,* qui, selon moi et je le prouverai sans réplique, malgré tous les grands naturalistes ou Buffons, Linnés et Cuviers de l'univers, ne sont également, ainsi que je l'ai déjà dit, que le produit d'une pareille *génération directe ou spontanée,* dans le sein d'objets tombés dans un semblable état de corruption.

CLASSE DEUXIÈME.

L'ORGANOPURULIE

DANS LES LÉGUMES.

L'organopurulie a également porté ses ravages, à différents degrés d'intensité, sur la plupart des *légumes*. Leurs semences ou leurs semis ont en général très mal réussi; leurs produits ont été en très petite quantité et de très mauvaise qualité; leur disette et leur haut prix se sont fait partout sentir : choux, choux-fleurs, brocolis, choux-raves et épinards; ognons, échalottes, aulx et poireaux; lentilles, pois, fèves et haricots; carottes, betteraves, navets, raves, raiforts et salsifix; artichaux, asperges, laitues, chicorées, cressons, pourpiers, céleris, cerfeuils et persil; citrouilles, courges, melons, concombres, aubergines, tomates, cornichons et piments, etc., etc.; tout a subi plus ou moins ces désastreux effets de la maladie générale du globe, et a été plus ou moins couvert également et d'une manière plus ou moins apparente, selon les espèces, de taches blanchâtres, rougeâtres, brunâtres ou noirâtres, ainsi que de moisissures ou végétations cryptogamiques et de pourritures plus ou moins étendues, surtout à leur pied ou collet des racines, en un mot, de tous les caractères

morbides observés sur les vignes et sur les arbres fruitiers; mais qui en général n'ont pas autant frappé l'attention du public, à cause sans doute de leur moins
haute importance dans l'économie domestique et rurale, mais qui n'ont pas moins contribué à diminuer la
masse de l'alimentation générale.

Et, comme dans les cas précédents, le fléau a été en
général plus désastreux sur les plaines et les bas fonds
que sur la hauteur des coteaux, sur les terrains gras
plus que sur les maigres, sur les humides plus que sur
les secs, sur les légumes originaires des pays chauds
plus que sur les autres, etc., etc., en un mot, il a partout suivi, à peu près, la même marche et les mêmes
anomalies que pour les vignes et les arbres fruitiers,
dont il a été déjà question : preuve bien évidente qu'il
avait été engendré par la même cause.

Mais, parmi ces divers légumes, il en est un, si toutefois il est permis de l'appeler ainsi, qui a été maltraité
hors ligne, et qui, par sa haute importance pour l'alimentation des animaux domestiques et de l'espèce humaine, mérite un article à part : c'est la *pomme de terre*,
dont les ravages et les pertes colossales ont plongé tant
de populations dans de vives alarmes et même dans
d'horribles famines; ainsi que l'*Irlande* surtout en a
fourni un exemple frappant, puisqu'une grande partie
de ses malheureux habitants ont été obligés, faute d'aliments, fournis par cette précieuse plante, d'émigrer
leur patrie désolée et de chercher leur salut et leur vie
sur le continent.

CLASSE TROISIÈME.

L'ORGANOPURULIE

LES POMMES DE TERRE.

PRÉLIMINAIRE.

Si quelque part, sur le globe terrestre, quelque plante a été désastreusement frappée par l'organopurulie, c'est sans contredit et en première ligne *la pomme de terre* (solanum tuberosum); cette plante précieuse qui, par ses nombreux et volumineux tubercules, farineux et amilacés, fournit une abondante nourriture aux animaux domestiques et à l'espèce humaine, ainsi que divers matériaux, surtout féculeux, à l'industrie manufacturière et commerciale.

Cette inestimable plante tuberculeuse est celle qui, dans l'Univers, a donné le premier et le plus désastreux signal de l'existence de cette organopurulie, vulgairement appelée la *maladie des pommes de terre;* affection éminemment putride ou purulique, qui, çà et là dans toutes les parties du monde, a régné d'une manière plus ou moins générale ou *épiphytosique.*

Successivement ou tour à tour appelée *gangrène sè-*

che ou *gangrène humide*, selon qu'on observait les tubercules malades dans les premiers temps de leur plus ou moins complète corruption, ou quand plus tard et surtout les moins affectés étaient desséchés ou en voie d'une plus ou moins complète dessiccation, c'est, dit-on, depuis 1830 que cette maladie existe et qu'elle fit alors des ravages en Allemagne; mais je me rappelle l'avoir moi-même observée, dans le midi de la France, à cette même époque, ou quelqu'année après le grand et rigoureux hiver de 1829-1830, spécialement sur trente hectolitres de tubercules que j'en avais achetés au feu général Noguès, de Jû-Belloc (Gers), pour les faire manger à douze jeunes truies portières, et qui, par parenthèse, leur produisirent, soit crus, soits cuits, une très mauvaise et diarrhéale nourriture, d'une très difficile cuisson et répandant une odeur acide plus ou moins infecte, qui portait ces jeunes animaux à refuser d'en faire la consommation et même à les fuir dès qu'ils les avaient sentis; ce qui me détermina à ne plus leur en donner, ni à la volaille, ni à d'autres animaux, qui également les refusaient: preuve évidente que cette maladie existait déjà, non-seulement en Allemagne, non-seulement en France, mais très probablement aussi dans toute l'Europe, et que, à l'insu ou au défaut d'attention des observateurs, elle aura continué d'exister sporadiquement et avec une plus ou moins grande intensité, selon le caractère ou la nature des années et des lieux, successivement jusqu'à présent.

On a donc tort de croire cette maladie originaire des

États-Unis d'Amérique ou de toute autre localité du globe, plutôt que de quelqu'autre, parce qu'on l'y a observée en 1843 et 1844, et plus encore de croire que, de ces vastes contrées d'outre-mer, elle se soit propagée par contagion et par le nord dans toutes les contrées de l'Europe, en 1845, depuis la Russie et les autres nations septentrionales jusqu'aux nations les plus méridionales, mais surtout dans la malheureuse *Irlande*, qui en a été dévastée au point de plonger ses habitants dans la désolation et de les porter à une affligeante et mortifère émigration, sur le continent ou sur différentes parties du globe.

Quoi qu'il en soit de cette origine première, qui sans doute a pu exister à la fois dans divers lieux, même très éloignés les uns des autres, c'est depuis cette dernière époque de 1845 que cette désastreuse maladie a fait le plus de ravages et qu'elle a plus particulièrement fixé l'attention des peuples, des cultivateurs, des observateurs, des sociétés d'agriculture, des comices agricoles, ainsi que des gouvernements, qui, et de toutes parts, se sont efforcés, avec le plus louable zèle, de guérir ou de conjurer le fléau.

Mais, malgré tous leurs efforts et tous leurs moyens mis en usage, le fléau a continué de sévir, tantôt dans un lieu, tantôt dans l'autre, d'une manière plus ou moins forte et plus ou moins irrégulière, pendant toutes les années suivantes, successivement jusques et y compris celle de 1853.

Mais l'intensité et les ravages de cette redoutable

maladie ont en général et à peu près suivi la même marche que ceux de la maladie des vignes et des arbres fruitiers, ainsi que des animaux domestiques et même des personnes. Les mêmes climats, les mêmes sols, les mêmes expositions, les mêmes parages, les mêmes circonstances, etc., les ont en général favorisés ou atténués. Mais constamment les lieux et les terrains bas, humides, argileux, gras, fumés, bien cultivés ou ombragés ont été les plus frappés; tandis que les lieux et terrains hauts, secs, maigres, graveleux, non fumés, mal cultivés, à pente douce et bien soleillés l'ont été le moins.

Ensuite, les variétés des pommes de terre, les plus précoces ou hâtives, telles que la *Saint-Jean* et la *Marjolin*, ont été en général moins frappées que les tardives; ainsi que les tubercules les plus enterrés l'ont également été moins que les plus superficiels.

Enfin, cette maladie se développait ordinairement sur les pommes de terre, selon le caractère ou la nature des années et des circonstances qui les accompagnent, depuis le mois de juin jusqu'au mois d'octobre, mais plus particulièrement dans le mois d'août, ou le commencement de septembre, et spécialement quand les tubercules étaient déjà formés et qu'ils commençaient à mûrir ou à développer leur partie farineuse, ainsi que leurs baies ou fruits granifères, qui, ordinairement, étaient en très petite quantité et le plus souvent nuls, comme les fleurs qui les avaient précédées étaient également nulles ou presque nulles.

§ I.

CARACTÈRES DE LA MALADIE.

Quand les pommes de terre se trouvaient donc, dans quelqu'une de ces dernières époques de l'année, en pleine et luxurieuse végétation et surtout quand elles étaient très belles, très feuillées, très gaillardes et d'un beau vert, on les voyait quelquefois tout à coup, ou dans un, deux, trois, ou quelques jours, tomber malades et mourir, pour ainsi dire sans cause apparente, au grand étonnement des cultivateurs, qui n'en apercevaient plus que quelques pieds debout et çà et là espacés, ou quelques petites parties ou recoins des champs plantés, qui avaient on ne sait comment résisté au fléau, et qui ordinairement se trouvaient être celles qui étaient les moins luxurieuses ou les moins gaillardes.

La maladie commençait ordinairement son apparition par de petites taches ou varioles brunâtres qui se développaient sur les feuilles et sur le sommet des tiges; ensuite, les feuilles perdaient rapidement leur verdure, fanaient, pâlissaient, jaunissaient, se moisissaient quelquefois, surtout en dessous, noircissaient, séchaient et tombaient, de manière à laisser les tiges droites, nues et d'un vert glauque et sombre; ensuite, ces tiges subissaient le même sort, se couvraient de petites taches brunâtres, flétrissaient, jaunissaient, moisissaient, noircissaient, tombaient de tout côté affaissées ou immédiatement couchées sur le sol, mouraient et et séchaient; enfin, la peau des tubercules, surtout de ceux qui étaient les plus superficiels ou les plus rapprochés du collet des racines, se maculaient de taches brunâtres, d'abord peu pénétrantes mais qui peu à peu gagnaient en profondeur et en largeur, à peu près comme cela s'opère dans les taches ou les pourritures des fruits, ou mieux dans les véritables gangrènes, humides ou sèches; sur lesquelles on voyait ordinairement, çà et là espacés, des points noirs, comparables à des excréments de mouches, mais qui, vus à la loupe, n'étaient que des trous cylindriques et perpendiculaires à leur surface, de demi-millimètre de diamètre sur autant de profondeur et faits comme avec une tarière-emporte-pièce, qu'entourait une petite auréole brunâtre, comparable à celle des piqûres des puces; comme si c'était l'œuvre de quelqu'insecte, attiré par la morbide odeur du tubercule, pour y butiner sans doute la pulpe corrompue; ou bien, le vide laissé par quelque moisissure, mais qui se comblait peu à peu par l'effet de la nutrition et du progressif développement du tubercule. Enfin, une zone roussâtre ou brunâtre, complète ou incomplète, d'un à deux ou trois millimètres d'épaisseur, paraissait bientôt dans la pulpe placée immédiatement sous la peau des tubercules, d'où elle se prolongeait périphériquement par des traînées, vénulations, taches, lignes ou points, plus ou moins isolés et irréguliers et également roussâtres ou brunâtres, peu à peu et progressivement de la circonférence au centre de ces tubercu-

long et qu'accompagnaient ou suivaient ordinairement diverses sortes de moisissures, blanchâtres, jaunâtres, rougeâtres, ou bleuâtres, ainsi qu'une plus ou moins complète putrilation, selon que ces tubercules se trouvaient dans une terre plus humide ou plus sèche : tubercules qui, quand on les exposait à l'air sec ou au soleil, devenaient brunâtres et durs comme du bois, tandis que quand on les exposait dans un air ou dans un lieu humide, ils se couvraient de diverses sortes de moisissures et finissaient par s'y transformer, s'ils ne l'étaient pas déjà, en une sorte de putrilage plus ou moins liquide ou plus ou moins pâteux ou tenace et d'une odeur plus ou moins infecte. J'en ai même vu, de ces tubercules, mais des plus profondément affectés ou gâtés, se réduire en une pulpe grisâtro-brunâtre, ou blanco-jaunâtre, et même quelquefois rougeâtre comme du sang ou de la chair musculaire et gluant ou filant comme une pâte éminemment ductile, ou une véritable morve; de manière à ressembler, la première à des excréments humains, la seconde à du pus ou putrilage, et la troisième à des chairs coulantes ou putridineuses, d'un rouge-sanguin des plus vifs, et pouvant facilement s'étendre en nappes ou feuilles minces comme du fin papier, et d'une odeur infecte, comparable à celle des produits cadavériques des animaux; et, ce qui était étrange, c'est que parmi ces tubercules, provenant du même pied de pomme terre, il s'en trouvait quelqu'un, surtout des jaunes ou petits, qui paraissaient être complètement sains, mais non les gros ou plus anciens et par conséquent plus farineux, qui en général étaient toujours plus ou moins affectés, quoiqu'à divers degrés d'intensité, ce qui prouvait que la formation de la farine ou de la fécule amilacée était une condition essentielle au développement de cette maladie.

Une foule d'insectes et de vermisseaux, parmi lesquels on distinguait surtout les pucerons et les acarus, se nourrissaient de la substance corrompue de ces pommes de terre, soit de celle des feuilles et tiges, soit de celle des tubercules, et paraissaient en être même très friands; mais la volaille ni les grands animaux domestiques n'en voulaient ordinairement point, soit dans leur morbide état naturel, soit après leur cuisson, toujours plus ou moins imparfaite ou difficile à opérer et où les parties saines ou farineuses seules cuisaient, mais jamais les parties affectées ou gâtées qui toujours restaient dans un état plus ou moins complet de tenace dureté, de grumulation, d'hépatisation ou d'induration. Et si quelqu'un de ces grands animaux en faisait usage et qu'il en mangeât surtout copieusement, j'ai observé qu'il était fréquemment exposé à des diarrhées plus ou moins collicatives, surtout quand ces pommes étaient très affectées, ou dans un haut degré de corruption, et surtout quand elles n'étaient pas mêlées à d'autres aliments de meilleure qualité.

Mais ce que j'ai observé et ce qu'il est bon de savoir, surtout quand on manque de tubercules pour la plantation, c'est que les *yeux*, *germes*, ou *bourgeons*, restent souvent intacts, frais et sains sur les tubercules affectés et quelquefois même sur ceux qui sont entièrement corrompus ou secs, et qu'ils germent également comme ceux des tubercules sains, avec la différence seulement qu'ils sont moins vigoureux, tant la nature prévoyante a pris de soins ou de salutaires mesures, surtout dans l'organisation ou la disposition des organes reproducteurs, ainsi que dans les enveloppes externes qui les protégent, pour maintenir la génération ou la repro-duction de l'espèce !

Enfin, un autre fait bien constaté, c'est que rarement tous les tubercules d'un même pied malade sont affectés; il y en a toujours quelqu'un, parmi le nombre, qui échappe au fléau, surtout les moins superficiels; mais le nombre en est quelquefois tellement petit et la maladie est tellement grave et générale, selon le caractère des années, que la récolte en est souvent diminuée de quarante à soixante pour cent et qu'elle en est même quelquefois presque nulle, et que les pays par conséquent qui ont basé leurs principaux moyens d'existence sur elle se trouvent tout à coup dépourvus et plongés dans une affreuse disette, ainsi que l'ont malheureusement éprouvé diverses populations du Nord, spécialement la déplorable *Irlande*. Leçon mémorable sans doute qui doit dorénavant les porter à établir différentes sortes de cultures, automnales et printannières, et basées sur un bon système de rotation, afin de ne plus être exposées à ces sinistres calamités, à ces famines épouvantables, qui, à diverses reprises, les ont plongées dans la désolation et même dans le royaume de la

mort. La Monoculture (1) *expose la vie*; la Polycul-
ture (2) *préserve de la mort*.

§ II.

CAUSE DE LA MALADIE.

La cause de la maladie des pommes de terre n'est
pas mieux connue, par les savants du jour, que celle
de la maladie des vignes; ils en ont tour à tour adopté
et rejeté un grand nombre, comme pour l'oïnosie,
telles que la *dégénérescence*, les *insectes*, les *intempéries*, etc., etc., pour se fixer également enfin sur la
cryptogamie.

Ces savants l'attribuent à un *végétal parasite*, de la
famille des *moisissures*, dont les innombrables et légers
séminules nagent dans l'air, suivent le cours des vents,
et sont déposés, d'une manière plus ou moins irrégulière, sur les pommes de terre, quelquefois à des distances infiniment grandes des lieux qui les ont vu
naître. Mais j'ai déjà dit, et je le prouverai sans réplique, que les moisissures *oïdiques*, *botrytiques* ou *autres*, loin d'être la *cause* de ces maladies, n'en sont que
le pur et simple *effet*; et que par conséquent il est inutile de s'arrêter sur cette opinion erronée, pour chercher cette cause plus rationnellement ailleurs, la dé-
voiler et la montrer clairement dans sa forme et sa

____

(1) Du grec : μονος, seul, et du latin *cultura*, culture.
(2) Du grec : πολυς, plusieurs.

pureté naturelles. Je renvoie donc encore le lecteur, comme pour les cas précédents, à l'article spécial où je traite de la cause générale de l'épigéonosie.

§ III.

REMÈDES PRONÉS CONTRE LA MALADIE

DES

POMMES DE TERRE.

Une foule de remèdes, comme pour les vignes, ont été conseillés ou pratiqués pour guérir la maladie des pommes de terre ou pour la prévenir, mais aucun n'a eu un bon et constant succès; de sorte que son spécifique est encore à trouver. Sols, labours, assolements, engrais, choix des variétés, préparation des plants, époque des plantations, cultures, récoltes, etc., etc., rien n'a pu constamment et complètement guérir ni prévenir cette funeste maladie ou ce fléau, non-seulement des pommes de terre, mais encore des *batates*, et d'autres plantes tubéreuses ou féculentes, soit de la famille des solanées, soit de toute autre, qu'on a soumises à l'expérimentation. Serai-je plus heureux, à ce sujet, dans mes thérapeutiques investigations? Je l'espère, mais je renvoie le lecteur encore, comme pour les cas précédents, à l'article spécial du traitement général de l'épigéonosie.

Passons maintenant aux céréales, à ces solides soutiens de la civilisation.

CLASSE QUATRIÈME.

L'ORGANOPURULIE

LES CÉRÉALES.

Les céréales, ces premières des plantes farineuses riches d'aliment nutritif, quoique d'une organisation plus sèche que celle des plantes précédentes et par conséquent plus résistante à l'atteinte des affections morbides, ont cependant payé un notable tribut à l'organopurulie, surtout les *blés*, les *maïs* et les *avoines*, spécialement dans l'année 1853, année qui a été si fatale aux pommes de terre, aux fruitiers, aux vignes, ainsi qu'aux animaux domestiques et même à l'espèce humaine.

Les *blés*, d'une végétation en général très luxurieuse, n'ont cependant donné qu'une très minime récolte, qui a beaucoup contribué, conjointement avec les accapareurs, à la hausse extraordinaire de leur prix, qui s'est élevé jusqu'à plus de 36 francs l'hectolitre, ainsi qu'à la disette générale qui règne encore dans une foule de contrées et même dans toute l'Europe, laquelle a ouvert les portes à l'importation et permis l'entrée de plusieurs millions d'hectolitres de ce précieux grain, surtout en France.

Dans le courant du printemps dernier, surtout vers sa fin, on vit les blés les plus luxurieux en végétation se courber et s'abattre sous la force des vents tempestifs et sous le poids des abondantes et froides pluies, qui caractérisèrent remarquablement cette saison, et leurs épis avorter d'une manière plus ou moins complète, ou ne donner qu'une très minime quantité d'un grain flétri, léger, des plus chétifs, quand ceux qui n'avaient pas un si pompeux aspect restèrent sur pied, avec des épis partiellement avortés, et résistèrent au céleste et tempestif déluge, sauf ceux qui se trouvaient sur les rivages ou voisinages des fleuves et des rivières, dont les débordements extraordinaires les submergèrent et les sablèrent presque de toutes parts, de manière à porter la plus fatale atteinte à leur paille et surtout à leur grain, et, en résultat et tous ensemble, ne donner qu'une très minime récolte, cause principale, conjointement avec la perte des pommes de terre, des légumes, des fruits et des vins, de la disette régnante et de la hausse extraordinaire du prix des denrées, surtout des grains et des vins.

Mais, à ce versement de la paille, à cet avortement des épis, à cette submersion fluviatile ou riveraine, se joignit encore le fléau de l'organopurulie. Dès le mois de juin, une foule de tiges et même de souches ou touffes de blé, offraient à leur pied, du premier au deuxième ou troisième nœud, au-dessus du niveau de la terre, surtout les blés versés, des taches brunâtres ou noirâtres, plus ou moins pourries et moisies, jusque dans l'intérieur de leur canal médullaire, et l'entourant souvent de toutes parts, de manière à désorganiser cette partie inférieure des tiges plus ou moins complètement, et, par conséquent, d'intercepter, de gêner, ou de troubler infiniment le cours naturel de la sève ascendante et descendante, et consécutivement l'œuvre de la végétation et de la granification, dont les produits granulaires étaient déjà si chétifs, par suite des causes précédentes et par d'autres que je mentionnerai plus tard.

Mais les savants du jour, partout aveuglés par la Cryptogamie, ont encore attribué la cause de cette putridique affection à un champignon de la famille des mucédinées, ou des moisissures, quand ce champignon ou moisissure n'était, au contraire, comme dans les cas précédents, qu'un pur et simple effet de la maladie, ou de cette véritable et céréalique *organopurulie* que la plupart de ces savants ont considérée comme une maladie nouvelle, parce que sans doute c'était la première fois qu'ils l'observaient, ou depuis peu de temps, quand elle existe réellement, mais d'une manière plus ou moins frappante, selon les années, peut-être depuis l'origine des siècles, et quand je me rappelle fort bien l'avoir observée maintes fois, moi-même, depuis déjà plus de trente ans.

Enfin, la récolte des blés de 1853, quoique **très** abondante en paille, n'a produit en général que **très** peu de grain, tout au plus du quart à la moitié, mais **un** grain qui, mis à part l'avorté et le flétri, étaitbeau, coloré, pesant, farineux et produisant de bon pain; parce que sans doute, moins nombreux sur chaque épis et beaucoup d'épis n'en ayant pas du tout, il a eu plus d'aliment et a été mieux nourri.

Les *avoines* m'ont offert à peu près les mêmes **faits** organopuruliques que les blés, avec les mêmes circonstances aggravantes, qui ont été la cause également **de** leur très minime récolte et de leur haut prix commercial, lequel s'est élevé à plus de 15 fr. l'hectolitre.

Les *maïs* ont également souffert beaucoup de l'atteinte de l'Organopurulie. En général très chétifs jusqu'à la fin dejuillet, ils ont failli succomber à l'extrème et chaude sécheresse du mois d'août; cependant et après quelques pluies salutaires, ils se sont relevés en septembre et octobre par une assez belle végétation; mais leur maturité a été très tardive et en général **très** incomplète. Beaucoup de grains sont restés petits, chétifs, pâles, jaunâtres, flétris ou avortés, surtout à l'extrémité ou bout des épis; et, après leur récolte, **ceux** qui étaient les plus beaux ou les mieux nourris, avaient souvent leur court pédicelle ou point d'attache plus **ou** moins noirâtre et se moisissaient facilement, s'ils n'étaient pas aérés ou tenus en lieu sec, ainsi que le bout et la moëlle de leur épi, qui étaient toujours plus **ou** moins humides ou en voie de corruption et brunâtres;

preuve évidente qu'ils étaient notablement atteints de l'organopurulie, qui, ainsi qu'on l'a vu partout, retentit et porte son coup fatal de préférence et constamment sur les organes générateurs et les fruits de la reproduction, dans lesquels elle développe la génitopurulie.

Mais, chose étonnante, depuis le règne de l'organopurulie, les maïs, les blés, ni les avoines n'ont presque pas eu de *carie* ni de *charbon*; comme si la nature eût voulu établir, à ce sujet, une sorte de compensation.

Passons maintenant à l'organopurulie dans les fourrages.

CLASSE CINQUIÈME.

L'ORGANOPURULIE

DANS

LES FOURRAGES.

Nous venons de voir que les pailles des céréales ont eu autant et plus à souffrir, surtout par suite des abondantes pluies et des débordements, à l'époque de la floraison, de la maturité du grain, de la récolte, et même du dépiquage, que par l'organopurulie; et n'ont en général produit qu'un aliment ou fourrage plus ou moins brunâtre, moisi ou pourri et de mauvaise odeur, et par conséquent de mauvaise qualité pour la nourriture des animaux domestiques.

Les *foins* des prairies naturelles également ont été en général très peu abondants et de très mauvaise qualité, soit par l'effet de l'organopurulie, soit par celui des gelées tardives et des pluies fréquentes et abondantes, ainsi que par les grandes inondations, surtout en 1853, qui ont eu lieu presque généralement partout, à l'époque de leur fauchaison ou de leur récolte, et dont la grande majorité ont été submergés et sablés.

Les *fourrages* ou foins des prairies artificielles, tels

que *sainfoins, luzernes, trèfles, farouches,* etc., ont également souffert de l'organopurulie et ont été très mal rencontrés en général, à l'époque de leur récolte, par suite des fréquentes et abondantes pluies printannières.

Les *pacages* des prairies naturelles, partout en général plus ou moins sablés, n'ont fourni qu'une très mauvaise nourriture aux animaux domestiques qu'on y a amenés.

Les *semailles,* soit automnales, soit printannières, des graines de foin, de trèfle, de farouche, ou de luzernes, ont en général très mal réussi, n'ont pas germé, ou n'ont produit qu'une chétive végétation, qui n'a donné qu'une faible quantité de fourrage et de mauvaise qualité; preuve évidente que ces graines étaient plus ou moins atteintes également de l'organopurulie.

En un mot, les *pailles, foins* et *fourrages,* en général peu abondants et de mauvaises qualités, n'ont produit et ne produisent encore qu'un aliment faible ou peu riche en principes vitaux ou nutritifs, qui tiennent les animaux qui en font usage dans un état d'atonie, accompagné fréquemment d'affections *vermineuses, psoriques,* ou *pédiculaires,* lesquels, s'ils ne sont pas aveinés (et l'avoine est chère cette année), surtout les chevaux, n'ont ni force ni résistance, tombent ou s'abattent facilement et se couronnent fréquemment, surtout quand ils sont conduits par la maniaque jeunesse, qui, pour les voir courir comme le vent, les font tomber comme la pluie : aussi vit-on jamais autant de couronnements que dans les temps présents !

CLASSE SIXIÈME.

L'ORGANOPURULIE

LES AUTRES VÉGÉTAUX.

Puisque les plantes cultivées ont été affectées de l'organopurulie, il est évident que les autres plantes de la nature ne lui auront pas résisté et qu'elles en auront été également plus ou moins atteintes.

J'ai vu la *lentille-d'eau*, sur les viviers et les fossés, pleins d'eau, fraîche, verte et vigoureuse, sur la fin du mois d'oût 1853, flétrir, pâlir et mourir, ou se sécher, presque tout à coup, dans l'espace d'un à deux jours, et précisément à l'époque ou l'organopurulie frappait instantanément les pommes de terre. J'ai vu également à cette époque beaucoup de jeunes *noisetiers*, très frais et vigoureux, subir, dans ce même temps, le même sort; ainsi que beaucoup d'autres arbustes et plantes plus ou moins grandes.

Le *lin* était plus noirâtre, cassant, très chargé d'é-toupes, et de très mauvaise qualité.

Les *fleurs* des jardins et des parterres n'ont été ni aussi belles, ni aussi colorées, ni aussi odorantes.

Beaucoup de plantes exotiques, surtout les *grasses*, ont également souffert sensiblement, et même un très grand nombre en ont été frappées de mort : telles, par exemple, que les *joubarbes*, les *cactus*, les *verveines citronelles*, les *lauriers-roses*, etc., etc.

En un mot, je crois que tous les *végétaux de la nature* ont été plus ou moins frappés, selon les espèces, par l'organopurulie; mais qu'on n'y aura pas fait attention, soit parce qu'ils n'étaient pas utiles à l'homme, soit parce qu'ils n'étaient pas d'une grande importance, soit pour toute autre raison : car, un état morbide aussi général n'a pu exempter pour ainsi dire aucun être de la nature.

RÉCAPITULATION GÉNÉRALE

SUR L'ÉPIPHYTOSIE.

L'histoire de l'épigéonosie dans les végétaux et surtout dans les plantes cultivées, soit dans les vignes, les fruitiers, les légumes, les pommes de terre, les céréales, les fourrages, soit dans les végétaux libres de la nature, soit, en un mot, dans l'ensemble du règne végétal, objet de l'épiphytosie, nous a partout montré l'*organopurulie* développant, çà et là, sur tel ou tel organe ou système d'organes et à un plus ou moins haut degré d'intensité : 1° La *folliopurulie* (1); 2° la *cortopurulie* (2); 3° la *mélopurulie*(3); 4° la *génitopurulie* (4); 5° la *carpopurulie* (5); et surtout les deux dernières maladies : car, ainsi que pour les animaux, c'est vers les organes sexuels ou génitaux et les fruits qu'ils produisent que son flux purulique s'est porté avec le plus d'abondance, comme pour éteindre la procréation ou lui porter une atteinte plus ou moins nuisible et fatale.

Par conséquent, l'organopurulie a montré dans les végétaux à peu près les mêmes caractères, les mêmes

----

(1) De φυλλον, feuille.
(2) De *cortex*, écorce.
(3) De μυελος, moëlle.
(4) De γενναω, engendrer.
(5) De καρπος, fruit.

tendances, les mêmes ravages, en un mot, les mêmes effets correspondants que dans les animaux. Donc la même cause a dû les produire et doit naturellement rentrer dans le même cadre nosologique.

———

Passons maintenant à l'histoire de l'*épiminérosie*.

TROISIÈME PARTIE.

L'ÉPIMINÉROSIE [1]

OU

L'ORGANOPURULIE DANS LES MINÉRAUX,

SPÉCIALEMENT

DANS LES TERRES CULTIVÉES.

Dans le vaste sein de la nature, tout ce qui n'est pas animal, ou végétal, est *minéral.*

Or, il faut entendre par minéraux, non-seulement les *métaux,* les *oxides,* les *combustibles,* les *acides,* les *sels,* les *aérolithes* et les *roches,* mais encore et quoiqu'ils rentrent plus ou moins dans leur sein, la *terre,* l'*eau,* l'*air,* le *calorique,* l'*électricité,* la *lumière,* et les autres substances *impondérables.*

Tout ce qui vit ou végète sur la terre est fixe, mar-

---

(1) Du grec : ἐπι, sur; et du latin : *minera,* mine.

che, ou voltige, à la surface ou dans le sein de ces minéraux; tout y puise directement ou indirectement les aliments ou les soutiens de l'existence : ils constituent en général les primitives *mamelles* des végétaux, comme ceux-ci constituent les premières *mamelles* des animaux : Tous sont les *enfants* de la terre, comme la terre est la *fille* du ciel, et le ciel le *fils* aîné de *Dieu*, qui a créé et qui gouverne miraculeusement l'*Univers!*

Si donc la terre est la mère de tant d'enfants, si elle les a engendrés, les supporte et les nourrit, depuis tant de myriades de siècles, ne doit-elle pas posséder dans son sein, solide, liquide, gazeux ou fluide, *un vaste foyer d'aliment et de vie?* Et, par conséquent, ne doit-elle pas être elle-même éminemment *vivante.* Ne devait-elle pas même *regorger* d'aliment et de vie dans le temps de la *création,* pour avoir pu engendrer tant d'êtres divers dont sa surface fourmille? Pourrait-elle encore donner cette vie et l'alimenter sans cesse, si elle n'en avait pas ou qu'elle fût réellement inerte ou morte? Pourrait-elle donner ce qu'elle n'aurait pas? Les *Lombrics ou vers de terre* ne vivent-ils pas de terreau ou de terre? Les *sauvages* d'Amérique ne mangent-ils pas de l'argile, quand la faim les presse? N'a-t-on pas vu et ne voit-on pas même encore dans ces contrées, spécialement à Plaisance et à Maubourguet, des hommes *minérophages,* qui avalent ou mangent, par prédilection, de la terre, des cailloux, des métaux et autres minéraux, même en grande quantité, comme s'ils étaient des pilules ou des bombons (1)? Ne voit-on pas souvent des solipèdes, des ruminants, des oiseaux, etc., manger ou lécher avec plaisir certaines terres de certaines localités et surtout la terre plus ou moins saline des vieilles parois des écuries ou des habitations? Le muriate de soude ou sel de cuisine, si utile aux hommes et même aux animaux, aux végétaux et aux terres cultivées, n'est-il pas un pur minéral? Le sucre lui-même, tant aimé des personnes et de la majorité des grands animaux, comme condiment ou aliment, n'a-t-il pas plutôt l'aspect et la cristallisation d'un sel minéral que d'une substance végétale? En un mot, les *éléments* qui composent les minéraux ne sont-ils pas les mêmes que ceux qui composent les *végétaux* et les *animaux*, ainsi que je l'ai établi dans ma *Théocosmorhodie ou nouveau système de la nature?* Comment donc pourraient-ils ne pas être vivants? La *terre donne l'aliment et la vie à tout ce qui vit ou végète à sa surface, donc elle est vivante.* Et,

---

(1) Le minérophage de Plaisance (Gers) a vécu de cailloux, gros comme noix ou noisettes, et d'un peu de vin, pendant plus de six mois, et s'amusait souvent à se les faire sonner dans le ventre. Le minérophage de Maubourguet (Hautes-Pyrénées), en mange depuis plus de deux ans et continue encore, même sur les foires et marchés, où il s'en gagne quelque pécune; il en avale successivement jusqu'à une trentaine, ainsi que des pièces de dix centimes, mais qu'il rend le lendemain par les selles : il mange également de la chair crue et toutes sortes de choses, même immondes, qui ne dérangent nullement son apparente santé, ni ne lui causent aucune souffrance spéciale. J'ai été témoin de ces faits, que je certifie être vrais, et desquels les incrédules pourraient encore se convaincre eux-mêmes; mais je crois que cette manie est le fruit de quelque extraordinaire *pica*, qui aura sans doute son terme. J'ai trouvé 15 kilogrammes de gros gravier et de sable dans le cœcum d'une jument, morte à la suite d'un *pica* semblable, mais accompagné de fréquentes et fortes coliques.

en effet, ne possède-t-elle pas dans son sein, comme
tous les êtres vivants de la nature, une chaleur propre
et constante, qui va légèrement croissant de sa surface
à son intérieur, jusqu'à atteindre environ une quinzaine
de degrés, et probablement bien davantage, ainsi que
cela est prouvé par le thermomètre, porté successivement dans le fond des puits et des profondes mines? Si
elle était morte, n'observerait-on pas le contraire, c'est-
à-dire, qu'elle serait plus froide à l'intérieur qu'à la surface? Et, d'ailleurs, ce qui vient sous tous les rapports
confirmer cette grande vérité, ce sont les minéraux eux-
mêmes, tels que les roches, les pierres, les cailloux, etc.,
qui, s'ils sont détachés et isolés de leur mine ou de leur
gangue, ne croissent plus, flétrissent, ternissent, sèchent,
meurent, s'exfolient et se dissolvent ou décomposent en
leurs éléments, avec le temps, comme tous les êtres
vivants.

Tout donc, à la surface comme dans l'intérieur du
globe, prouve cette minérale vitalité : et celui qui prétendrait le contraire serait évidemment comparable à
une imperceptible *puce*, qui prétendrait que la vie n'existait pas dans le corps de l'homme ou de l'animal qu'elle
pique et suce! Ou mieux à ces myriades d'*acarus* ou de
cirons, qui, butinant, courant, voyageant, s'insultant et
se battant à outrance, par d'innombrables bataillons,
sur le corps d'un énorme éléphant ou d'une gigantesque
baleine, croiraient être sur un monde inerte, sur une
planète, ou sur une comète!!!

Sans doute le *soleil*, tel qu'un époux, a fécondé et

féconde toujours la terre; et *Dieu*, le puissant créateur, l'âme universelle, l'anime et lui imprime l'incompréhensible cachet de la vie et de l'intelligence; mais, en qualité d'être de la création, cette terre possède son organisation propre et sa vie spéciale. Par conséquent, les minéraux, qui sont ses éléments composants, doivent participer plus ou moins, selon les espèces, du caractère organique et vital qui la distingue, *comme l'écoupeau ressemble et doit ressembler au fuseau.* Et si l'on pouvait douter de cette grandissime vérité, c'est-à-dire, qu'on n'eût pas assez d'intelligence pour concevoir cette grande et générale *vitalité*, ainsi que celle de ses innombrables et minéraliques ramifications, qu'on réfléchisse que l'*homme*, avec ses hautes prétentions, ne fait pas sur le *globe terrestre* la figure de la millionième partie d'un imperceptible *ciron!* Et, en effet, de quelle extrême petitesse ne doit-il pas être sur cette imposante et sphérique masse, qui a neuf mille lieues de tour sur trois mille lieues de diamètre, quand on voit la plus haute montagne du globe, qui s'élève à plus de quatre lieues verticales au-dessus du niveau de la mer, n'y faire que la figure d'une *ligne* sur une sphère de *trente pieds*!! et, surtout, quand on voit ce même globe terrestre ne constituer lui-même qu'un imperceptible *atôme*, un point *invisible*, dans l'immensité de l'*univers*!!! Qu'est donc en effet l'homme, en taille et surtout en durée, avec ses superlatives prétentions de vouloir tout juger, à côté de cette accablante *immensité*, et, surtout, à côté de l'*infini*, de l'*Eternel*, de

Dieu, qui a créé et qui gouverne avec un ordre admirable cet immense et miraculeux édifice!!! un *néant*.

Or, si tous les êtres vivants, végétaux et animaux, les propres enfants de cette terre, sont, depuis quelques années, dans un état plus ou moins morbide ou anormal; si tous pompent ou sucent les principes de leur existence, directement ou indirectement, dans les minéraux, ses éléments composants; en un mot, si tous en sont entièrement et naturellement dépendants, est-il possible que ces minéraux, ces éléments terrestres, aient pu déranger l'état normal de ces végétaux et de ces animaux, sans être préliminairement dérangés eux-mêmes? Les aliments sains, pris avec modération, peuvent-ils faire du mal? Ne faut-il pas qu'ils soient malsains ou malades eux-mêmes, pour déranger l'état normal de ceux qui les consomment? Oui, sans doute : cela est clair, évident, irrévocable. Et la frappante preuve qui vient sous tous les rapports corroborer cette grande vérité, c'est que si l'on ne cultive pas les terres en temps et lieux opportuns; si elles sont mal remuées et mal divisées; si elles sont trop ou trop peu ameublies, légères, compactes, serrées, tenaces, sèches, humides, chaudes, froides, etc., etc., les récoltes n'y réussissent pas bien et les fruits ne sont pas d'une aussi bonne qualité et quelquefois même plus ou moins malsains; surtout dans certaines années, dont le caractère spécial y contribue tant, nonobstant le travail de la terre et tous les efforts du cultivateur!

Mais quelles sortes de dérangements ces minéraux

auront-ils pu éprouver? Faut-il les placer dans le vaste cadre de l'*Organopurulie?*

Depuis l'origine du monde, l'on observe partout, dans le vaste domaine de la nature, que les végétaux et leurs fruits, ainsi que les animaux et même les personnes, ont un organisme et des propriétés ou des qualités très différentes, selon les lieux qui les ont vu naître, c'est-à-dire, selon la latitude, le climat, l'exposition, le sol et une foule d'autres circonstances plus ou moins influentes. Il en est de même pour les minéraux : chaque lieu, chaque climat, chaque exposition, chaque sol en produit de spéciaux. Et, de même que ces végétaux et ces animaux sont exposés à des myriades d'états morbides, qui viennent passagèrement ou pour toujours troubler leur santé, de même ces minéraux sont exposés à des myriades d'états anormaux, selon la nature et le caractère particulier qui, dans le cours illimité des siècles, distingue chaque année; et que Dieu, du haut de son céleste séjour, dirige et varie à son gré.

L'harmonie naturelle de l'organisme et de la vie des êtres de la création n'est pas toujours constante ou perpétuelle; des vicissitudes s'y mêlent par temps, d'après l'ordre du Créateur : tantôt, tout sort de l'état normal, par excès d'humidité; tantôt, tout en sort, par excès de sécheresse; tantôt, par excès de froid; tantôt, par excès de chaleur; tantôt, par de trop subites transitions d'un état à un autre; tantôt, par toute autre intempérie, etc., etc.; et de là, surgissent, dans les sols cultivés, des sortes de constipations, de diarrhées, d'anasarques, de catarrhes, de

rhumes, d'inflammations, de fièvres, de pyrexies, d'apy-
rexies, d'atonies, d'ataxies, etc., etc., qui, à l'insu des
cultivateurs, frappent leurs terres cultivées et modifient
ou contribuent plus ou moins à modifier l'abondance et
la qualité des récoltes, ainsi que leur précocité ou l'époque de leur cueillette. Le monde n'est en général qu'un
oscillant état de santé et de maladie, ou de bien et de
mal, que le céleste gouverneur proportionne et dirige à
sa volonté.

Depuis donc quelques années, les minéraux, comme
les végétaux et les animaux, sont évidemment dans un
état morbide; sortis de leur habitude naturelle, par suite
du caractère particulier de ces années, leurs éléments
composants doivent surtout être trop ou trop peu espacés ou distants les uns des autres; ils doivent être trop
ou trop peu *hydrisés, calotrisés, électrisés* ou *vitalisés*; ils
doivent exécuter avec plus ou moins de gêne leurs
fonctions naturelles, et même être tombés dans une
sorte de corruption, qui doit leur faire mal alimenter les
êtres vivants, et, par conséquent, les faire rationnellement rentrer dans le morbide cadre de l'organopurulie, qui règne probablement en général dans toute l'étendue du globe.

En effet, par suite du caractère particulier qui a distingué ces années, les métaux, les oxides, les combustibles, les acides, les sels, les roches, les terres, les
eaux, l'air, le calorique, l'électricité, la lumière, etc.,
ont dû se trouver entr'eux dans des rapports différents,
ou désharmonisés, ainsi que dans les molécules de leur

propre organisme; et comme tout ce qui sort de l'harmonieux état normal tend plus ou moins à sa propre décomposition ou corruption, tous ont dû être ou sont nécessairement atteints, à un plus ou moins haut degré d'intensité, de l'*organopurulie.*

L'organopurulie a donc frappé, pendant ces anormales années et à divers degrés d'intensité, tous les êtres et tous les corps de la nature; tous en ont été plus ou moins pestiférés. Le mot *organopurulie* est donc la convenable et générique expression de cette générale maladie, ou peste universelle du globe terrestre, que j'ai méritoirement appelée l'*Epigéonosie.*

Mais où est la cause efficiente de ce grand état morbide du Globe? Cette grande, importante et curieuse question va faire le sujet de l'article suivant.

QUATRIÈME PARTIE.

CAUSES GÉNÉRALES

DE

L'ÉPIGÉONOSIE OU PESTE UNIVERSELLE

DU GLOBE TERRESTRE.

L'Epigéonosie, dans les êtres divers que je viens de passer en revue, successivement depuis l'homme jusqu'aux minéraux, devait avoir sa cause efficiente. Cette cause ne pouvait avoir que deux sortes d'existence : elle était dans ces êtres ou hors ces êtres, c'est-à-dire interne ou externe.

Dans le premier cas, elle aurait été *innée* ou *héréditaire;* mais ces êtres ne pouvaient avoir ce morbide héritage, puisque leurs parents ou êtres qui les avaient engendrés n'en avaient pas été atteints eux-mêmes, ou que très faiblement et même depuis des époques presque immémoriales, et qu'en suite l'hérédité des maladies n'a ordinairement lieu que quand elles ont profondément et depuis longtemps endommagé ou délabré le sein de l'organisme : d'ailleurs, aucun signe ou symptôme spécial ne pouvait le faire considérer comme une production innée.

Dans le second cas, rien de semblable ne pouvait y mettre obstacle : la nature, qui produit et détruit tout, qui engendre le bien comme le mal, pouvait aussi engendrer cette cause efficiente. Il est par conséquent évident que, puisque cette même cause n'existait pas dans l'intérieur des êtres affectés de cette épigéonosie, elle devait nécessairement exister à l'extérieur, hors le corps de ces mêmes êtres, et qu'elle ne pouvait se trouver que là. Et, comme rien au monde ne pouvait agir ou influer sur ce corps, que ce qui était introduit dans son intérieur ou que ce qui l'entourait, il est évident que, ne pouvant supposer que des corps étrangers introduits dans leur organisme pussent donner lieu à une maladie aussi générale, il faut chercher cette cause efficiente dans les aliments divers que ces êtres prennent naturellement pour leur sustantation, ou bien dans les milieux naturels dans lesquels ils vivent.

Quant à la nourriture alimentaire, soit solide, soit liquide, soit gazeuse, soit fluide, elle ne pouvait, par sa nature intrinsèque, constituer ni contenir dans son sein cette cause morbide, sans être déjà ou préliminairement affectée ou viciée elle-même par quelque chose d'extérieur à elle et qui ne pouvait en résultat provenir que de l'intérieur ou du sein de la nature ; ce qui, dans cette hypothèse, ne serait que reculer la question, sans la fixer ni la résoudre, pour revenir forcément aux agents extérieurs ou milieux naturels dans lesquels cette nourriture alimentaire et par conséquent cette cause efficiente puisent elles-mèmes leur source organisatrice. Et, comme ces agents extérieurs, ou milieux naturels, sont entièrement dépendants de cette nature et qu'ils en font partie intégrante, surtout du globe terrestre, sur lequel ces êtres existent, il est évident que c'est dans ce mème globe terrestre qu'il faut chercher cette abondante source de morbidité générale, si mème ce n'est pas plutòt dans le ciel incommensurable duquel ce globe terrestre constitue une infiniment minime mais intégrante partie.

Cette grande recherche se trouve donc naturellement divisée en deux classes : 1° *dans le globe terrestre; 2° dans le ciel.*

CLASSE PREMIÈRE.

RECHERCHES

DE LA CAUSE DE L'ÉPIGÉONOSIE,

DANS

LE GLOBE TERRESTRE.

Nulle part, dans la nature, on ne voit d'*effet* sans *cause*. L'épigéonosie, ou l'organopurulie du globe terrestre, doit donc en avoir une, ainsi que sa nombreuse et morbide famille : Où faut-il la chercher? Où est-elle?

Voilà une question difficile, profonde, transcendante, que l'ensemble des savants de l'univers n'ont pas encore pu résoudre. Parviendrai-je moi-même à ce grand triomphe, qui touche au front de la plus haute philosophie? Je ne puis sans doute me le promettre; cependant, je vais à ce sujet faire tous mes efforts : heureux si je puis mériter les lauriers de la victoire! Ce sera ma plus douce et ma plus flatteuse récompense.

D'abord, une maladie générale doit nécessairement reconnaître une cause générale; et, puisque l'ensemble du globe est malade, la cause efficiente de sa maladie doit exister dans l'ensemble de ce même globe, si ce n'est pas la cause première, du moins la cause secondaire; mais dans quelles parties de ce globe? Est-ce plus particulièrement dans l'intérieur de son vaste noyau solide? Est-ce dans le sein de ses immenses plaines liquides? ou bien, est-ce dans la profonde et générale atmosphère gazeuse ou fluide qui l'entoure de toutes parts?

Voilà trois grandes questions que je vais successivement essayer de résoudre.

SECTION PREMIÈRE.

RECHERCHES

DANS LE SEIN DU NOYAU SOLIDE

DU

GLOBE TERRESTRE.

La plus savante géologie n'a point encore pu nous apprendre ce qu'il y avait dans l'intérieur du globe terrestre; de ce vaste corps sphéroïde, de neuf mille lieues de tour, sur trois mille lieues de diamètre, qui roule silencieusement dans l'espace, avec tout ce qu'il contient, qu'il supporte, ou qui l'entoure, et qui parcourt annuellement autour du soleil, dans les vastes espaces du ciel et à l'insu de la grande majorité des mortels, un orbe de plus de deux cent millions de lieues.

Les plus profonds naturalistes, les plus grands géologues, les plus transcendants philosophes en sont encore, à ce sujet, aux conjectures, aux hypothèses, aux systèmes, en général erronés ou inadmissibles. Les *Vulcaniens* (1) croient ce globe rempli d'un *feu embrasant*, duquel surgissent les terribles volcans, ainsi que la chaleur naturelle de ses couches extérieures. Les *Eoliens* ou *Boréniens* (2) le croient rempli de vent, d'air ou de vapeurs subtiles, qui sont la source des commotions et des tremblements de terre, et qui alimentent ou remplacent les perpétuelles déperditions de l'air atmosphérique. Les *Neptuniens* (3) le croient rempli d'*eau*, de laquelle jaillissent les sources, les mers et les déluges, qui alimentent ou remplacent les perpétuelles déperditions que l'eau fait sur la terre. Les *Pétroniens* (4) le croient rempli de *pierre dure*, surtout granitique, dont la surface ou la couche extérieure forme la base des antiques ou primitives montagnes. Les *Marsiniens* (5) le croient rempli de *métaux*, surtout ferrugineux, qui fournissent les filets ou racines des mines de fer, également des antiques ou primitives

---

(1) De *Vulcain*, Dieu du feu.

(2) De Αιολος, Dieu des vents du midi; ou Βορεας, Dieu des vents du nord.

(3) De *Neptune*, Dieu des mers.

(4) De πετρος, pierre.

(5) De *Mars*, fer, Dieu du fer ou de la guerre.

34

montagnes. En un mot, il n'est pas de système géologique qui n'ait tour à tour été mis sur le tapis de la géologie : sauf peut-être le véritable, que je me propose de développer dans mon *nouveau système de la nature*.

L'homme n'a pu ni ne peut sonder la vaste profondeur de ce globe que par la perspicacité des yeux de l'intelligence; et de tels yeux, surtout bons, ne se trouvent pas dans tous les esprits : aussi n'a-t-on, jusqu'à présent, qu'effleuré la *surface* de ce vaste corps planétaire, sa *croûte extérieure*, en un mot, son *épiderme*; sur lequel cet homme vit un imperceptible instant, tel qu'un imperceptible *ciron*, le grapillant çà et là, pour y puiser l'aliment de son infiniment passagère existence, tout en disputant souvent à outrance, à ses semblables, quelques imperceptibles écailles épidermoïdes, que, dans son cironien microscopisme, il considère comme de grands et importants royaumes! Tel qu'un invisible *acarus* dispute souvent à d'autres acarus, jusqu'à former de part et d'autre des armées considérables, une imperceptible miette butireuse, sur un grand fromage de Hongrie ou de Hollande!!

On ne connaît donc de ce globe terrestre que ses couches épidermoïdes ou superficielles, qu'on croit en général mais erronément formées de débris de coquilles maritimes, d'amas de sels marins, de matières vitrifiées volcaniques, etc., qui auraient donné naissance aux roches et aux terres végétales, à ces composés qui auraient eux-mêmes pour base élémentaire et à des proportions différentes : 1° l'infusible et vitreuse *silice;* 2° la pulvérulente et pesante *baryte;* 3° le caustique et absorbant *calcaire;* 4° l'albine et hydrique *magnésie;* 5° la douce et légère *alumine,* ou *argile pure;* 6° et une foule d'autres terres, que la conjecturale science de la chimie y a jointes, telles que la *strontiane,* la *zirconniène,* l'*australe,* la *bérilienne,* la *glucine,* etc., etc.; auxquelles substances il faut ajouter les *fluides divers* qui circulent dans leur sein.

Mais, dans cet ensemble de matériaux géologiques, où trouver la cause morbide que je cherche ? Est-ce dans ces prétendus grands foyers de feu, d'air, d'eau, de granit, de fer, ou d'autres substances, dont on suppose l'intérieur du globe rempli ? Est-ce dans le sein des couches rocheuses ou terreuses qui forment son-écorce ou croûte extérieure? Est-ce dans le sein des fluides qui circulent dans leur organisme ?

Sans doute, des émanations diverses, plus ou moins pestifères, pourraient invisiblement surgir de ces divers lieux, par de secrets soupiraux, comme par une sorte d'exhalaison ou de transpiration cutanée morbide; mais rien ne nous permet, à nous imperceptibles cirons sur ce vaste corps terrestre, de les apercevoir ni d'affirmer leur réelle existence; et, d'ailleurs et dans cette hypothèse, de telles exsudations ou émanations morbides du globe, auraient-elles pu avoir leur source autre part que dans une réelle maladie ou désordre organique de ce même globe? Ensuite, auraient-elles pu être autre chose que d'être plus ou moins *asphyxiantes* ou *anti-respi-*

ratoires, ou bien, plus ou moins *entoxiques*? Or, qui a ressenti ou reconnu de semblables effets? Personne, sans doute.

Par conséquent, il faut chercher cette cause efficiente ailleurs que dans le noyau solide du globe terrestre

SECTION SECONDE.

RECHERCHES

DANS LE SEIN DES MERS ET DES AUTRES EAUX

DU

GLOBE TERRESTRE.

Quelle que soit l'origine ou la naissance de la terre, qu'elle soit née dans le sein du feu, qu'elle soit née dans le sein de l'eau, qu'elle soit née dans le sein d'un chaos de matière fluide, ou de toute autre manière, et qu'il y ait eu des déluges universels, ou qu'il n'y en ait pas eu, il n'en est pas moins vrai que la majeure partie de sa surface est maintenant et depuis un temps immémorial couverte d'eau ou de mers plus ou moins vastes, et plus ou moins profondes, mais dont le maximum de profondeur paraît en général égaler la hauteur des plus hautes montagnes ou environ quatre lieues verticales, qui occupent spécialement ses bas-fonds, et du sein desquelles s'élèvent la majeure partie des vapeurs qui forment les brouillards, les nuages, les pluies, les neiges, les grêles, etc., qui alimentent les sources et les rivières qui en découlent en suivant la pente naturelle du fond des vallées et des plaines, qu'elles abreuvent et rafraîchissent en passant, pour rendre à ces mers les eaux ou une partie des eaux qui s'en étaient élevées, et continuer ainsi cette naturelle et vitale circulation terrestre, sous la puissance attractive, aspirante ou dilatante de l'astre du jour, sans lequel tout serait immobile, glacé, mort.

Ces mers, qui divisent la surface du noyau solide du globe en îles et en continents plus ou moins vastes et plus ou moins irréguliers, qui sont perpétuellement agitées par les flux et les reflux, par des courants, des roulis, des vagues, et d'autres sortes de mouvements, sauf au pôle boréal et au pôle austral, où elles sont couvertes de glaces et de neiges éternelles, plus ou moins vastes et plus ou moins montueuses ou irrégulières, et dont l'eau est composée, selon la moderne chimie, de 89 parties *d'oxigène* et de 11 *d'hydrogène,* contenant en dissolution ou en suspension une foule de substances marines ou minérales et spécialement le *muriate* ou *hydro-chlorate de soude,* appelé *sel de cuisine,* recoivent sans doute la plupart des immondices de l'atmosphère et de la surface des continents, que les rivières y charrient sans cesse, et servent en même temps de tombeau général aux poissons et aux autres êtres divers qui vivent dans leur sein; et, par conséquent, elles ne peuvent qu'être plus ou moins impures ou malsaines, ainsi que l'air qui les recouvre; et elles le seraient encore bien davantage si elles n'étaient dans une perpétuelle agitation et surtout si les êtres divers qui vivent dans leur sein ne dévoraient pas les cadavres des morts à mesure pour ainsi dire de leur extinction : Aussi, ces vastes lieux maritimes, ainsi que leurs rivages, sont-ils ordinairement malsains et développent-ils des maladies spéciales, plus ou moins scorbutiques et souvent typhoïdes ou pestilentielles, qu'on n'observe pas ou que très rarement sur les continents.

Sans doute ces mers pourraient produire des émanations morbides, les exsuder dans l'air atmosphérique, et le vent les porter sur les continents, pour y développer, dans les êtres vivants, des affections plus ou moins funestes à leur existence; mais, dans ce cas, ces affections seraient perpétuelles, ou bien, si elles ne l'étaient pas, quelque cause spéciale devrait les produire; or, dans leur vaste sein, où chercher, où trouver cette cause? Et, dans le cas dont il s'agit, cette cause ne pouvant être qu'hydrique, vaporeuse, gazeuse ou miasmatique, et par conséquent de nature à devoir engendrer spécialement des fièvres plus ou moins ataxiques, comment aurait-elle pu engendrer l'épigéonosie, qui n'est certainement pas une fièvre, dans les êtres vivants des continents, surtout dans les végétaux? Aucune raison sans doute, physique ni médicale, ne peut autoriser à croire à une semblable production.

On voit bien les eaux stagnantes ou croupissantes,

surtout des lacs, des étangs, ou des marais, se corrompre, produire des émanations miasmatiques et engendrer dans leur voisinage des *entoxies* ou des fièvres
plus ou moins typhoïdes ou pestilentielles; mais ces
fièvres y sont çà et là pour ainsi dire perpétuelles, tandis que l'épigéonosie, quoique grave, n'est évidemment qu'une maladie passagère, comme les causes et
les circonstances qui l'ont produite, ainsi qu'on le verra
plus loin.

Par conséquent, c'est dans d'autres lieux que dans
les eaux du globe terrestre qu'il faut chercher la
source de cette générale affection.

SECTION TROISIÈME.

RECHERCHES

DANS LE SEIN DE L'ATMOSPHÈRE QUI ENTOURE

LE

GLOBE TERRESTRE.

Puisque cette grande cause épigéonosique n'existe pas
dans le noyau solide du globe, ni dans ses vastes mers,
se trouvera-t-elle dans le sein de l'*atmosphère*, qui les
pénètre jusqu'aux plus profonds abîmes et qui les entoure de toutes parts jusqu'à une hauteur que les physi-
ciens fixent à environ seize lieues verticales, mais qui

doit en avoir bien davantage vers les abîmes du ciel, et dont le poids équivaut à celui d'une colonne de mercure de 28 pouces ou de 32 pieds d'eau, et par conséquent et dans son ensemble, le pied cube d'eau pesant 64 livres et la surface du globe terrestre ayant environ 5,547,800,000,000,000 pieds carrés, au poids total ou général de 11,361,894,400,000,000,000 livres, qui compriment en tous sens la masse des corps et des êtres terrestres? De cette atmosphère, presque sans cesse agitée ou bouleversée, sous la puissance du soleil, de la lune et d'une foule d'autres astres célestes, par des zéphyrs, des brises, des vents, des tempêtes, des orages plus ou moins épouvantables, et d'une foule d'autres phénomènes météorologiques, dont l'air est composé, selon la moderne chimie, de 21 parties d'oxigène et de 79 d'azote et d'un peu d'acide carbonique, et qui tient en dissolution ou en suspension cette immense quantité d'évaporations, d'émanations, ou d'exhalations, terrestres et maritimes, qui développent dans son sein, sous la puissance infinie de la nature, les innombrables *météores* qu'on y observe et qui souvent viennent suspendre, étonner, ou terrorifier les mortels? En un mot, de cette atmosphère, qui constitue le récipient général de toutes les sortes de substances fluides ou gazeuses produites par la terre, les mers, les cours d'eaux et les êtres divers et sans nombre qui vivent à leur surface ou dans leur sein, et qui leur fournit sans cesse un des premiers éléments de la vie, sans lequel leur existence serait impossible ou tomberaient frappés de mort?

Il est évident sans doute que, puisque tous les êtres atteints de cette générale maladie vivent dans le sein de cette atmosphère, qu'ils en sont immédiatement et hermétiquement couverts et pénétrés de toutes parts, qu'ils sont même tellement liés à elle, et dépendants d'elle, qu'ils ne peuvent vivre sans elle, et surtout que cette atmosphère est si variable dans son état normal ou anormal, soit hydrique, soit vaporeux, soit gazeux, soit frigorique, soit calorique, soit électrique, soit lumique, soit en pesanteur spécifique, etc., etc., ce ne peut-être que dans cette même atmosphère que cette cause générale existe, soit d'une manière directe, soit d'une manière indirecte, soit d'uue manière combinée. Et, comme une *cause morbide* suppose et même entraîne la nécessité *d'un état morbide ou anormal dans les éléments ou les lieux de sa naissance,* il est rationnel et même indispensable de commencer par étudier et connaître, avant tout, cet état morbide ou anormal, et, par conséquent, les *intempéries diverses,* du moins les plus notables, qui, depuis le règne de cette maladie, ont existé dans le sein de cette atmosphère; afin de savoir laquelle d'entr'elles a engendré cette cause.

Mais, dans cette grande et profonde recherche, pour procéder logiquement et avec ordre, remontons à l'époque de la primitive apparition de la maladie générale à laquelle cette cause a donné lieu, ou du moins à l'époque qu'on lui suppose, c'est-à-dire à l'année 1845, et voyons les plus notables phénomènes ou les désordres principaux qui se sont développés dans le sein de l'atmosphère, depuis cette époque jusqu'à ce jour, passons-les successivement en revue, en un mot, faisons une sorte d'examen météorologique, ou mieux une sorte de voyage *Iatro-atmosphérique*, qui puisse nous conduire au but, à la vérité, à la *cause* que nous cherchons.

Bien des gens, pétris d'aveugles prétentions, trouveront sans doute cette sorte d'*excursion iatrique* singulière, originale, chimérique, parce qu'ils sont incapables de la concevoir ou de l'apprécier; ils diront surtout qu'il est impossible de savoir le temps qu'il a fait depuis dix ans et plus, quand je le sais et même jour par jour depuis plus de trente, de manière à pouvoir facilement organiser un curieux ouvrage de météorologie. Mais, n'écoutons pas l'aveugle arrogance des jaloux et orgueilleux ignorants, des oisifs, des dormeurs, des ineptes qui, habitués à prendre plutôt qu'à produire ou donner, croient sans doute que les alouettes tombent du Ciel toutes rôties, sans qu'ils puissent en prendre aucune que par l'ignoble larronisme, et qui sont toujours prêts à mordre ou à ruer, tels que des brutes, et suivons, hors et loin de leur myope portée, la route naturelle que le bon sens, la raison, la vérité nous trace.

Cependant, comme ce voyage iatro-atmosphérique pourrait nous mener fort loin, si nous voulions le faire d'une manière circonstanciée, détaillée ou minutieuse, nous ne nous arrêterons que sur les choses les plus utiles au sujet qui nous occupe, et, partout ailleurs, nous marcherons à pas de géant. Et, afin de ne pas perdre du temps, examinons d'abord le genre d'intempéries qui auraient pu produire ou développer plus particulièrement un pareil état morbide, pour nous y fixer spécialement.

Le bon sens, la raison, la vérité nous fait concevoir sans doute que la cause morbide que nous cherchons n'existe ni ne peut exister dans les *météores aériens*, ou *vents* divers, tels qu'alizés, moussons, brises, mistrals, sirocos, aquilons, tourbillons, tempêtes, etc.; ni dans les *météores aqueux*, tels que vapeurs, brouillards, nuages, rosées, bruines, pluies, neiges, grésils, grêles, orages, trombes, etc.; ni dans les *météores lumineux*, tels que zodiacales, aurores, iris ou arcs-en-ciel, halos ou couronnes, parhélies, paralésènes, spectres, mirages, etc.; ni dans les *météores ignés*, tels que follets, feux Saint-Elme, flammèches Castor et Pollux, étoiles filantes ou tombantes, bolides, aërolithes, éclairs, foudres, etc.; ni dans les *volcans et tremblements de terre*; ni dans le *lumino-calorisme* solaire, puisqu'il sècherait plutôt que de pourrir, et que, joint à l'humidité et au grand air, il vivifie et fait tout germer et végéter sur la terre.

Ce ne peut donc être que dans des *météores frigoriques* surtout joints ou combinés aux *hydriques,* c'est-à-dire, dans une *hydro-frigade* (1), si favorable au développement des désorganisations et des maladies plus ou moins puruliques, que cette cause de morbidité générale peut exister; surtout si ces intempéries *hydro-frigoriques*, ou *sicco-frigoriques* (2), se sont contre l'habitude dévelop-

---

(1) De ὕδωρ, eau; *frigus*, de ῥίγος, froid rigoureux.
(2) De *siccare*, dessécher.

pées dans le temps du réveil ou du cours de l'active et générale végétation, c'est-à-dire dans le cours du printemps, de l'été, ou de l'automne : auxquelles intempéries il faut joindre celles d'un défaut *d'électricité ou de vitalité atmosphérique.*

Voyons donc si ces sortes d'intempéries *anti-vitales* ont existé sur le globe terrestre, depuis la première apparition de l'organopurulie dans les êtres vivants de ce globe et même avant cette époque, et, pour plus de clarté, divisons-les en deux articles : 1° intempéries *hydro-frigoriques* ; 2° intempéries *électro-vitaliques.*

§ I.

INTEMPÉRIES HYDRO-FRIGORIQUES.

La plupart des froids, surtout rigoureux, sont ordinairement précédés d'orages ou de temps pluvieux, grêleux, grésileux ou neigeux, d'une abondance et d'une durée plus ou moins grandes, soit dans l'hiver, soit dans les autres saisons de l'année ; mais en général, en hiver, les neiges et les grésils sont plus fréquents et plus abondants qu'au printemps, et au printemps plus qu'en été et l'automne, saison estivale où ces froids sont souvent précédés d'orages et plus souvent encore de temps sombres ou couverts et quelquefois même simplement vaporeux, mais presque constamment de chaleurs solaires plus ou moins intenses, dont le passage des uns aux autres est d'autant plus funeste à l'organisation et à la vie des êtres que la transition est plus subite : Cependaut, ces transitions sont en général moins dangereuses en hiver que dans les autres saisons, parce que le corps et la vie de ces êtres y sont plus habitués; tandis qu'elles le sont beaucoup plus au printemps et surtout à l'été et l'automne, parce que ce corps et cette vie y sont moins habitués et que leurs pores exhalatoires cutanés et pulmonaires sont plus ouverts et plus sensibles aux resserrants ou obstruants effets de ces subites transitions.

Jetons un rapide coup d'œil sur ces divers et nuisibles états transitoires, depuis l'année 1843 successivement jusqu'à présent, 1854, en nous bornant autant que possible à noter les rigueurs frigoriques, surtout dans les temps et les saisons où elles sont le plus dangereuses, c'est-à-dire, au printemps, à l'été et à l'automne.

I.

ANNÉE 1843.

L'année 1843 fut remarquable par un grand et long *météore lumineux*, improprement appelé *comète* par les savants du jour, qui parut sans interruption du 16 mars au 16 avril dans le ciel du sud-ouest, duquel je donnai longuement la description dans plusieurs numéros de l'*Echo de la Baïse* de cette époque, et qui fut accompagné ou suivi de tremblements de terre, de tempêtes et de trombes diluviennes, qui causèrent beaucoup de désastres, dans une foule de pays et surtout dans les Hautes-Pyrénées, spécialement dans le village de *Saint-*

Martin, qui en fut bouleversé, des arbres énormes brisés ou déracinés, des personnes et des poutres enlevées par la tourmente jusqu'à de grandes hauteurs, l'Adour momentanément mise à sec, etc., etc., ainsi que dans plusieurs autres villages du voisinage. Cette année fut très pluvieuse, surtout au printemps et en été, ainsi que je l'avais prédit dans le journal précité : car, il ne se passait pas deux ou trois jours de beau temps qu'ils ne fussent aussitôt suivis de pluie; intempérie qui dérangea beaucoup la moisson, sa rentrée et son dépiquage.

J'avais donc prédit l'arrivée de ce temps éminemment tempestif et pluvieux, dans l'*Echo de la Baïse*, où je fis même insérer à ce sujet un avis spécial, adressé aux propriétaires agriculteurs, sur la manière de faire utilement cette année la récolte. Eh bien, qui eut l'honneur public de cette frappante et utile prédiction? Le croira-t-on, ce fut un larron de Milord anglais, qu'on disait habiter un pic élevé de la vallée de Campan, dans les Hautes-Pyrénées, quand depuis plusieurs années il était perdu dans les Indes Orientales ! tant la larronne politique du temps adorait les Anglais et voulait bon gré mal gré les fourrer partout et leur accorder tout, au détriment d'autrui, jusqu'aux inventions, prédictions, génie et honneur, comme si le monarque d'alors avait été lui-même Anglais ou de leur famille ! Ou bien, comme si l'obscure et secrète *franc-maçonnerie*, partout répandue et source abondante de politique, de larronisme et de criminalisme, qui exploite et veut sans

doute tout exploiter et même primer ou régner super-
lativement dans l'Univers, eût à ce sujet juré, par ses
générales relations ou ses universelles correspondances,
de maintenir le jaloux et coupable proverbe : *Pro-
phète ne prophétise pas dans son pays !!!*

L'année 1843 fut abondante en maïs, mais elle n'eut
qu'une médiocre quantité de blé et d'avoine; elle fut
également abondante en vin blanc, sauf peu d'exceptions, mais ce vin tourna, fila et devint huileux dès
l'arrivée et le cours du printemps, ainsi que dans l'été.

II.

ANNÉE 1844.

L'année 1844, également pluvieuse mais moins qu'en
1843, offrit une gelée blanche le 15 avril et un temps
fréquemment pluvieux et froid pendant tout le cours
du printemps et le commencement de juillet; mais elle
eut un été très sec et chaud mêlé par temps de notables
froidures; intempéries, qui firent tomber en août la feuille
de beaucoup d'arbres, tels que pruniers, cerisiers, aul-
nes, peupliers, ormeaux, etc., mais qui repoussa dans
le cours de l'automne et même avec quelques fleurs.

Le 27 septembre, il y eut un grand et désastreux
orage, avec grêle, et, le lendemain, un froid glacial,
qui se continua jusqu'au mois d'octobre, mois automn-
nal qui fut si fécond, sur terre et sur mer, mais surtout sur les côtes d'Europe, d'Afrique et d'Amérique,
en tremblements de terre, en tempêtes dévastatrices,
en trombes et en pluies diluviennes des plus submer-

geantes; ainsi que *Cette* en France, *Florence* en Italie, et *Cuba* en Amérique en offrirent simultanément des exemples frappants.

La récolte du blé et du vin fut abondante, surtout sur les plaines, ainsi que celle des fruits divers, non du maïs, pommes de terre, prunes ni poires; et les fruits en général se gâtèrent de bonne heure ou ne furent pas de longue conserve, même les pommes de terre.

Il y eut aussi, cette année, beaucoup d'épizooties meurtrières, sur les animaux domestiques, dans la Silésie et presque dans toute l'Allemagne.

III.

ANNÉE 1845.

Dans l'hiver 1844-1845, il y eut de très grands et rigoureux froids, qui gelèrent beaucoup d'yeux ou boutons des vignes des plaines, et de très grandes et dévastatrices tempêtes qui déracinèrent çà et là beaucoup d'arbres; il y eut surtout beaucoup de neiges, beaucoup d'animaux sauvages morts de froid ou de faim, beaucoup de bords des fossés et de tertres entiers éboulés, beaucoup de pierres fendues et exfoliées, etc., etc.; en un mot il y eut beaucoup de ravages frigoriques.

Cependant, au premier avril, la végétation éclata remarquablement de toutes parts; sauf les figuiers, qui furent en général gelés ou tués, ainsi que beaucoup de boutons et même des sarments entiers des vignes, surtout dans les plaines, à l'exception du voisinage des rivières jusqu'à trois ou quatre cents mètres de distance, comme si la température y eût été naturellement plus élevée, ainsi qu'on l'observe également dans le voisinage des mers.

Dans les premiers jours de mai, surtout du 8 au 14, il y eut beaucoup de pluies mêlées de grésil, avec grand froid et gelée blanche le 17. Tout le reste du mois fut également très pluvino-grésileux et froid, ainsi qu'une grande partie du mois de juin qui eut des pluies diluviennes.

Le mois de juillet fut très chaud; celui d'août, brumeux et très froid, et celui d'octobre offrit de précoces gelées générales.

Cette année, la récolte fut très retardée et beaucoup de pommes de terre se gâtèrent de la maladie.

IV.

ANNÉE 1846.

L'hiver de 1845-1846 fut très froid ou rigoureux en Afrique et en Amérique, mais non en Europe où la végétation fut précoce et commença d'y éclater dès les premiers jours de février.

Le milieu d'avril fut grésileux et froid après chaque pluie, ainsi que le mois de mai; ce qui rabougrit et fit pâlir la végétation et même tomber beaucoup de fleurs, surtout des fèves.

Sur la fin de juin, il y eut des tempêtes diluviennes, suivies de grands froids, qui portèrent beaucoup de préjudice à la récolte, surtout aux avoines, aux blés et aux fruits : il n'y eut en général que demi-récolte, et l'année fut très disetteuse.

Le 14 octobre soir parut une grande et belle *aurore boréale*, suivie dans beaucoup d'endroits de pluies torrentielles, qui, du 16 au 19, causèrent les extraordinaires et dévastatrices inondations de la Loire.

Le 4 novembre parut une seconde *aurore boréale*, et la fin de décembre fut remarquable par de violentes tempêtes, qui déracinaient ou brisaient les plus grands arbres, ainsi que par des froids très rigoureux, qui détruisirent beaucoup de fèves, de lins, d'avoines, de thuies, et d'autres plantes sensibles aux fortes gelées.

Les pommes de terre se gâtèrent également cette année, moins fortement cependant que la précédente, mais assez pour fixer particulièrement l'attention de la société royale et centrale d'agriculture et celle du roi Louis-Philippe.

V.

ANNÉE 1847.

L'année 1847 eut, le 21 et le 22 mai, de très fortes chaleurs immédiatement suivies de pluies et d'un grand froid humide, qui fut très nuisible à la récolte et surtout aux fruits précoces.

Dans le mois de juillet il y eut, après des chaleurs et des froids notables, une grande coulure des vignes, mais les raisins restants furent très beaux.

Cette année l'abondance des fruits de la terre fut en

toutes choses presque générale, sauf pour les précoces; mais les raisins et les fruits pulpeux ou charnus, ainsi que les pommes de terres, se gâtèrent ou pourrirent de bonne heure et furent en général d'une très mauvaise conserve.

Le 17 décembre soir il y eut une très magnifique *aurore boréale*.

VI.

ANNÉE 1848.

Dans le mois de janvier, surtout vers sa fin il y eut beaucoup de neiges et de très grands froids, avec glaces très épaisses, surtout dans les montagnes et spécialement dans les Pyrénées, où ils furent presqu'aussi rigoureux qu'en 1830; il y eut surtout beaucoup de pluies mêlées de froids plus ou moins vifs et beaucoup de débordements des rivières; aux premiers jours de mars il neigeait, grésilait et pleuvait encore, avec grand froid, gelée et glace: cependant, sur la fin de ce mois, la végétation éclata de toutes parts.

Le mois d'avril fut très pluvieux, grésileux et par temps très froid, surtout vers sa fin, spécialement le 24 et le 26; ainsi que, quoique diminutivement, le mois de mai, surtout le 20 et le 31, et le commencement de juin, qui fut ensuite très pluvieux jusqu'à sa fin.

Le mois de juillet, surtout dans son commencement, eut de grandes chaleurs, entremêlées de grands froids. Le mois d'août eut les journées en général très chaudes et les nuits très froides, même quelquefois gélantes. Le 15 et 16 septembre il y eut une forte gelée blanche qui raidit les légumes et les herbages et qui causa beaucoup de mal à la végétation et aux fruits divers, surtout dans les plaines, vallées et bas-fonds, quand pendant le jour il faisait d'ardentes chaleurs solaires; ainsi que dans le milieu d'octobre et le commencement de novembre; mais ensuite un temps printannier se développa et accompagna longtemps l'hiver.

Cette année, il y eut dans les céréales beaucoup d'épis avortés et de charbonnés. Dans les vignes, il y eut une grande coulure et beaucoup d'attelabes, de gribouris et d'autres coléoptères, et, chose remarquable, c'est que les raisins, surtout dans les plaines, vallées et bas-fonds, se gâtèrent ou pourrirent avant leur maturité, surtout les rouges et particulièrement par l'extrémité des baies, lesquels firent un mauvais vin, qui resta longtemps trouble et ne put supporter facilement le transport sans tourner. La plupart des autres fruits se gâtèrent et ne furent pas de conserve. Les pommes de terres se pourrirent en masse. Beaucoup de maladies épidémozootiques sévirent sur les personnes et sur les animaux, surtout les esquinancies, toux, grippes, fluxions de poitrine, fièvres, varioles, choléras, etc., spécialement dans les plaines, vallées et bas-fonds. Enfin, beaucoup de viandes salées, surtout celles de porc, se gâtèrent, se pourrirent, ou furent d'un mauvais goût et de très mauvaise conserve.

VII.

ANNÉE 1849.

L'hiver de 1849 fut sec et poussiéreux, comme en été, avec quelque légère pluie par temps, grande chaleur le jour, gelée la nuit, et les rivières très basses.

Le 25 mars il y eut un froid glacial, glace sur la pointe des herbes, bize nord, neige sur l'après-midi, et ce temps hivernal se continua diminutivement jusqu'au 31 du même mois. Le premier avril, le tonnerre gronda et le temps fut pluvieux et froid pendant plusieurs jours consécutifs; le 18 il neigea; le 19 grande gelée noire; le 20 grande neige, comme en gros hiver; et le 21 gelée blanche. Le 18 mai fut un rigoureux jour d'hiver. Le 14 juin il neigea beaucoup sur les montagnes, surtout sur les Pyrénées; le 22 violente tempête d'ouest; les jours suivants très chauds, et, à la fin du mois, tonnerre avec grêle. Le 18 août il neigea beaucoup, sous temps très froid, dans les Pyrénées, surtout à Cauteretz. Mais, la fin de l'automne et une grande partie de l'hiver eurent un temps beau, doux et humide, ou brumilleux, comme si un printemps se fût introduit dans l'hiver.

VIII.

ANNÉE 1850.

En 1850, il y eut, depuis le 10 mars jusqu'au 31 ou la veille de la Pâque, presque continuellement des gelées blanches, avec glace et temps très sensiblement froid;

ainsi que dans les premiers jours d'avril, et presque dans tout le cours de ce mois et le commencement du mois de mai, où il y eut, surtout le 3, des gelées blanches, avec un temps glacial qui roidit les légumes et les herbages, et, le 7, une très violente tempête. Ensuite, beau temps presque continuel jusqu'au quinze juillet; pluie jusqu'au 15 août; beau temps en septembre et octobre, qui se continua en novembre et qui offrit un tremblement de terre dans les Pyrénées, ainsi que divers ouragans en France, surtout en décembre.

Cette année, les blés ne furent pas abondants, ni les fruits non plus, qui en général ne mûrirent pas bien et se gâtèrent; une grande quantité de raisins, surtout des blancs, se pourrirent sur pied avant leur maturité; les trois quarts des pommes de terre se pourrirent; beaucoup de gales, de varioles, de rhumes, de fièvres, etc., etc., se développèrent sur les personnes et sur les animaux domestiques, en un mot, ce fut une année excessivement malsaine.

IX.

ANNÉE 1851.

L'année 1851 fut très hydro-frigorique et engendra, dans une foule d'être vivants, beaucoup d'organopurulies.

Le 11 février il y eut une forte gelée blanche et deux lignes de glace.

Le mois de mars fut très pluvieux et froid sur les

plaines et les vallées, et très neigeux sur les montagnes, surtout dans les Pyrénées.

Le 14 avril il y eut de grands tonnerres, avec grêle, suivis de pluies, grésils, neiges et d'un temps très froid, jusqu'au 29, époque où il gela et neigea beaucoup, sous vent glacial du nord-ouest, de manière à couvrir les montagnes de neige jusqu'à leur pied, ainsi que les coteaux et les plaines du voisinage.

Le 6 mai il y eut une notable gelée blanche, qui fut suivie de pluies, grésils et neiges jusqu'au 16, époque où il y eut de grands débordements, qui furent suivis de nouvelles gelées, pluies, grésils et neiges jusqu'au 30 de ce mois, qui attristèrent beaucoup la végétation.

Le mois entier de juin fut en général et alternativement, de trois en trois jours, d'une chaleur ardente et calcinante pendant la journée et d'un froid glacial pendant la nuit, surtout dans la matinée.

Dans les premiers jours du mois de juillet, ce même et dernier temps reparut, ainsi que le 19 et sur la fin du mois, qui fut remarquable par des tempêtes dévastatrices qui détruisirent ou maltraitèrent infiniment, en France, beaucoup d'édifices et de villages.

Le mois d'août fut également distingué par des journées très chaudes et des nuits très froides; temps qui fut suivi, du 24 au 25 de ce mois, de tremblements de terre, qu'on ressentit spécialement dans le Lyonnais, et, sur sa fin, de quelques neiges.

Du 1er au 7 septembre, il neigea beaucoup sur toutes les montagnes de France et d'Europe; le 8, la journée fut très belle et très chaude; et, le 9 et le 10, il y eut de fortes gelées sous un temps très sensiblement froid.

Le 4 octobre il y eut une *aurore boréale*, très visible, surtout en Flandre. Presque tout le cours de ce mois fut très beau.

Les premiers jours de novembre eurent de fortes gelées, avec épaisse glace, surtout le 17 et le 18, où il y eut en outre une grande neige, suivie jusqu'à la fin du mois d'un temps très beau le jour et glaçant la nuit, sous bise d'Orient, ainsi que pendant tout le cours de décembre, qui fut terminé par un grand tonnerre, comme si ç'eût été le printemps.

Cette année il y eut : 1° beaucoup de pucerons sur les fèves, les blés et les maïs; 2° beaucoup de vignes, surtout de l'Italie, atteintes de l'oïnosie; 3° beaucoup d'organopurulies et surtout de génitopurulies sur les personnes et sur les animaux domestiques, spécialement dans l'espèce chevaline, qu'on crut atteinte de la syphilis; 4° beaucoup de pestes ou charbons sur les bêtes à corne; en un mot, ce fut une année très malsaine et très funeste à la santé d'une foule d'êtres vivants, presque dans toute l'Europe, qui commença de fixer particulièrement l'attention des observateurs.

X.

ANNÉE 1852.

Le 14 mars et successivement jusqu'au 28 il y eut des gelées blanches le matin, souvent avec glace sur les fossés, sous bise d'est, et, pendant le jour, très beau temps.

Les premiers jours d'avril furent très froids et le jour des rameaux il y eut grande gelée blanche; le 16 grand tonnerre, avec grosse pluie; le 17 et le 18, temps pluvieux et froid; le 20, gelée blanche, avec glace sur les herbages, et journée très chaude.

Les premiers jours de mai furent très pluvieux et très froids; le 17 et le 18, grandes tempêtes; le 28, grands tonnerres, suivis pendant plusieurs jours d'un temps très froid.

Vers le milieu de juin, il y eut de grandes pluies, suivies de temps froids, ainsi que pendant le mois d'août; et, le 23 septembre, grande gelée blanche.

Mais dans l'automne il fit en général un temps beau, sauf peu d'exceptions, qui continua jusqu'après la Noël, où l'on voyait les insectes voltiger et les vers luisants briller, comme au printemps ou à l'été.

Cette année fut funeste aux figues et à beaucoup d'autres fruits, mais surtout aux vignes du Languedoc et de l'Italie, lesquelles furent gravement maltraitées par l'*oïnosie*, ainsi que les animaux domestiques et les personnes le furent par différentes sortes d'organopurulies.

XI.

ANNÉE 1853.

Presque pendant tout le cours du mois de février il fit grand froid, neigea, gela, ou glaça, jusqu'à produire

sur la terre deux ou trois centimètres de neige et sur
l'eau stagnante deux ou trois centimètres de glace, et,
sur la fin du mois, ardent soleil mêlé à ce grand froid.

Les premiers jours de mars très pluvieux, suivis de
fortes gelées et de grands débordements des rivières.
Vers le milieu de ce mois, tonnerre, pluie, neige, suivie
de grand froid, sous vent nord-est; le 19 surtout il neigea
beaucoup; le 20 il y eut 3 degrés $\frac{1}{2}$ centigrades sous
zéro et glaçante bise du nord-ouest, et ce temps glacial
et neigeux continua pendant tout le restant du mois. Les
montages étaient couvertes de neige jusqu'à leur pied.

Les premiers jours d'avril eurent des gelées blanches
avec pluie le soir jusqu'au 9, époque où la végétation se
réveilla, mais qui fut bientôt surprise par de nouvelles
gelées et de nouveaux froids, qui continuèrent jusqu'au
30 de ce même mois.

Le 2 mai, il y eut une grande gelée blanche, suivie
d'un grand tonnerre, qui se forma dans un clin d'œil et
qui versa beaucoup de pluie sur l'après-midi, sous un
vent nord-est; ensuite, il plut ou grésilla par temps, sous
un froid vif et rigoureux comme en hiver, jusqu'au 19,
où il y eut tonnerre et débordement des rivières, suivis
d'un temps très humide et très froid, qui amena de
l'orient, le 23 et le 24, une violente tempête qui coupa
ou déracina beaucoup d'arbres et versa la récolte pen-
dante par racines, et qui fut suivie d'un temps calme,
pur et très froid.

Le mois de juillet fut en général très chaud et très sec,
sous 34 degrés centigrades à l'ombre et 53 droit au so-

leil sur le milieu du jour, par temps alterné de jours sombres et très froids qui produisaient sur les êtres vivants de subits et très nuisibles contrastes.

Le commencement d'août eut quelque légère gelée, ainsi que sa fin, accompagnée de pluie passagère.

L'automne fut en général très beau, très chaud, comme en été, sauf quelque légère variante, jusqu'au 20 novembre, où il y eut une grande gelée blanche, avec glace et 3 degrés de froid, qui continua jusqu'au 1er décembre, où ce froid descendit tout à coup à 7 degrés centigrades, suivi de givres pendant quelques jours, puis de brouillards, puis de pluies, puis de nouvelles gelées et de forts froids jusqu'au 15 du mois, où il y eut une violente tempête et un grand grossissement des rivières; enfin, le froid rigoureux reprit peu à peu, mêlé de quelque neige, jusqu'au 30 de ce même mois de décembre, où il descendit en plein air et presque tout à coup à 14 degrés $\frac{1}{2}$ centigrades, à Plaisance en Gascogne, et à 26 degrés, dit-on, à Lille en Flandre, et, chose remarquable, le lendemain matin à la même heure il y eut à Plaisance 2 degrés $\frac{1}{2}$ sur zéro, et, pendant le jour, un soleil et une chaleur d'été: quelle subite transition! quel étonnant et nuisible contraste! ainsi que nous en avons vu, mais moins remarquables, dans le cours presqu'entier de cette désastreuse année!!

Aussi, et nous l'avons vu, cette année 1853 fut une année infiniment fertile en toutes sortes d'*organopurulies*, qui frappèrent la grande majorité des êtres vivants, spécialement les vignes, les fruitiers, les pommes de terre, etc., etc., que j'ai déjà décrites, qui font le principal sujet de mon Epigéonosie et que, pour ce motif, je n'ai pas besoin de rappeler. Je dirai seulement, en cas de future utilité, que cette année fut prodigieusement abondante en *limaces* et en *escargots*, ainsi qu'en *pucerons*, surtout dans le cours du printemps et le commencement de l'été.

XII.

ANNÉE 1854.

Le 1er janvier 1854, il y a eu un grand dégel, pluie et tempête, sous 5 degrés de chaleur, et, ensuite, presque tout le mois de janvier a été beau, avec petites gelées le matin, et forte chaleur le jour; ainsi que le mois de février, qui a été plus beau encore, sauf dans ses premiers jours qui ont été d'un froid glacial; et surtout le mois de mars, qui, ainsi qu'une grande partie du mois d'avril, mis de côté les petites gelées matinales, ont été magnifiques.

Du 21 au 24 avril, il y a eu orage avec pluie, et le 25 forte gelée noire, comme en gros hiver; ainsi que le 26, avec 3 degrés de froid, ou —3, qui a gelé les jeunes pousses des vignes, des figuiers, des pommes de terre, des haricots et beaucoup de fruits, de légumes, d'herbages, etc., etc., dans une foule d'endroits des plaines, des vallées et des bas-fonds, surtout de l'*Arros* et du *Boués*, dans le *Gers* (1).

____

(1) Cette gelée a généralement fait plus de mal aux jeunes pousses des vignes blanches qu'à celles des rouges, sur les souches

Le 5 mai, après un temps chaud de plusieurs jours, il y a eu un peu de gelée blanche, après laquelle le temps est devenu fréquemment pluvieux et l'est encore, le 24 mai, sous une calme et douce température.

La végétation automno-hivernale, telle que celle des céréales, des fèves, des pois, des prairies naturelles, des prairies artificielles, etc., etc., a beaucoup souffert jusqu'à présent de cette longue sécheresse hivernale, gelante la nuit et brûlante le jour, et en est restée triste et rabougrie; mais les blés, quoique généralement courts ou petits, sont purs, presque sans herbage, et d'une assez belle verdure.

Dans les premiers jours d'avril, spécialement du 8 au 12, ainsi que je l'ai déjà dit, la végétation printannière

---

basses plus que sur les hautes, à l'extrémité des courroies ou sarments fructifères plus qu'à leur base, sur les sols humides et bas plus que sur les secs et élevés, en un mot, dans sa marche généralement très irrégulière ou laissant par ci par là des lieux intacts, elle a suivi à peu près les mêmes parages et les mêmes expositions, sauf peu d'exceptions, que l'*oïnosie* de l'année dernière.

Toutes les pousses gelées se sont flétries et séchées, ainsi que leurs raisins, surtout vers leur extrémité ou sommet; mais celles qui ne l'étaient pas et le nombre en est grand, non plus que les boutons qui n'avaient pas encore éclaté, sont maintenant en belle végétation et chargés de beaux raisins; car la prévoyante et sage nature ne les fait végéter ni ne les détruit jamais tous à la fois, et en conserve toujours quelqu'un en arrière-garde, en cas sans doute d'intempéries désordonnées : de sorte que ces vignes gelées, si le proverbe *vin de mai remplit le chai* est vrai, auront encore du vin, ou au moins du bois.

Mais il est très probable que les vignes qui, en apparence, n'ont pas été gelées, telles que celles de la grande majorité des coteaux et même de plusieurs bas-fonds et plaines, auront également souffert plus ou moins de ce grand froid, ainsi qu'on le reconnaîtra très probablement dans le courant de cette année, de manière à aggraver notablement leur morbide état oïnosique.

éclata presque tout à coup, en développant les plus flatteuses espérances, surtout les vignes et les fruitiers ;
mais la rigoureuse gelée du 25 et du 26 lui porta, dans
une foule d'endroits, beaucoup de préjudice, surtout
dans certaines plaines, vallées et bas-fonds du midi de
la France, rien ou presque rien sur d'autres ni sur les
hauts coteaux, et d'une manière des plus jalouses ou
des plus irrégulières : de sorte que la gelée n'est pas
constamment générale, comme on le croit et qu'on l'a
cru de tout temps, mais qu'elle est, ainsi que la plupart
des chaleurs ou *calorades* (de *calor*, chaleur), des orages, des grêles, des pluies, des nuages, des brouillards,
des vents, des tempêtes, et une foule d'autres météores
atmosphériques, presque toujours plus ou moins loca-
lisée ou partielle.

Par suite de cette forte et tardive gelée printannière,
qui a fortement frappé la végétation hivernale et surtout la printannière, non-seulement les parties vertes
des végétaux ont été profondément gelées ou endommagées, mais encore la plupart des légumes et des fruits
précoces : les grains des fèves et des pois sont plus ou
moins maculés de taches blanchâtres ou roussâtres,
ainsi que les gousses qui les contiennent, ce qui les
retarde, les empêche de bien se développer et leur
donne un mauvais goût; les fraises sont dans le même
cas, mûrissent mal, ont des points gâtés, et n'ont pas en
général un bon goût. Les framboises, les cerises, les
prunes, les pêches et les autres fruits, surtout précoces
et juteux ou charnus, surtout les raisins, les pommes et

les poires, offriront-ils les mêmes caractères de morbidité? C'est très probable, surtout si quelque nouvelle
gelée tardive, précédée de quelque pluie, vient encore
et derechef les frapper, et, par ce moyen, aggraver l'*oïnosie* et la *carponosie* (1) qui existent en général depuis
les années précédentes dans le sein de l'organisation des
arbres ou des arbustes qui les portent, et qui n'attendent peut-être que quelque intempérie *hydro-frigorique* pour se développer et causer de nouveaux ravages
plus ou moins organopuruliques : tels que des loups ou
des louves, secrètement enfermés et cachés dans la ber-
gerie, n'attendent que l'arrivée du troupeau pour éclater,
les égorger et en faire une sanglante litière! Mais Dieu
nous garde d'un pareil fléau, et, pour le bien général de
l'espèce humaine et des autres êtres de la nature, prions
avec ferveur qu'il veuille le conjurer! Prions surtout
(car les bonnes prières ne peuvent jamais être nuisibles)
qu'il veille sur la fin du courant mai, sur le milieu et
la fin de juin, ainsi que sur les époques à peu près pareilles de juillet et d'août prochain!!

Cependant, il faut que je le dise, un sinistre présage
existe à ce sujet, dans le gel actuel et la mauvaise qualité des fraises, des fèves et des pois, ainsi que dans l'existence d'une grande quantité de pucerons, de limaces
et d'escargots, quoique moins nombreux que l'année
dernière, dans une foule d'endroits; lesquels annoncent,

____

(1) Du grec καρπος, fruit; et de νοσος, maladie.

à peu près, quoique diminutivement, le même genre et la même nature des intempéries, qui pourraient se succéder dans le courant de la présente année 1854, et, par ce moyen, conduire la récolte, surtout vinifère, aux mêmes résultats.

Les prières des mortels de notre siècle, éminemment et généralement corrompus, sauf peu d'exceptions, n'ont sans doute pas eu auprès de Dieu l'accueil favorable qu'il aurait sans doute accordé à des mortels bien nés, francs, bienveillants et vertueux : car ma prévision, précédemment écrite (1), a déjà commencé de se réaliser, et je crains beaucoup qu'elle ne continue, pour le malheur de nos récoltes, aux époques ultérieures que j'ai fixées.

Le 25 mai, jour de l'Ascension, il y a eu dans la matinée et dès la pointe du jour, surtout sur les plaines et les bas-fonds, une forte *gelée* qui a blanchi et raidi les litières et les herbages, sous une très froide bise du sud-est et un ciel pur, sauf au pied de l'horizon septentrional qui était couvert d'un petit rideau de noirs et homogènes nuages, sous lesquels sans doute, formant en ce lieu un naturel *parasol* ou mieux *parafroid*, il n'aura pas gelé; rideau nuageux qui a été disparu vers les 9 heures de cette matinée, époque où l'on voyait à l'horizon du sud les Pyrénées très claires et très chargées d'une brillante neige.

---

(1) J'avais fait cette prédiction la veille du jour où je fis les observations suivantes et qui n'étaient pas encore imprimées.

La chaleur solaire, qui allait croissant en force à mesure que le soleil montait, était très ardente : à une heure après midi, mon thermomètre à mercure, librement suspendu à tout vent dans le sein de mon enclos, marquait 26 degrés de chaleur à l'ombre et 47 perpendiculairement au soleil; et en ce moment et jusqu'à quatre heures, le ciel, qui était d'un bel et général azur, a montré un curieux spectacle, sous la brillante et ardente clarté du soleil et un temps très calme : il se mouchetait et se démouchetait alternativement et çà et là, ou de distance à distance, de petits nuages argentins et à périphérie plus ou moins déchirée, comparables à de grands flocons de laine blanche, qui se formaient et qui disparaissaient ou se fondaient, presque sur place, dans quelques secondes de temps, comme s'ils eussent été frappés d'un froid condensant, immédiatement suivi d'une chaleur fondante, et ainsi de suite alternativement.

Après le coucher du soleil et jusqu'au crépuscule, il y a eu 15 degrés de chaleur. La nuit a offert, sous un temps doux, un ciel étoilé des plus beaux, qui, sur l'après-minuit, a offert de nouveaux et petits nuages changeants ou caméléoniens, qui marchaient lentement du sud-est au nord-est, sous un terrestre zéphir du sud et un temps très calme et très doux.

Dans la matinée du 26 mai, au lieu du froid rigoureux de la veille, il y a eu, avant le lever du soleil et également en plein air, 7 degrés de chaleur (quel subit contraste !); et la journée a été très chaude jusqu'à midi, où elle a été rafraîchie par un petit vent agité

38

d'ouest, et le ciel s'est parsemé çà et là de brunâtres nuages, plus grands et plus bas qu'hier, marchant assez vite de l'ouest à l'est, prélude certain d'un nouveau et prochain changement de temps. Il a plu, en effet, le lendemain, 27.

Enfin, la forte gelée d'hier matin aura, je crois, porté beaucoup de préjudice aux blés, qui, en général, commencent d'entrer en floraison, ainsi qu'aux fruits, et surtout aux vignes et aux raisins.

Cette grande fragilité des fruits divers, surtout arborescents, prouve évidemment, quoiqu'ils soient d'une grande utilité et qu'ils aient été la primitive nourriture du genre humain et d'une foule d'autres êtres de la nature, qu'il ne faut pas négliger la culture des céréales, surtout celle du blé, ni malgré l'oïnosie celle de la vigne, parce qu'elles constituent la base fondamentale et le principal soutien de la vie et de la civilisation, sans lesquelles le monde reviendrait à grands pas dans les temps sauvages et barbares! *Panum vinum, salvator mundi.*

INTEMPÉRIES ADDITIONNELLES.

Telles sont, sommairement, les notables intempéries *hydro-frigoriques*, qui ont régné depuis 1843 successivement jusqu'à présent, 26 mai 1854, et qui ont évidemment porté atteinte à l'état normal de tous les êtres vivants, dans le sein de l'organisme desquels elles ont puissamment contribué à développer les différentes sortes d'organopurulies qui font le sujet de mon épigéonosie, ainsi que je l'expliquerai plus loin.

Mais ces intempéries hydro-frigoriques sont-elles les seules qui aient existé dans la nature, pendant ces mêmes périodes de temps, pour développer dans ces êtres des maux aussi grands? Non, sans doute; il en est d'autres qui s'y sont jointes et qui y ont également plus ou moins contribué : ce sont les transitions *caloro-frigoriques* (1) ou subits passages du chaud au froid, ainsi que les transitions *lévi-pondiques* (2) ou subits passages de la légèreté à la pesanteur spécifique de l'atmosphère, et d'autres; intempéries qui les accompagnent ou qui leur sont ordinairement concomittantes, et que nous avons maintes fois eu l'occasion d'observer.

Mais, parmi ces intempéries additionnelles, ce sont surtout les *intempéries électro-vitaliques* qui y ont joué le principal rôle, et qui, pour ce motif, méritent un article spécial.

§ II.

INTEMPÉRIES ÉLECTRO-VITALIQUES.

J'ai constamment observé, depuis près de 40 ans, que les pluies d'orage, avec grands éclairs et tonnerres, ou chargées de beaucoup de calorique et d'électricité, stimulaient ou faisaient profiter beaucoup plus rapidement la végétation et développaient plus d'abondance et de qualité dans les récoltes que les pluies ordinaires et froides; et qu'ensuite le temps qui les précédait

---

(1) De *calor*, chaleur, et de *frigus*, froid.
(2) De *levis*, léger, et de *pondus*, poids.

était plus doux, plus chaud, plus agréable et plus amou-
reux, ou porté à la procréation, que toutes les autres
sortes de temps; et cela, en proportion de la plus grande
quantité d'électricité répandue dans l'air atmosphérique : ainsi que le prouvent évidemment et en grand
les pays intertropicaux comparés aux pays polaires
du globe, dont les premiers brillent pour ainsi dire d'un
cercle perpétuel de *vie*, et les seconds d'un lugubre
cercle pour ainsi dire de *mort*.

En effet, on voit presque constamment les années très
orageuses offrir une fertilité et une abondance végétale
et animale, ainsi qu'une qualité de fruits, beaucoup plus
grandes que les années qui ne le sont que très peu ou
point : il est donc évident que les orages versent sur
la terre un puissant élément de vie, sans lesquels, surtout en été, il n'y aurait même pas ou que peu de pluie.

Or, il est notoire que depuis quelques années, surtout depuis deux ou trois ans, et spécialement depuis
l'apparition des dernières *aurores boréales*, il n'y a pas
en général autant d'orages avec éclairs et tonnerres, ni
aussi forts, qu'avant cette époque, surtout dans le
printemps, l'été et l'automne; tandis qu'en hiver, il en
paraît assez souvent; et que ces orages viennent assez
fréquemment et contre l'habitude mais très irrégulièrement du nord ou du nord-est, ce qui prouve un notable changement dans les phénomènes atmosphériques.

Il est également notoire que, depuis l'époque de ces
mêmes aurores boréales, l'époque et le cours des saisons sont infiniment irréguliers, et que ces saisons sem-

bient même s'engager ou s'introduire réciproquement les unes dans les autres, par exemple, le printemps dans l'été, l'été dans l'automne, l'automne dans l'hiver, et l'hiver dans le printemps; de manière à surprendre et frapper morbidement la minéralisation, la végétation et l'animalisation, c'est-à-dire, tous les êtres de la nature, qui, malgré ce désordre intempestif, ne laissent pas que de se réveiller et de croître à peu près aux époques accoutumées : ainsi qu'on l'a vu dans mon précédent examen ou voyage *iatro-atmosphérique* (du grec, ιατρικη, médecine).

Or, n'est-il pas probable que les effets de ces aurores boréales auront joué un principal rôle dans ces divers désordres atmosphériques? D'après la physique moderne, ces aurores boréales ne sont-elles pas l'effet ou le produit de l'électricité? N'auraient-elles donc pas pu consommer, dans les hautes régions de l'atmosphère, une telle quantité de *fluide électrique* qu'elles en auront en grande partie privé cette atmosphère, de manière à nuire, par cette privation, à la formation de grands et fréquents orages, ordinairement voisins de ces hautes régions *aurorères*, dans lesquelles ils semblent puiser leur électrique aliment, pour verser ensuite ce principe éminemment *vital* sur la terre, soit par la foudre ou les éclairs, soit mêlé ou joint à leur pluie ou à leur grêle, quelquefois torrentielles et dévastatrices (1), soit

____

(1) La grêle constitue sans doute un redoutable fléau, quoiqu'ordinairement très circonscrit, partout où elle passe; mais la pluie

par les aërolithes (de λιθος, pierre), les bolides, les étoiles filantes et autres météores ignés, soit par d'autres voies de transmission, au grand préjudice de
la minéralisation, de la végétation et de l'animalisation, que ce fluide électrique est appelé à stimuler et à
vivifier? Ne voit-on pas ces orages en priver à leur tour
les régions plus basses de cette atmosphère, de manière
à les laisser, après leur chute ou leur passage, dans un
état beaucoup moins électrique, du moins pour un
temps, ordinairement proportionné à l'intensité de cette
électrique privation? Oui, sans doute, cela est clair,
évident, irrévocable, et je ne crains pas que mortel
sensé ose le contester.

Enfin, la frappante preuve qui vient sous tous les
rapports corroborer cette grande vérité, c'est que les
contrées les plus fertiles du globe, telles que celles du
midi, n'offrent jamais ou presque jamais d'aurores bo-

---

abondante et vivifiante qui l'entoure ou qui l'accompagne ordinairement, jusqu'à un grand rayon de distance, et sans laquelle cette
pluie n'aurait pas lieu, surtout en été, produit constamment un
très grand bien sur la terre et ses êtres vivants, mis de côté les ra-
vinages et les entraînements des terres meubles des pentes rapides,
qui compense grandement ses ravages.

Cette compensation serait surtout admirable, si les pays non
grêlés, qui profitent de ces orages, soit directement par les pluies,
soit indirectement par l'immense quantité de vapeurs aqueuses
qu'elles répandent par leur évaporation dans l'atmosphère, et que
les vents transportent et propagent de toutes parts, jusqu'à des distances quelquefois immenses, venaient humainement et judicieusement au secours de ceux qui en sont ruinés ou abîmés, et même
souvent pour plusieurs années consécutives. Il serait donc bien à
souhaiter qu'une pareille et louable philanthropie s'établît par
toute la terre.

réales, mais presque toujours des orages, tandis que les contrées les moins fertiles ou les moins vivantes, telles que celles du nord ou du pôle boréal, en offrent très fréquemment mais presqu'aucun orage; raison pour laquelle sans doute on a appelé ces curieux météores *aurores boréales;* météores, qui doivent très probablement être dépendants des phénomènes du ciel, coïncider avec eux, ou du moins se développer dans le voisinage de leurs hautes régions.

Mais ces phénomènes ou intempéries *électro-vitaliques,* ainsi que les intempéries *hydro-frigoriques, caloro-frigoriques* et *lévi-pondiques* doivent nécessairement avoir elles-mêmes quelque cause efficiente : or, puisque cette cause efficiente n'existe pas sur la terre, existé-t-elle dans le ciel? Sans doute, elle ne peut se trouver que là; ou bien, dans Dieu qui l'aura ordonnée.

Passons donc à cette céleste recherche.

———

CLASSE DEUXIÈME.

RECHERCHES

DE LA CAUSE DE L'ÉPIGÉONOSIE

DANS LE CIEL.

Quelle originale idée, s'écriera peut-être quelque aveugle mortel, de vouloir chercher la cause des maladies de la terre dans le ciel! de vouloir escalader le brillant empire d'Uranie, pour y chercher surtout la source première de l'*Epigéonosie*! Ne faut-il pas avoir l'esprit étrangement dévié, pour l'aller pêcher dans le ciel étoilé! Dans ces espaces incommensurables, dans lesquels on ne peut s'élever qu'avec des ailes angéliques ou par des moyens admirables! En un mot, dans ces célestes lieux, la patrie des astres et des Dieux!!! Mais, si un tel mortel existait et qu'il vînt me faire une apostrophe pareille, je lui dirais hardiment en face ou à l'oreille: *Ne savez-vous donc point que l'esprit a des ailes et qu'il peut porter sa vue jusqu'au fond du firmament! qu'il peut contempler le miraculeux empire d'Uranie, avec une facilité et une clarté infinie! qu'en un mot, sur la terre comme dans les Cieux, c'est un fils, un*

39

œil brillant de Dieu! Retirez-donc votre aveugle apostro-
phe, mortel inconsidéré, et respectez l'œil du philosophe.

Sans doute, c'est un peu téméraire d'oser tenter une recherche aussi haute, aussi profonde, qui se perd pour ainsi dire dans les infinis, et qui par conséquent est des plus difficiles; cependant, voici ce que j'ai à dire au sujet de ce transcendant objet.

Persuadé que la cause première de l'Epigéonosie n'existait pas sur le globe terrestre, je dirigeai mon œil scrutateur, l'année dernière et spécialement un soir de la fin de l'été 1853, vers la brillante et immense voûte du ciel, remplie de soleils, de comètes, de planètes, de satellites, disposés de toutes parts, dans le sein de l'in-commensurable océan éthéré, en groupes, constellations et systèmes, que traverse en ligne droite et par le mi-lieu la *galaxie* ou *Voie lactée*, parmi lesquels brille ma-jestueusement le Père du jour, notre *soleil*, tel qu'un dieu qui éclaire et vivifie la nature entière, et que la *lune*, telle qu'une déesse de la nuit, semble accompa-gner dans sa céleste mais illusoire course journalière et annuelle, et, le tout et dans son ensemble, constituer la grande et vivante *mécanique de l'Univers*, qui, tel qu'un point, nage dans l'immensité de l'espace et dans l'éternité de Dieu ! et je la contemplais avec attention, en sincère ami de la vérité, dans le but de savoir si quel-que dérangement n'existait pas dans cette miraculeuse mécanique, quand et à mon grand étonnement je vis que *deux étoiles fixes*, de moyenne grandeur, placées sur une ligne horizontale d'est à l'ouest et distantes à peu près l'une de l'autre d'une vingtaine de centimètres apparents ou célestes, qui étaient situées dans l'anse collatérale et occidentale de l'extrémité méridionale de la *Galaxie* ou *Voie lactée*, alors dirigée, le soir, à peu près du nord au sud ou sur le méridien du lieu, étaient beaucoup plus basses ou rapprochées du pied de l'horizon méridional ou mieux du pôle austral qu'à l'ordinaire.

Cette astronomique observation, qui me surprit beaucoup et qui fixa particulièrement mon attention, me donna aussitôt l'idée de porter ma vue vers les étoiles du nord; quel nouvel étonnement! je vis que l'*Etoile polaire*, cette naturelle et invariable *boussole* de l'antique navigation maritime, qui se trouve placée à vingt centimètres apparents environ du point central du pôle boréal, point qui est vertical et droit à l'axe sur lequel tourne d'occident en orient le globe terrestre, autour duquel point polaire cette étoile exécute journellement et annuellement son petit orbe d'environ cent vingt centimètres apparents d'étendue, en marchant en apparence ou illusoirement d'orient en occident, quand c'est réellement l'opposé, comme l'ensemble du ciel étoilé et de concert avec lui, surtout et très visiblement avec la constellation de *Cassiopée* et celle de la *Grande Ourse* ou *Chariot de David*; constellations, qui tournent opposément et sans cesse autour d'elle, sans jamais disparaître sous l'horizon, comme le font la plupart des autres étoiles, et dont les deux étoiles (α ϐ) qui forment les grandes roues du chariot de David, chariot qui marche à reculons, sont à peu près sur une ligne droite avec ce pôle et cette étoile, ou du moins avec deux points opposés de l'étendue de son orbe (1); je vis, dis-je, que l'*étoile polaire était environ de deux mètres apparents ou célestes plus élevée vers le zénith qu'à l'ordinaire*; ainsi que toutes les autres étoiles fixes du ciel du nord, jusqu'au zénith; tandis que toutes les étoiles fixes du ciel du sud étaient plus basses à peu près d'autant : et cet état général du ciel étoilé, quoique moins sensible que l'année dernière, est cependant encore assez apparent.

Or, est-ce l'ensemble du ciel étoilé qui s'est incliné ou porté vers le sud, ou bien, est-ce la terre entière qui s'est inclinée ou portée vers le nord?

----

(1) Pour reconnaître cette étoile polaire, dans le ciel du Nord, on n'a qu'à prolonger imaginairement une ligne droite de ces deux étoiles, qui forment les grandes roues du chariot de David, vers ce pôle, c'est-à-dire vers le centre du cercle que cette constellation parcourt dans le ciel; et, la première étoile de moyenne grandeur que cette ligne droite rencontrera, ou qui sera placée très près de son passage, sera cette étoile polaire.

Ensuite, pour voir ou observer le mouvement orbiculaire de cette étoile polaire et s'assurer qu'elle est réellement la plus voisine du point central du pôle boréal, on n'a qu'à choisir un soir pur et sans nuages ou bien étoilé; planter deux jalons inégaux en longueur, l'un près de l'autre, et en ligne droite vers cette étoile polaire, dont l'oculaire sera le plus court ou le plus bas, et l'objectif le plus long ou le plus haut, de manière que leur bout ou extrémité supérieure soit sur une ligne droite vers cette étoile; et, en s'abaissant derrière le jalon court ou oculaire et fixant avec un œil seul cette étoile, pendant toute la nuit, ou une partie de la nuit, et même seulement par temps pendant quelques heures, on reconnaîtra facilement la ligne du mouvement circulaire qu'elle exécute autour du point central de ce pôle boréal, diamétralement opposé au pôle austral.

Enfin, par cette dernière observation, on reconnaîtra également que cette *étoile polaire* est, en cette saison printannnière, d'une quarantaine de centimètres célestes ou apparents environ plus élevée vers le zénith le *matin* que le *soir*.

Voilà sans doute une grande et transcendante question d'astronomie; une question, comparable à celle, dans l'antiquité, de savoir si c'était le soleil et l'ensemble du ciel étoilé qui tournaient, ou bien, si c'était la terre; question, qui agita tant l'univers, et surtout les astronomes et la religion, et dont la solution causa même au malheureux *Galilée* les chaînes inquisitoriales que la papale cour de Rome lui fit injustement et longtemps porter.

Serai-je aussi indignement maltraité, dans le siècle où nous sommes, si j'ose, au sujet de cette céleste question, hardiment me prononcer? Je ne puis sans doute le croire, ou bien les hommes seraient éternellement ou sans fin ignorants, jaloux, vilains et barbares! En un mot, des hommes indignes du terrestre séjour, fait pour être un *divin paradis terrestre*, et non un *diabolique enfer!*

Je dirai donc que, la terre n'étant qu'un imperceptible atôme dans l'immensité de l'univers, duquel elle fait partie intégrante et qu'elle suit partout dans son cours séculaire, je ne puis nullement croire que l'ensemble du ciel ait pu s'incliner ou s'abaisser ainsi vers le sud, sans entraîner avec lui cette terre, pas plus qu'il n'est possible qu'un corps ou un tout puisse se bouger de place sans entraîner avec lui les molécules qui le constituent ou qui en font une intégrante partie : tel qu'une voiture ou un vaisseau entraînent dans leur cours les objets qui les constituent et ceux qu'ils contiennent, ou bien encore, tel qu'une planète entraîne avec elle les objets et les êtres qui lui appartiennent, sans qu'ils le sentent et croyant toujours être à la même et respective place, quand tout ce qui les entoure leur paraît se mouvoir mais illusoirement en sens opposé.

Mais, de même que ces êtres, ces objets, ces molécules, dans leur petite sphère d'activité, peuvent produire des mouvements particuliers, différents et presque indépendants de ceux du corps ou tout duquel ils font partie, et que, d'ailleurs, il serait plus rationnel de croire que le tout mouvait la partie que la partie le tout, de même je crois, et cela paraît irrévocable, que la terre, librement isolée dans l'espace, peut produire des mouvements particuliers, différents et indépendants de ceux de l'ensemble du ciel étoilé, duquel elle fait une minime mais intégrante partie; ainsi que le prouvent évidemment les différents mouvements des planètes, surtout leur rotation journalière, leur révolution annuelle, leur libration, etc., etc. : d'où il suit que c'est la *terre* qui s'est portée, inclinée, ou abaissée vers le nord, et non le *ciel* vers le midi; et que l'apparente élévation du ciel du nord et de l'abaissement du ciel du midi n'est qu'une pure illusion produite par ce mouvement de la terre, comparable à l'illusoire marche du soleil et des étoiles d'orient en occident, mouvement céleste non réel et opposé au véritable, que produit, à l'insu de la grande majorité des mortels, la réelle rotation de la terre de l'occident à l'orient, qui, à mesure qu'elle roule et avance vers l'orient, laisse en arrière les astres du ciel, lesquels et pour ce motif semblent marcher ou fuir à mesure et à l'opposé vers l'occident : tel qu'un cavalier sur un rapide coursier, lancé au grand galop, voit les arbres, les édifices et tous les autres objets terrestres courir en arrière avec la même rapidité; illusion, qui est surtout très frappante quand on voyage sur de rapides bateaux, et spécialement sur des wagons de chemins de fer.

Mais quelle cause, quelle raison a pu déterminer la terre à cette septentrionale inclinaison?

On conçoit sans doute que cette terre, roulant ou faisant sa rotation sur son axe, axe qui a trois mille lieues de longueur, et dont le pôle boréal et le pôle austral constituent les deux extrémités opposées de cette sorte de grand, droit, abstrait ou imaginaire balancier, couverts de glaces et de neiges perpétuelles, soit sur l'Océan, soit sur la terre, glaces et neiges qui sont disposées en plaines, vallées, collines ou montagnes, on conçoit, dis-je, que la quantité et, par conséquent, l'énorme poids de ces glaces et de ces neiges peuvent être plus grands, sur l'un ou l'autre pôle, dans certaines années que dans d'autres, par exemple maintenant sur le pôle boréal, et constituer momentanément ou passagèrement la physique cause de pareilles anomalies, soit qu'il en ait tombé davantage sur l'un, soit qu'il y ait eu une plus grande fonte sur l'autre, et, par ce moyen, faire pencher du côté le plus pesant l'axe du bras de levier de cette grande, oscillante et terrestre balance, ainsi que cela paraît rationnel et est même infiniment probable.

On conçoit ensuite que, si cette terre est un être animé, elle peut à volonté s'incliner ou se porter, tantôt plus sur un côté, tantôt plus sur l'autre, et, par exemple, maintenant plus vers le nord que vers le sud, et produire ainsi sa régnante inclinaison septentrionale.

On conçoit, enfin, que la cause de cette terrestre inclinaison pourrait exister dans quelqu'action attractive ou répulsive de quelqu'astre voisin.

Mais une pareille anomalie ne pourrait-elle pas également reconnaître quelqu'effet de la volonté de *Dieu*, qui dirige à son gré la miraculeuse mécanique du ciel, et qui, l'ayant organisée, pourrait, s'il lui plaisait, la désorganiser ou la détruire, tel qu'un ouvrier pourrait désorganiser ou détruire son œuvre?

> Oui, sans doute, tu peux tout, Dieu juste et puissant,
> Sur notre terre comme dans le firmament.
> Tu as créé l'univers, la nature entière;
> Tu peux donc, s'il te plaît, les réduire en poussière.
> Tu peux, avec quelques poids, de plus ou de moins,
> Bouleverser ou plonger tout dans le néant.
> Par une addition de calorique solaire,
> Tu peux embraser le système planétaire.
> Par une addition du fluide élément aqueux,
> Tu peux tout noyer sur la terre et dans les cieux.
> Par une addition de froid ou de frigorique,
> Tu peux glacer la terre et l'empire Uranique.
> Tu peux même, par ta volonté, d'un coup d'œil,
> Anéantir tout, ou plonger tout dans le deuil!
>
> Inclinons-nous donc devant le Père éternel,
> Qui tient tout en main, sur la terre et dans le ciel!
> Et, pleins pour lui d'une juste reconnaissance,
> Prions-le de vouloir maintenir l'existence;
> Ce chef-d'œuvre admirable, grand, miraculeux,
> Qui brille partout, sur la terre et dans les cieux!

Mais, parmi ces différentes causes de cette inclinaison septentrionale du globe terrestre, à laquelle faut-il donner la préférence?

L'esprit, la raison se trouve sans doute, ici, dans l'embarras du choix : chacune de ces causes aurait certainement pu produire un pareil effet; mais, en résultat, il faudrait toujours finir par remonter à la première, à *Dieu*, par qui tout se fait, et sans qui rien ne peut se produire ou exister dans le vaste domaine de l'univers ou de la nature.

Cependant, si un choix à ce sujet je devais faire, ma croyance physique pencherait de préférence vers le poids des glaces et des neiges du pôle boréal, qui serait plus grand qu'à l'ordinaire, ou bien, vers la légèreté du pôle austral, produite par une plus grande fonte de ses glaces et de ses neiges également éternelles. Mais, dans ces deux hypothèses, il resterait à savoir pourquoi ces glaces et ces neiges s'y seraient d'un côté accumulées et de l'autre fondues plus fortement qu'à l'ordinaire; il resterait à savoir qui en était la cause; et, de cause en cause, serait-elle le soleil, il faudrait nécessairement remonter à *Dieu*, au *créateur* de toutes choses.

> Oui, grand Dieu, en tout et partout, dans la nature,
> De l'humble objet jusqu'à la noble créature,
> Depuis le ciron jusqu'au plus grand mortel,
> Depuis l'atome jusqu'aux grands globes du ciel,
> On te reconnaît pour le divin créateur,
> Méritant le respect, l'adoration des cœurs!

Enfin, quelle que soit la cause de cette inclinaison du globe terrestre vers le pôle boréal, il n'en est pas moins vrai que cette inclinaison explique clairement et sous tous les rapports les différentes intempéries atmosphériques, dont il a été déjà question, et que nous allons successivement passer en revue, en rétrogradant sur nos pas, pour en faire une rationnelle application : de manière que, après nous être élevés de la terre jusqu'aux cieux et même jusqu'à Dieu, nous allons insensiblement redescendre, degrés par degrés, jusqu'à cette même terre, patrie actuelle de l'*Epigéonosie ou peste universelle*, pour ensuite nous occuper de la naturelle disparition de ces mêmes causes épigéonosiques; d'où il suit que ces considérations se trouvent naturellement divisées en deux parties.

EXPLICATION

DES

EFFETS PRODUITS PAR LES CAUSES GÉNÉRALES

DE L'ÉPIGÉONOSIE.

D'abord, rien ne pouvait empêcher Dieu, le soleil, les comètes, les planètes, les satellites, en un mot, l'ensemble du ciel étoilé, ainsi que nous l'avons vu, d'agir sur le globe terrestre, pour y développer ou produire sa remarquable inclinaison vers le pôle boréal, ainsi que par lui-même dans l'hypothèse très vraisemblable de son animation, mais que nous avons attribué aux glaces et aux neiges éternelles, qui, par leur plus grande quantité ou leur plus grands poids qu'à l'ordinaire, auront dérangé l'oscillant équilibre habitué de ce globe et l'auront fait pencher davantage vers le pôle boréal.

Or, pendant l'exécution de ce mouvement, on conçoit que la surface extérieure de l'atmosphère de ce globe aura dû éprouver des collisions ou violents frottements, non habitués, contre l'océan éthéré qui remplit les vastes espaces inter-planétaires; ou bien, que l'air plus méridional ou dilaté de cette même atmosphère terrestre aura, par l'effet de ce même mouvement planétaire, éprouvé une plus ou moins grande pression contre l'air plus condensé ou glacé et par conséquent plus résistant du nord, et que, de là, seront nées les diverses *aurores boréales* que j'ai déjà mentionnées : tel qu'on voit sur la terre les violentes collisions ou frottements des corps combustibles, les uns contre les autres, s'échauffer ou s'enflammer, à la manière des briquets des sauvages, formés d'une cheville de bois sec et d'un trou dans lequel ils la tournent rapidement, ou bien, à celle de l'essieu non graissé d'une roue en bois, roulant avec une grande rapidité; ainsi qu'on le voit également s'opérer dans l'air du briquet pneumatique, dans le briquet phosphorique, dans les allumettes chimiques dont le moindre frottement suffit même pour les enflammer, et surtout dans les machines électriques dont le frottement, le contact et même la simple proximité développe ou allume l'électricité ou le fluide électrique. Et, même, je crois que si les aurores boréales ne paraissent ordinairement que dans l'atmosphère du pôle boréal, c'est parce que toutes les mutations ou mouvements désordonnés du globe terrestre, surtout les latéraux, se concentrent de toutes parts vers ce pôle, vers cette sorte de pivot, sur lequel roule du coté du nord ce même globe et qui par conséquent doit y éprouver, tout au tour, des *pressions* ou des *frottements anormaux* suffisamment grands ou rapides pour y causer ou allumer ces étonnants et aurorères incendies.

Mais, dans la production de ces aurores boréales, l'électricité, ou ce que la moderne physique prend pour tel, mais que j'expliquerai différemment dans *mon système de la nature,* y aura sans doute joué un grand rôle ; et l'élément ou principe que ce mot exprime aura éprouvé, dans ces aurorères productions, une grande perte ou consommation.

Cette grande perte ou consommation du fluide électrique aura notablement diminué sa quantité dans le sein des hautes régions de l'air atmosphérique, et, par suite, il n'y aura point eu autant d'orages qu'autrefois, autant de tonnerres, d'éclairs, de foudres, d'aérolithes, de bolides, d'étoiles filantes, ni d'autres météores ignés de l'atmosphère, ainsi que nous l'avons observé depuis quelques années, et, par conséquent, la terre n'aura pas reçu autant de ce principe éminemment vital.

Cette grande diminution de la normale quantité d'électricité, dans l'air atmosphérique, dans l'eau et dans la terre, aura produit une pareille privation ou diminution dans le sein des êtres vivants des règnes de la nature, qui, à leur tour, n'auront pas été aussi électriquement vitalisés, spécialement les organes cérébraux, qui sont le siége, non-seulement de l'âme et de la pensée, mais encore de l'électrique et imaginaire ou divin amour, et surtout les organes génitaux ou mieux véritables et naturelles machines électriques qui, mises en action par contact ou collision et même par simple idée ou imagination, produisent le *nec plus ultrà* des électriques et délectables sensations, accompagnées des fruits de l'amour ou de la procréation, pour la conservation et la perpétuité de l'espèce et par conséquent du monde ou de la miraculeuse et divine création; et partant ils seront tombés dans un état d'atonique faiblesse, très propre à favoriser le développement d'une foule de maladies diverses, et spécialement de la génitopurulie.

Ensuite et d'un autre côté, cette inclinaison septentrionale du globe terrestre, qui aura produit un changement dans toutes les latitudes climatoriales, en les portant plus au nord ou vers les régions glacées du monde, aura constitué, par ce subit changement non habitué ou contre nature, l'air atmosphérique, ainsi que les minéraux, les végétaux et les animaux, dans un nouvel état de choses organiques et vitales, plus ou moins semblable à celui des pays plus septentrionaux, dans lesquels il y a en général moins d'orages électriques, moins de pluies vitales, moins d'amour et plus de froidures désorganisatrices, et, à ce désordre organique, ce sera combiné ce qui se passe d'habitude ou qui existe naturellement dans les pays plus méridionaux, de ma-

nière à produire de fréquents et partant morbides contrastes, dans toute la nature : et de là auront surgi cette foule
d'intempéries *hydro-frigoriques, caloro-frigoriques, lévi-
pondiques*, etc., etc., qui, depuis l'époque de cette inclinaison septentrionale, ont régné d'une manière plus
ou moins frappante et qui ont produit, dans les êtres
vivants, tant de fréquentes et *morbides transitions ou
arrêts subits de transpirations*, ainsi que de *resserre-
ments et de dilatations*, qui, joints à la privation de la
normale quantité d'électricité et à l'atonique ou mauvaise qualité des aliments, soit solides, soit liquides,
soit gazeux, ou fluides, auront donné naissance à toutes
les sortes *d'organopurulies* que j'ai eu déjà l'occasion de
décrire dans le cours de cet ouvrage; telles que, 1° pour
l'homme et les animaux, l'*entéropurulie, l'uropurulie,*
la *génitopurulie*, la *pneumopurulie*, la *buccopurulie*, la
cutanopurulie, la *dactylopurulie*, etc.; 2° pour les végétaux, la *folliopurulie*, la *cortopurulie*, la *mélopurulie*,
la *génitopurulie*, la *carponosie*, l'*oïnosie*, la *tubéronosie*, etc.; 3° pour les minéraux et spécialement
pour les terres cultivées, les *constipations*, les *anasarques*, les *diarrhées*, les *catarrhes*, les *inflammations*, les *pyrexies*, les *atonies*, les *ataxies*, etc.; 4° pour
l'air atmosphérique et même pour l'eau maritime,
fluviatile et stagnique, l'*alectricie*, la *calorie*, la *frigorie*,
la *siccie*, l'*hydrie*, l'*atomonosie*, et d'autres *aéronosies* et
hydronosies, en un mot, L'ÉPIGÉONOSIE ou la PESTE UNI-
VERSELLE du globe terrestre. Et, même, il est infiniment probable que la plupart de toutes les autres *pestes*

ou maladies plus ou moins générales, soit *épidémiques*, soit *épizootiques*, soit *épiphytosiques*, soit *minérosiques*, ainsi que la plupart des maladies *sporadiques* ou particulières, quand elles ne sont pas le produit d'affections *pédiculo-acaroïdes*, ni d'*entozoaires*, ni d'*entoxies* naturelles ou de la malveillance, reconnaissent des causes semblables ou surgies du sein de la nature, en totalité ou en partie, et que par conséquent elles réclament le même traitement ou les mêmes moyens hygiéniques et thérapeuthiques que cette même *épigéonosie*.

Ensuite, des causes extérieures quelconques, telles surtout que celles dont il vient d'être question, qui agissent sur les corps et les êtres, surtout sur les externes surfaces cutanées, pulmonaires, intestinales, urinaires, génitales et autres, de manière à gêner, troubler, arrêter, ou répercuter, pendant un temps plus ou moins long, le cours naturel des fluides ou des humeurs transpiratoires ou sécrétoires, qui s'exhalent ou s'évacuent naturellement et sans cesse ou par temps de l'intérieur à l'extérieur du corps, par les innombrables pores ou microscopiques bouches dont elles sont criblées pour le maintien de l'économie vivante; ou bien, qui, par leurs pores ou microscopiques bouches absorbantes, sont, contre nature ou contre l'habitude et surtout en grande quantité introduites dans le sein de cette même économie vivante, et qui en même temps y sont diversement pétries par des forces ou des mouvements extérieurs et désordonnés ou anormaux, tels que par exemple de subites *pressions* et *dilatations* fréquentes et

alternatives, jointes à une atonique faiblesse ou privation d'une plus ou moins grande quantité de principe
vital; ces causes, dis-je, troublent ou gênent plus ou
moins, mais constamment et proportionnément à leur
intensité, les harmonieuses et naturelles fonctions de
cette économie vivante ou animée, dans les êtres des
trois règnes de la nature; et les fluides répercutés, ainsi
que ceux qui sont anormalement introduits dans le sein
de cette économie vivante, s'y accumulent, distendent
outre mesure les solides, qui, pour ce motif, ne peuvent pas aussi bien réagir sur eux, pour les faire circuler ou pour les expulser, y stagnent et s'y condensent
ou épaisissent plus ou moins, se corrompent, se décomposent, se putréfient, servent de ferment putridi-
neux aux liquides et aux solides qu'ils touchent, et,
tous ensemble, finissent par y constituer un *foyer* plus
ou moins complet de *purulence* et la source abondante
d'une foule de *purulies* qui, étrangères à l'organisme
qu'elles troublent, sont par lui refoulées de l'intérieur
à l'extérieur, tel que des ennemis nuisibles à sa patrie,
et finissent ordinairement par éclater au-dehors, d'un
côté ou autre et quelquefois de toutes parts, selon la
puissance du point attractif, douloureux ou voluptueux
(car *ubi dolor, ubi voluptas, ubi fluxus*), qui les appelle,
et par constituer à la surface du corps ou de la peau,
ou bien à celle des membranes muqueuses ou séreuses,
des organopurulies plus ou moins abondantes et d'une
durée plus ou moins longue; ainsi que nous l'a-
vons remarquablement vu dans le cours de toutes les

organopurulies qui constituent la présente épigéonosie, parmi lesquelles brillait la *génitopurulie,* telle qu'une grande et morbide reine, autour de laquelle les autres étaient çà et là groupées et semblaient former sa nombreuse famille; tel que des nombreux *orageons* entourent souvent dans le sein de l'atmosphère, un *orage principal,* qui en est comme le roi, et qui épouvante ou ravage tout sur son passage.

Ensuite, ces diverses organopurulies étaient, à leur tour, une abondante et génératrice source, selon les espèces minérales, végétales ou animales, de ces *écumures, mucures, effloressures, moisissures, mucédinures, cryptogamures, dartrures, léprures, écaillures, pemphigures, variolures, ébullissures* et d'une foule d'autres excrétions et végétations externes ou affections cutanées, qui revêtent une forme plus ou moins organique, de manière à donner le change même aux grands esprits, aux Linné, Buffon, Cuvier et autres grands naturalistes, qui en ont pris un grand nombre, surtout les cryptogamures, pour des réels êtres phytologiques, mais auxquels cependant ils n'ont jamais pu voir ni *sexes* ni *graines,* et leurs *sporules* ou *séminules* ne sont point procréateurs, ce qui aurait dû les tenir sur leurs gardes ou plus circonspects et les porter à ne pas trop se presser d'établir une nouvelle classe d'êtres avec des productions plus ou moins puruliques, d'apparence organisée et vivante, qui ont leur abondante et intarissable source spontanée dans le sein des *fermentations,* des *décompositions,* des *corruptions* de substantes ou de corps

41

vivants ou morts, ainsi que je le prouverai, sous tous les rapports, dans un ouvrage spécial que je me propose de faire, sans tarder, sur cette intéressante et curieuse matière.

 Enfin, les émanations ou exhalaisons morbides, odoriférantes ou puantes, que l'ensemble de ces diverses affections et productions répandent dans l'air ambiant qui entoure les sujets malades et que les vents transportent à des distances plus ou moins grandes, frappent dans leur cours le sensible odorat d'une foule d'insectes et les appellent ou attirent avec empressement, tels que, par exemple, les *acares, ixodes, pucerons, poux, puces, punaises, tiques, vermines, moucherons, mouches* et même selon les espèces des malades, certains *oiseaux* et *quadrupèdes* carnivores, lesquels rôdent ou voltigent autour d'eux et souvent pullulent et fourmillent à leur surface ou dans leur sein, surtout dans les graves maladies ou à l'approche de la mort; mais qui toujours annoncent, dans les êtres dont l'odeur ou la puanteur les ont attirés, un état malsain, morbide, ou maladif, plus ou moins intense, sans lequel ils ne s'en seraient pas très probablement approchés: car les êtres sains ou en bon état de santé n'en ont que très rarement ou qu'en très petite quantité, tandis que les êtres malades en ont presque constamment et même quelquefois par quantités énormes. Par exemple, en ce moment, premiers jours de juin 1854, il existe sur une foule de végétaux, herbacés ou arborescents, mais surtout sur les fèves et spécialement vers le sommet de leurs tiges, une prodigieuse quantité de *pucerons*; parce que sans doute les gelées hivernales et printannières, qui ont frappé ces végétaux, sans les détruire, auront plus ou moins altéré leurs tissus et leur sève, de manière à leur donner une tendance plus ou moins grande à la corruption et à la purulence, et que la prévoyante et sage nature leur aura sans doute envoyé cette immense quantité de sangsues, afin d'atténuer autant que possible leur fermentante ou putrescible morbidité, ou du moins pour en sucer les nuisibles produits (1); comme elle a mis

---

(1) On voit maintenant sur l'écorce de beaucoup de souches et de vieux sarments ou coursons des vignes, surtout dans les muscatières et les vignes gourmandes qui furent l'année dernière le plus frappées de l'oïnosie, une grande quantité de jeunes *pucerons* enveloppés par petites masses rougeâtres dans de cotonneux cocons. Ces pucerons sont rouges, ovoïdes, aptères, de demi-millimètre de grandeur, et marchent très lentement.

Les mères de ces pucerons sont orbiculaires, brunâtres, plates comme des punaises, de 6 à 8 millimètres de largeur, et revêtent à peu près la forme d'une carapace de tortue plus ou moins vénulée et appliquée hermétiquement par le ventre sur l'écorce du bois des souches ou des sarments qui quelquefois en est couverte, surtout dans les muscatières très oïnosiées, et en cet état elles y passent l'hiver, mais d'où elles se détachent, sauf d'un côté, par lequel elles s'y tiennent ordinairement prises, à mesure qu'elles effectuent leur ponte et que leur cocon d'œufs et de pucerons grossit.

Ces mères puceronnes pondent chacune des quantités considérables d'œufs, *plusieurs milliers*, et, pendant qu'elles effectuent leur ponte, on les voit insensiblement sortir de l'oviductus, l'un au bout de l'autre et collés ensemble, de manière à former sans interruption des chaînes ou chapelets composés souvent de plus de cinquante œufs ovoïdes, rouges, d'un tiers de millimètre de longueur, lisses, polis, luisants et sans aucune trace de membres ni d'ailes, qui contiennent dans leur transparente coque un liquide glaireux, dans le sein duquel se forme peu à peu le jeune puceron, comme le poulet dans l'œuf de la poule, pour ensuite éclore, marcher, grandir et avec le temps arriver à l'état d'insecte parfait, afin de

après ces pucerons une foule de fourmis et de petits
oiseaux pour modérer ou réprimer leur trop grande
multiplication, et, après ces derniers volatiles et dans
le même but, une foule de rapaces oiseaux de proie :
comme elle met également et toujours dans le même
but d'ordre et d'assainissement du globe, les végétaux
après l'humus, les fumiers et les terreaux; les herbivores après les herbages et la trop luxurieuse végétation;
les carnivores après les herbivores; les hommes après
les carnivores, mais qui malheureusement en font trop
souvent eux-mêmes la barbare fonction; et, enfin, les
sages, les philosophes, les génies, qui, tels que des
dieux terrestres, planent sur tous ensemble, même
sur les plus grands rois, les modèrent, les tempèrent,
les ordonnent, les harmonisent et les gouvernent directement ou indirectement et d'une manière publique ou
secrète, même du sein de l'ignoble et noire persécu-
tion dont ordinairement ils les récompensent, pour
les sortir de la zooïque barbarie et les faire marcher bon

recommencer la même série de métamorphoses. Et, quand les
mères ont terminé leur ponte, leur abdomen s'affaisse, se plisse en
travers, se recoquille, meurent, et se sèchent sur place.

Cette observation, que j'ai clairement faite sous mon microscope
composé, prouve évidemment que les naturalistes se sont grandement trompés en croyant et disant les pucerons *vivipares*, car ils
sont réellement *ovipares*; et si ces naturalistes en ont vu sortir de
vivants par l'oviductus, c'est qu'ils s'y étaient introduits du dehors ou bien que, la mère ayant expiré avant le terme de la
ponte, les œufs seront éclos dans son sein.

Beaucoup de pommiers, de poiriers et d'autres arbres fruitiers,
ainsi qu'une foule d'autres plantes, ont des pucerons plus ou moins
semblables : presque tous les végétaux surtout cultivés en sont
remplis, en proportion du degré de leur *gel*.

gré malgré vers la perfection ou le *nec plus ultrà* de la civilisation, et les acheminer dans la route du ciel, du paradis, du divin et véritable bonheur, après avoir eux-mêmes reçu cette transcendante mission de l'être suprême, de *Dieu*, qui est le père créateur et gouverneur de toutes choses !

Voilà comment tout s'explique, se tient et s'enchaîne dans le vaste et miraculeux domaine de la nature.

Tels sont donc en général les effets produits, par ces diverses causes épigéonosiques, sur les corps et les êtres divers du globe terrestre.

L'*alectricie* (1) les a plus ou moins privés d'une normale quantité de vie et les a laissé affaissés sous le poids d'une plus ou moins grande atonie, qui a porté une grave atteinte à leurs mouvements, à leurs qualités, et, surtout, dans ceux qui en étaient doués, aux fonctions cérébro-sensitives et par dessus tout aux fonctions génératives.

La *calorie*, surtout les violents et subits coups de soleil, leur a produit des sortes de cautérisations ou brûlures, qui ont été plus ou moins nuisibles à leurs fonctions vitales.

La *Siccic* les a fait plus ou moins souffrir par une privation d'humidité, en donnant aux tissus solides plus de rigidité, aux fluides plus de condensation ou d'épaississement, et, par ce moyen, en rendant leur mouvement et leur circulation beaucoup plus difficiles,

----

(1) Du grec α privatif, et de ηλεκτρον, ambre jaune, électricité.

et quelquefois même en les détruisant et causant la mort.

L'hydrie les a également endommagés en portant trop d'humidité dans leurs fluides et dans leurs solides, de manière à les relâcher, à les amollir et surtout à favoriser plus ou moins en eux le développement des anasarques ou des hydropisies générales.

La *frigorie* leur a porté sa fatale atteinte, en resserrant et en engourdissant plus ou moins leurs fluides et leurs solides, de manière à gêner la liberté de leurs mouvements, de leurs fonctions, et, surtout en leur causant différentes sortes d'arrêts ou suppressions de transpirations, et, par conséquent, des répercussions plus ou moins graves, de la circonférence au centre, surtout vers les organes intestinaux, ou vers les organes pulmonaires.

L'aérolévie (1), ou la légèreté ou diminution du poids de l'air atmosphérique, qui concourt à dilater les solides et les fluides, à leur faire acquérir plus de volume, à les alléger, à favoriser leurs mouvements, surtout de l'intérieur à l'extérieur ou du centre à la circonférence, et même à les vaporiser, mais dont l'excès nuit au libre exercice des fonctions corporelles des êtres, surtout pulmonaires, et peut même suspendre ou détruire la vie, ainsi qu'on l'éprouve en gravissant les hautes montagnes, ou en s'élevant aérostatiquement dans les hautes régions de l'atmosphère, et surtout en se plongeant dans le vide

---

(1) Du grec αηρ, air, et du latin *levis*, léger.

pneumatique, dans lequel on peut même et alternativement faire passer à volonté un être vivant de la vie à la mort et de la mort à la vie, leur aura également porté sa plus ou moins fatale atteinte.

L'*aéropondie* (1), ou l'augmentation du poids de l'air atmosphérique, qui pèse en tout sens sur les corps et les êtres du globe terrestre, qui presse, resserre et durcit leurs molécules et leurs tissus ou leurs fluides et leurs solides, qui concourt à leur faire acquérir moins de volume, à les rendre plus pesants, à gêner ou entraver leurs mouvements, surtout de l'extérieur à l'intérieur ou de la circonférence au centre, soit dans les minéraux, soit dans les végétaux, soit dans les animaux, et qui tend même à tout consolider ou pétrifier, ainsi qu'on le voit par le squelette osseux de ces animaux, par le cœur du bois de ces végétaux, par le cœur ou centre de ces minéraux, par les couches internes du globe terrestre, et que cela est surtout prouvé par les objets placés dans une pompe refoulante ou sous une presse ou sous des poids progressivement plus forts, comme aussi par l'ascension du mercure dans le baromètre, par l'abaissement des nuages dans l'atmosphère, etc., etc., les aura également plus ou moins frappés de sa morbide influence pondérique.

Enfin, l'*atomie* (2), ou le trop grand écartement ou

---

(1) Du grec ανρ, air, et du latin *pondus*, poids.

(2) Du grec α privatif, et de τομη, section, c'est-à-dire, *atome*, molécule, élément, ou partie simple et indivisible de la matière.

La nature et la divisibilité de la *matière* a de tout temps pro-

rapprochement des molécules des corps ou des êtres, ainsi que leur hétérogène mélange, en diverses proportions, auront changé leur respectif état normal et auront plus ou moins favorisé leur complète ou incomplète dissolution ou décomposition, ou contribué puissamment à les constituer dans un état plus ou moins morbide.

Mais toutes ces *causes* plus ou moins morbides auront été d'autant plus graves qu'elles auront été plus immédiatement ou plus subitement suivies par leurs *contraires*, c'est-à-dire, l'électrie par l'alectrie, la calorie par la frigorie, la siccie par l'hydrie, l'aérolévie par l'aéropondie, etc., *et vice versa*, ainsi que par leur infini mélange; et, par leur ensemble, les fluides et les solides des corps ou des êtres, c'est-à-dire, leurs molécules organiques ou composantes, auront été si diversement et si anormalement *électrisés, calorisés, hydrisés, frigorisés, lévisés, pondisés, atomisés*, en un mot, *composés*, pétris et repétris, de telle morbide manière, qu'ils auront engendré,

---

fondément occupé les philosophes ou les grands esprits.

Epicure, croyait la matière composée d'*atomes*, de toute forme et de toute nature, insécables, indestructibles et éternels, quand d'autres *génies* la croyaient divisible à l'infini et périssable.

La généralité des *anciens philosophes* admettait, dans la nature, quatre éléments primitifs : le *feu*, l'*air*, l'*eau* et la *terre*.

Les *savants modernes*, admettent plus de soixante corps simples ou indécomposés, et il est probable que, dans la route qu'ils suivent, ils finiront par en compter autant qu'il y a de corps différents dans la nature.

Moi, je n'admets, dans toute la nature, que *deux substances matérielles* et *une immatérielle*, ainsi que je l'établirai, sans réplique, dans mon *nouveau système de la nature*.

dans le sein du corps et de la vie de ces êtres, de mauvaises *pâtes*, de mauvais *fours*, de mauvais *chauffages*, de mauvaises coctions, et par conséquent de mauvais *pains*, c'est-à-dire, de mauvaises humeurs (sanguines, séveuses, lymphatiques, ou autres), des corruptions, des pourritures, en un mot, les diverses *organopurulies* dont il a été déjà question et qui ont éclaté par diverses parties du corps des malades, selon les dominants points attractifs, soit douloureux, soit voluptueux (*ubi dolor, ubi voluptas, ubi fluxus*), qui, selon les circonstances et les saisons ou époques de l'année, les ont appelées et leur ont donné issue au dehors par les voies naturelles, ou par celles qu'elles se sont pratiquées, soit dans les membranes muqueuses, pulmonaires, intestinales, ou uro-génitales, soit dans les membranes cutanées ou corticales, soit dans les membranes cérébrales ou médullaires, soit dans la subtance du cerveau, des nerfs, de la moëlle, des glandes, des muscles, des ligaments, des os, ou de tous autres tissus organiques du règne animal, ainsi que de ceux qui leur correspondent dans le règne végétal, et même, jusqu'à un certain point, dans le règne minéral.

C'est évidemment ainsi que ces diverses causes générales, surtout les *caloro-frigades* et les *hydro-frigades*, qui ont surgi soit en hiver, soit au printemps, soit en été, soit en automne, ont développé l'*épigéonosie ou la peste universelle du globe terrestre*, clairement manifestée par ces nombreuses et tenaces organopurulies, qui ont atteint, d'une manière plus ou moins grave et souvent mortelle, les personnes, les animaux, les végétaux, et les minéraux, et dont le maximum d'intensité, surtout pour certaines espèces, a spécialement régné de 1850 à 1854, principalement dans les *êtres exotiques méridionaux*, ou d'un climat plus chaud, dont les propriétés ou les qualités étaient les plus sensibles et les plus distinguées, ainsi que dans les *êtres indigènes*, ou d'un climat plus froid ou septentrional, mais dont la constitution organique était plus ou moins *méridionale*, c'est-à-dire d'un tempéramment plus ou moins *sec, chaud, nerveux, sensible, spirituel* et *actif*, toujours plus impressionnables, en toutes choses, au physique comme au moral.

Et la preuve irrévocable que la *frigade*, surtout jointe à l'*hydrade* (1), a joué le principal rôle dans le développement de cet état morbide du globe, c'est qu'en général les corps ou les êtres les plus atteints de cette

---

(1) Il est certain que, quand les corps ou les êtres, quels qu'ils soient, se trouvent humides, mouillés, au moment où une gelée arrive, se trouvant alors et de toutes parts pénétrés ou enhydrés de cette humidité ou mouillure qui jouit de la propriété de se durcir ou glacer par l'action du froid, et, par ce moyen d'acquérir un volume plus grand et par conséquent dilacérant ou brisant, cette gelée produit sur eux et dans eux des ravages beaucoup plus grands.

Et, ensuite, les gouttelettes d'eau glacées, sur les parties surtout vertes, les glacent plus fortement encore au point du contact, et, si le soleil vient à briller, il cautérise ce même point de contact, en y convergent ses rayons par l'effet lenticulaire de [ces mêmes gouttelettes aqueuses, glacées ou non glacées, de manière à y produire ces rosaces ou taches brunâtres plus ou moins arrondies et irrégulières, qu'on y a observées l'année dernière et qu'on y observe déjà dans celle-ci, ainsi que des moisissures oïnosiques, parce que les gelées printannières sont arrivées plus tôt que l'année dernière.

grave et longue peste sont précisément ceux des lieux,
sauf peu d'exceptions, dans lesquels se développe et
frappe d'habitude et plus fortement la *gelée* et l'*humidité*, c'est-à-dire dans les *plaines*, les *vallées* et les *bas-
fonds*, surtout situés à proximité des *hautes montagnes*,
ainsi que près des *fleuves*, des *rivières*, des *ruisseaux*,
des eaux stagnantes, ou des lieux et pays humides du
globe; et ce qui vient sous tous les rapports corroborer
cette grandissime *vérité*, c'est que, d'abord, cette même
peste a été d'autant plus forte, dans chacune de ces localités, que ces gelées intempestives et plus ou moins
hydriques ont été plus fortes elles-mêmes, et qu'ensuite
cette peste ou ces organopurulies ont constamment
reparu à chaque fois ou à chaque année où ces frigades
intempestives, simples ou combinées avec d'autres, ont
elles-mêmes reparu sur l'horizon, et avec un caractère
de gravité proportionné au degré d'intensité de ces
mêmes intempéries; preuve évidente qu'elles en étaient
réellement la principale *cause efficiente*, ainsi qu'achè-
vent de l'établir irrévocablement et sans réplique, spécialement la *tubéronosie*, ou maladie des pommes de
terre, l'*oïnosie* ou la maladie des vignes, la prétendue
syphilis ou maladie des animaux domestiques surtout
de l'espèce chevaline, la *grippe* de l'espèce humaine,
et toutes les autres sortes d'*organopurulies;* lesquelles
ont constamment et en effet reparu avec ces mêmes
intempéries et avec plus ou moins d'intensité, selon
l'intensité de ces mêmes *frigades* ou *hydro-frigades* intempestives, ou développées contre l'habitude hors

l'hiver ou dans toute autre saison de l'année, surtout dans le cours du printemps ou à l'époque du réveil de la végétation, de l'amour, de la floraison et de la fructification des animaux et des végétaux, ainsi qu'à l'époque de la maturité de leurs fruits; ainsi qu'on peut s'en convaincre en jetant un coup d'œil sur mon examen ou voyage *iatro-atmosphérique*, depuis l'année 1843 jusqu'à l'année 1854, que j'ai précédemment exposé dans cet ouvrage.

Et, d'ailleurs, quelles raisons pourrait-on avoir pour se refuser à croire à cette palpable vérité? Le froid, surtout hydrique, ne jouit-il pas de la propriété d'affecter morbidement et même de tuer ou désorganiser les êtres, selon son degré d'intensité? Ne l'a-t-on pas vu, il y a quarante ans passés, détruire l'invincible armée du grand Napoléon, dans les vastes plaines de la Russie? Ne l'a-t-on pas vu dans le long et rigoureux hiver de 1829-1830, où il descendit dans le midi de la France et spécialement à Plaisance (Gers), (mon thermomètre placé en plein air) à 18 degrés centigrades, tuer ou geler beaucoup d'animaux et de végétaux et porter surtout un grand dommage aux vignes? Ne l'a-t-on pas vu, dans l'hiver 1845, tuer beaucoup de figuiers et geler beaucoup de boutons et de sarments des vignes des plaines, qui, au lieu de végéter au printemps, se séchèrent? Ne l'a-t-on pas vu, depuis 1850, geler et sécher l'extrémité des sarments de presque toutes les muscatières? Ne l'a-t-on pas vu, le 30 décembre 1853, descendre tout à coup à 15 degrés centigrades et tuer, dans une seule nuit, une foule de plantes exotiques, des climats méridionaux, telles que les joubarbes, les cactus, les géraniums, les fluxias, les verveines citronnelles, les lauriers-rose, etc., etc., froid instantané et rigoureux qui reviendra peut-être, mais très diminutivement ou proportionnellement à la saison, dans le mois de juillet prochain, pour porter une fatale atteinte à la végétation et spécialement aux raisins et à la majorité des autres fruits. La gelée rigoureuse du 25 et du 26 avril dernier (1854), sous 3 degrés de froid ou — 3, n'a-t-elle pas causé beaucoup de vertiges et des morts presque subites à une foule d'animaux et de personnes, et tué et séché une foule de jeunes pousses végétales, surtout dans les vignes des plaines, des vallées et des bas-fonds, d'un grand nombre d'endroits du midi de la France. Et la gelée blanche du 25 mai suivant, ne les a-t-elle pas sensiblement endommagées également, de manière même à leur faire manifester, quelques jours après, des taches brunâtres sur l'écorce et des moisissures oïnosiques dans leurs grappes, non encore arrivées dans leur état de floraison? Or, pourrait-on douter que ces gelées n'aient point déjà porté une fatale atteinte aux étamines, aux pistils, aux ovaires, en un mot, aux organes floraux et procréatifs ou fructidoraux de ces végétaux, et que des gelées nouvelles ou plus tardives ne puissent, sans détruire leur courante végétation, lui porter cependant une profonde atteinte, surtout aux fruits présents et à venir, de manière à aggraver l'oïnosie ou la carponosie, déjà existante depuis l'année dernière et même avant cette époque, dans le sein de leur organisme? Non, sans doute.

Voyez, en effet, si toutes les sortes d'organopurulies, soit dans les végétaux, soit dans les animaux, soit dans les personnes, ne coïncident pas parfaitement avec toutes les années et les époques de ces années dans lesquelles il y a eu de ces froids ou gels tardifs ou intempestifs, précédés surtout de quelques pluies? En 1843, le vin blanc tourna, fila et devint huileux, dès l'arrivée du printemps, ainsi que dans l'été. En 1844, les fruits en général se gâtèrent de bonne heure, surtout les pommes de terre, et il y eut beaucoup d'épizooties meurtrières dans la Silésie et presque dans toute l'Allemagne. En 1845, beaucoup de boutons et de sarments des vignes des plaines furent gelés et les pommes de terre se pourrirent en masse. En 1846, beaucoup de lins, fèves, avoines, thuies et autres plantes furent gelées, ainsi que les pommes de terre. En 1847, les pommes de terre, les raisins et les fruits juteux et charnus se pourrirent de bonne heure, ou ne furent pas de bonne conserve. En 1848, les vignes éprouvèrent une grande coulure, les raisins se pourrirent avant leur maturité et firent un mauvais vin; les fruits divers se gâtèrent, et les pommes de terre se pourrirent en masse; beaucoup d'épidémozooties régnèrent et beaucoup de viandes salées se gâtèrent. En 1849, beaucoup de fruits de la terre furent très maltraités, et la république maltraitait tout encore davantage. En 1850, les fruits ne

mûrirent pas bien et se gâtèrent, même sur pied, surtout les raisins blancs; les trois quarts des pommes de
terre se pourrirent de la maladie, et beaucoup de rhumes, gales et varioles régnèrent sur les personnes et
les animaux. En 1851, il y eut beaucoup de pucerons
et d'autres nuisibles insectes; beaucoup de vignes, surtout dans l'Italie, furent atteintes de l'oïnosie; beaucoup
d'organopurulies épidémozootiques régnèrent, et même
des pestes charbonneuses sur les bêtes à corne. En 1852,
les figues et beaucoup d'autres fruits furent très maltraités par la *carponosie* et surtout beaucoup de vignes spécialement du Languedoc et du Médoc par l'oïnosie; ainsi que les hommes et les animaux par beaucoup d'organopurulies. En 1853, l'organopurulie ou la
peste universelle du globe terrestre a frappé en général tous les êtres de la nature, spécialement les vignes,
les fruitiers et les pommes de terre, dans presque toute
l'Europe et même le globe, et m'a fourni les principaux
sujets de l'épigéonosie. Enfin, en 1854, la présente
année, une foule de jeunes pousses des végétaux, surtout des vignes, ont été déjà gelées et détruites, et celles
qui restent, quoiqu'en belle et luxurieuse végétation
et en général chargées de beaucoup de fruits (1), ris-

----

(1) Si cette année 1854 il y a en général beaucoup de raisins
sur les vignes, c'est très probablement parce que l'année dernière,
fortement atteintes de l'oïnosie, elles n'ont pas été obligées d'employer autant d'aliment ou de sucs nourriciers pour mener leur
développement et leur maturité à bonne fin; car, les plantes vivaces, les arbustes et surtout les arbres, élaborent, accumulent ou
emmagasinent ordinairement, dans le sein de leur organisme, une

quent d'être endommagées de nouveau, aux époques que j'ai déjà approximativement fixées, ainsi qu'au commencement de l'automne prochain.

Mais, et je le répète, ce qui vient achever de confir-mer cette grande vérité étiologique, c'est-à-dire les nui-sibles effets de ces intempéries surtout *hydro-frigori-ques* sur les êtres et les objets du globe terrestre, c'est surtout :

1° Que les êtres les plus sensibles aux grandes humi-dités et surtout aux grands froids, tels que ceux qui ont une constitution organique plus ou moins méridio-nale, ou qui étaient originaires des pays chauds, ainsi que ceux qui offraient dans leur tempérament une hy-drique turgescence, sont ceux qui ont été le plus frap-pés de l'épigéonosie;

2° Que cette peste a sévi plus fortement et plus gé-néralement sur les localités dans lesquelles l'humidité et la gelée se développent et frappent ordinairement davantage, telles que plaines, vallées et bas-fonds (1)

---

plus ou moins grande quantité de nourriture pour l'année suivante ou les années suivantes; raison pour laquelle on voit assez sou-vent et toutes choses égales d'ailleurs leurs récoltes être plus abon-dantes, par périodes alternatives de trois ou quatre ans : chose qui ne peut s'opérer et qui ne s'observe pas dans les plantes mensuelles et annuelles, chez lesquelles l'état et la nature du sol ainsi que de l'année en décident ordinairement.

(1) S'il fait ordinairement plus de froid humide et s'il y a de plus fortes et plus pénétrantes gelées dans les plaines, vallées et bas-fonds que sur les hauteurs surtout des coteaux, ainsi qu'on le sent spécialement en y descendant et les traversant la nuit, c'est que là l'air est plus chargé de vapeurs aqueuses, qui descendent et s'y précipitent de l'atmosphère, emportant avec elles le froid

que partout ailleurs, raison pour laquelle certains lieux en ont été plus endommagés que certains autres;

3° Que c'est le propre du gel humide de tendre à la désorganisation et à la corruption des êtres organisés, ainsi que de tous les autres objets de la nature, jusqu'aux métaux les plus durs, qui en sont beaucoup plus rouillés, ainsi que le fer le prouve, surtout depuis quelques années;

4° Qu'un fort gel peut éteindre la vie, ou lui laisser un germe plus ou moins grave de maladie; comme un fort et subit arrêt de transpiration peut engendrer un vertige, une violente colique ou une mortelle fluxion de poitrine;

5° Qu'on voit presque constamment exister, à la suite de pareilles intempéries et pour ainsi dire en quelque saison que ce soit, des maladies plus ou moins semblables, plus ou moins éruptives ou puruliques;

6° Qu'on voit ordinairement paraître à la suite de ces maladies, dans les animaux et les personnes, beaucoup d'helminthes intestinaux et d'affections pédiculaires ou psoriques, et, dans les végétaux, également beaucoup d'acares et de pucerons, etc., etc.

Enfin, à ces causes diverses, on peut joindre, comme ayant pu les aggraver ou l'ayant fait : 1° de morbides

---

de ses hautes régions, et qu'ensuite il y règne d'habitude un plus grand calme, toujours ou ordinairement favorable au développement du froid pendant la nuit comme à celui de la chaleur pendant le jour, qu'un vent ou un air agité tempèrerait d'une manière plus ou moins sensible, selon les temps, les lieux, les époques de l'année, et une foule d'autres circonstances naturelles.

dispositions dans les fluides ou les humeurs des êtres qui ont été frappés; 2° des émanations morbides, issues de certaines localités du globe; 3° de trop grands ou trop longs calmes dans l'atmosphère, dont l'air n'aura pas assez agité les êtres surtout végétaux, pour activer la circulation et l'exhalation de leurs fluides ou de leurs humeurs, qui, par ce fait, auront resté dans une plus ou moins longue et nuisible stase ou stagnation, si propre au développement de toutes les sortes de corruptions! 4° et une foule d'autres choses plus ou moins importantes, qu'il est inutile de rapporter, parce que les causes que je viens d'exposer sont sans doute plus que suffisantes pour ne laisser aucun doute à ce sujet.

DISPARITION

DES CAUSES GÉNÉRALES

DE L'ÉPIGÉONOSIE.

Telles sont donc les causes générales de l'épigéonosie, avec l'explication succincte de leurs effets, que la nature a développées sur le globe terrestre et que l'homme, par cupidité, par indifférence, ou par ignorance, a souvent aggravés.

Mais cette nature, qui a fait naître ces causes, les laissera-t-elle longtemps subsister? Dieu sans doute le sait; mais, comme tout ce qui n'est pas dans l'ordre ou dans le plan stable de la nature ne peut longtemps durer, il est très probable que ces causes anormales ne subsisteront pas longtemps et que la nature trouvera des moyens puissants pour s'en débarrasser et reconquérir sa santé générale. Dire positivement jusqu'à quand il faudra humblement patienter, avant de voir cette disparition opérée, surtout complètement, n'est pas, selon moi, du domaine de l'esprit humain : la cause ou les causes du morbide état du globe terrestre existent, sans doute ; mais elles sont d'une nature et d'un ordre trop élevé pour que l'homme puisse avoir l'honneur de les prévenir, de les détruire, ou de.les enlever ; l'homme ne peut pas dire à l'homme, dans le cas dont il s'agit : *Sublata causa, tollitur effectus*; mais tout ce qu'il peut à ce sujet dire et faire, c'est de prier humblement *Dieu* qu'il veuille bien, par sa toute-puissance, faire cesser ces efficientes et célestes causes, et mettre enfin un terme à ce terrestre et général fléau, qui frappe à la fois la nature entière, *l'homme*, les *animaux*, les *végétaux* et les *minéraux* !

PRIÈRE ADRESSÉE A L'ÉTERNEL.

Oui, Grand Dieu! de toutes choses le créateur;
Du ciel, de la terre, du corps, l'âme, le cœur;
Pour qui l'univers n'est qu'un point imperceptible,
Et le torrent des siècles qu'un fleuve invisible;
Qui, du haut de ton inaccessible séjour,
Vois et fais tout, sous le brillant astre du jour;
Qui, cent fois plus vite que l'électricité,
Vois, de ton grand œil, le présent et le passé,
Ainsi que l'incalculable ou long avenir,
D'un monde qui ne doit peut-être pas finir;
Et qui, en qualité de suprême immortel,
Mérites l'adoration des faibles mortels,

Surtout sur notre humble atôme de poussière,
Je viens t'adresser ma sincère prière,
Au sujet d'une *peste*, fléau destructeur,
Qui navre, sur la terre, les trois quarts des cœurs !
Daigne jeter un doux regard de bienveillance
Sur tes enfants, pleins d'amour, de reconnaissance,
Qui n'aspirent, dans leur vœu, à d'autre bonheur
Que de mériter une place dans ton cœur!
Daigne leur accorder, dans ta bonté infinie,
L'extinction des *causes* de l'*Epigéonosie*;
De cette redoutable *peste universelle*,
Qui frappe tout, sur notre planète mortelle,
Et qui, si elle régnait encor très longtemps,
Produirait des troubles, des malheurs désolants!!
Fais donc rentrer tout dans l'ordre de la nature :
Que le ciel et la terre, et leur belle parure,
Cessent leur nuisible inclinaison boréale,
Et, par conséquent, leur inclinaison australe;
Pour rentrer dans l'ordre, la normale harmonie,
Et rétablir les phénomènes de la vie.
Que les intempéries électro-vitaliques,
Et les intempéries hydro-frigoriques,
Ainsi que tout ce dont il a été question,
Disparaissent sans retour de notre horizon;
Pour ramener le charme de la belle nature,
Ainsi que celui de toutes ses créatures,
Et faire si bien que dans tout l'univers
La santé règne au sein de mille concerts!
C'est alors, Grand Dieu, que je redoublerai de zèle,
Pour t'adorer, en mortel soumis et fidèle,
Afin de mériter, dans ton divin séjour,
Une place digne de mon ardent amour!!!

Voilà, ô mortels aveugles, vains, orgueilleux,
La prière qu'il faut adresser au père des cieux;
A ce Dieu qui tient dans sa suprême balance,
La destinée du monde, du temps, de la science,

Et qui, d'un coup d'œil ou d'un simple mouvement,
Peut sauver ou abîmer terre et firmament,
En un mot, l'ensemble de la création
Qui brille et fait partout notre admiration!

Mais, ce grand et immortel Dieu de la nature,
Voudra-t-il exaucer, dans sa magistrature,
Des mortels qui l'offensent à chaque instant,
Et qui, légers et inconstants comme le vent,
L'oublient, le méprisent, dans le fond du cœur,
Comme s'il n'était pas le puissant créateur?

En attendant cette suprême décision,
Qu'on ne verra peut-être pas sur l'horizon,
Je vais m'occuper de remédier aux ravages
Que cette peste a produits sur tous les rivages;
Du moins autant qu'il est donné à la raison
D'aborder une aussi haute médication.

CINQUIÈME PARTIE.

TRAITEMENT GÉNÉRAL

DE

L'ÉPIGÉONOSIE OU PESTE UNIVERSELLE

DU

GLOBE TERRESTRE.

Nous venons de voir qu'il est évidemment impossible à l'homme de prévenir ni de faire cesser ou guérir les causes efficientes de l'épigéonosie ou peste universelle du globe terrestre; que ce céleste pouvoir est réservé à la suprême puissance du créateur, qui, seul, peut les éteindre, ou les laisser subsister, les aggraver, même tout détruire, selon son Immortelle volonté; et qu'à ce sujet il ne nous est donné que de nous incliner humblement devant sa Toute-Puissance et de le prier d'avoir pitié de nous, qui ne sommes auprès de lui que d'aveugles et orgueilleuses créatures qui touchons au néant, avec lequel même nous nous confondons !

Nous ne pouvons donc, dans cet état de choses, que

nous efforcer de remédier autant que possible, en qualité de simples instruments de sa Toute-Puissance divine, aux ravages que ces morbides causes ont produits sur la terre, et, par ce moyen, alléger le poids des maux innombrables qui pèsent de toutes parts sur les êtres et sur l'humanité; en un mot, nous ne pouvons avec toutes les prétentions de notre grand art médical, qu'*aider la nature*, cette première des *iatres* (1) sans laquelle tous les actes et tous les effets humains seraient impuissants : heureux si nous savons bien l'étudier, la connaître, l'interpréter, afin de ne pas la contrarier, l'entraver, lui nuire, mais lui aplanir et favoriser sous tous les rapports la route intelligente et salutaire qu'elle s'efforce sans cesse de suivre, pour arriver par le plus court ou le plus droit chemin, au but désiré, qui, ici, est le rétablissement de l'*ordre* et de la *santé*, ce premier des *trésors* de la vie de ce monde! Voilà le devoir et même tout le talent que doit posséder un *médecin*, pour mériter dignement le glorieux titre de *grand docteur en médecine*, qui, le constituant l'*aide* de cette nature, le place pour ainsi dire au rang des *Dieux*! Dans lequel même l'antique et profond génie, surtout de la savante et poétique Grèce, ne balança pas d'y placer les heureux mortels qui possédaient ce *divin talent*, ainsi qu'*Hippocrate* et surtout *Esculape* en constituent des exemples frappants (1)!

---

(1) Du grec, ιατρικη, médecine.
(1) Esculape, selon la mythologie, était fils d'*Apollon* et de *Coronis* et *dieu* de la médecine, qui fut instruit par les *Centaures*, et

La nature, procédant toujours avec une lumineuse sagesse, parviendrait sans doute avec le temps à faire disparaître de la surface de la terre les effets désastreux de ces diverses causes anormales, c'est-à-dire à guérir l'épigéonosie et sa nombreuse famille; mais si l'homme possède l'honneur, le don et le droit de l'aider, dans ce grand œuvre, pourquoi ne pas le faire, pour hâter cette importante cure? Voyons donc ce que la saine raison peut nous dicter, pour arriver à l'honorable et complet triomphe de cette grande et iatrique bataille.

Il n'est sans doute pas donné au premier mortel venu de mériter, à ce sujet, le glorieux titre d'AIDE DE LA NATURE; il faut, avant tout, posséder les lumières nécessaires, et par conséquent la connaissance de cette même nature: car, comment pourrait-on aider cette grande mère de tout ce qui existe si l'on n'était pas, avant tout, initié dans ses divers et profonds mystères? Si l'on n'avait pas été admis à son instructive et propre école, et surtout si l'on n'avait pas profité de ses lumineuses, grandes et profondes leçons? En un mot, si l'on n'avait pas constamment sous les yeux le divin tableau

qui avait des temples célèbres, surtout dans la ville renommée d'*Epidaure*, dans le Péloponèse. Les offrandes qu'on faisait à ce dieu, dans ces temples, consistaient en une table d'airain ou de marbre, sur laquelle on gravait les détails de la maladie qu'on avait eue et des remèdes employés pour la guérir. On appendait dans les temples ces sortes de tables votives, qui étaient très instructives pour apprendre l'art de guérir les diverses maladies. On croit qu'*Hippocrate*, le père de la médecine, les étudia, les médita et en tira parti, pour former les principales règles de la médecine et surtout de ses immortels *aphorismes*.

physique et moral de son corps, de son âme, de ses actions et de ses effets producteurs, destructeurs et réparateurs? Pour pouvoir donc être un digne *aide de la nature*, il faut au besoin pouvoir tenir son lieu et place; il faut par conséquent être pour ainsi dire aussi sage et aussi clairvoyant en toutes choses qu'elle, en un mot, être une sorte de seconde nature, un *Dieu!* Or, parmi tous les *bonnets doctoraux* qui existent ou qui ont existé sur la terre, même parmi ceux qui jouissent ou qui ont joui de la plus transcendante réputation, combien en est-il qui soient ou qui aient réellement été dignes de l'être? Le nombre en est, je crois, bien petit. Pourrai-je donc y faire exception moi-même? Je n'ai sans doute pas cette prétention; mais voici cependant ce que je vais succinctement et successivement me permettre de dire sur cette difficile et transcendante matière.

§ I.

CONSIDÉRATIONS GÉNÉRALES

SUR LA MÉDECINE.

S'il est permis à un simple vétérinaire de faire entendre sa franche voix, du sein de son humble chaumière; si un ardent ami de la nature et de la science médicale a le droit de s'adresser au genre humain, pour lui faire part de quelqu'une de ses veilles matinales et sérotinales; s'il a le droit d'être l'organe de la pure et simple vérité, sous quelque forme et quelque couleur qu'elle puisse se présenter ; en un mot, s'il a pour principal but le bien public et le progrès de la science, j'ose espérer, avec confiance, qu'on daignera m'écouter encore un instant, avec ce calme et cette attention qu'on doit à la parole d'un sincère ami de la nature, des sciences, des arts, et, surtout, de la médecine générale.

Le vaste domaine de la médecine, comme celui de la religion, est depuis longtemps partagé en diverses sections, opiniâtrement ennemies et même hostilement acharnées les unes contre les autres, dans l'aveugle croyance chacune de posséder seule le vrai sceptre médical.

Mais parmi ces innombrables sections, d'où surgissent impunément d'interminables et nuisibles ou meurtrières controverses, qu'on qualifie orgueilleusement du nom de méthodes, de *doctrines* et même de *systèmes*, on remarque spécialement et depuis longtemps, d'un côté, *l'hippocratisme*, le *brownisme*, le *broussaïsme*, le *rasorisme* et *l'empirisme* ; de l'autre côté, le *vitalisme*, *l'humorisme* et le *solidisme*; de l'autre côté, *l'éclectisme*; quand et selon moi, le *naturisme*, seul, doit diriger cette inestimable bienfaitrice de l'espèce humaine et des animaux domestiques, ainsi que des végétaux et de tous les autres êtres de la nature.

Voilà les sommités, les cadres scientifiques, en un mot, les principaux drapeaux de l'empire médical, sous lesquels se sont groupés les défenseurs, les soutiens, ou les restaurateurs de l'*iatrie*, comme dans autant de confluents généraux des principales rivières médicales, qui, par leur commune jonction, constituent le fleuve turbulent de la médecine, qui roule avec fracas vers l'orageux océan du grand art de guérir, rempli d'écueils et de tempêtes épouvantables, qui ont déjà brisé ou coulé à fond tant de vaisseaux chargés des prétendues richesses d'Esculape, malgré le courage, l'expérience, la sagacité et le génie transcendant de tant de hardis et célèbres pilotes, qui ont successivement régné depuis Hippocrate jusqu'à ce jour !

Mais, puisque ce grand et iatrique océan est hérissé de tant d'écueils dangereux et tourmenté par tant d'orages épouvantables, qui ont causé tant de naufrages déplorables, il est ce me semble très avantageux, pour éviter de pareil désastres, de connaître leurs causes et leurs effets, leur tableau général, leur carte marine, en un mot, leur boussole directrice, afin de les éviter et de voguer entr'eux dans de meilleurs parages et d'arriver sain et sauf dans le but tant désiré : *le royaume de la guérison et de la santé!* Parce que la moindre ignorance, ou le moindre oubli du pilote, peuvent fourvoyer le vaisseau de la vie, ou le précipiter dans une infaillible perte !!!

Il est donc éminemment important, quand on a pour but les progrès ou l'avancement réel de la science médicale, d'exposer succinctement le tableau général de tous ces divers systèmes, doctrines, ou méthodes curatives, en un mot, le succinct tableau de son état présent et passé, sans aucune exclusion ou exception, afin de marcher, accompagné du flambeau de l'obser-

vation, de l'expérience, du méthodisme, du dogmatisme, ou du systématisme, de tous les siècles, vers le
ténébreux avenir, en un mot, du *connu* vers *l'inconnu :*
ainsi que nous l'avons succinctement fait, en petit,
pour l'histoire de la présente *Epigéonosie.* Car, l'esprit
généralisant ou systématique verrait clairement alors
s'il devait suivre quelque sentier déjà battu, ou bien,
s'il devait tourmenter son imagination pour créer, au
travers des déserts, des buissons, des ronces et des
épines, quelque *nouvelle route*, plus droite ou plus avantageuse à l'art de guérir; et, par ce moyen, cet esprit
ne perdrait pas son temps à d'inutiles ou infructueuses
recherches, auxquelles l'ignorance de ce grand tableau
médical doit à chaque instant nécessairement l'engager.
Eh! qui sait même si cet esprit, scrutateur ou créateur,
ne parviendrait point à reconnaître l'existence de la
vérité, méconnue, dans le *passé!* et si, par conséquent,
ça ne serait pas courir après une *chimère* que de la
chercher dans *l'avenir!* Tel qu'un intrépide mais aveugle chasseur volerait en avant et à toutes jambes vers
un *lièvre imaginaire*, quand le *réel* reposerait tranquil-
lement à plus de cent lieues par derrière!!!

Il est donc de la première nécessité d'exposer succinctement le tableau médical dont je viens de parler,
afin d'être certain de marcher dans la véritable route
du progrès de la science, et, par conséquent, d'éviter
les redites, les fourvoiements, ou les extravagances.

Et ce que je dis à l'égard de ces systèmes, doctrines,
méthodes et toutes les autres sortes d'idées dogmati-

ques, je le dirai aussi de toutes les expériences, observations, ou faits divers, pour lesquels et pour les mêmes raisons on doit également exposer succinctement un tableau général, qui, d'un simple coup d'œil, puisse montrer à l'expérimentateur, à l'observateur, ou au praticien, s'il doit, oui ou non, recueillir et rédiger les fruits de ses œuvres; et, par ce moyen, travailler toujours avec connaissance de cause, sans jamais perdre inutilement son temps, ni le faire consécutivement perdre aux rédacteurs ou compositeurs des divers ouvrages ou répertoires de la médecine particulière et de la médecine générale.

Voilà sans doute une grande *lacune*, une lacune frappante, qui existe cependant, je ne dirai pas seulement en médecine et surtout en vétérinaire, mais même dans presque toutes les sciences exactes et les sciences hypothétiques ou dogmatisantes de la terre. Est-il donc étonnant de leur voir faire en général si peu de progrès, et de marcher même souvent à pas rétrogrades? Non, sans doute : il est même surprenant de ne pas les voir se fourvoyer encore plus étrangement !

On dira que l'élève, le praticien, l'observateur, l'expérimentateur doit être au niveau de la science, c'est-à-dire, qu'il doit avoir ou qu'il est censé avoir toutes ces connaissances. Mais, ce n'est pas tout que de dire qu'il doit les avoir; il s'agit de savoir s'il les a, s'il a été capable de les acquérir, si on les lui a réellement données dans ses études, ou bien, s'il est en position physique, morale et pécuniaire de les pouvoir acquérir dans sa

pratique, surtout encore quand il est éloigné des cen-
tres de la science, du journalisme, des bibliothèques et
des divers cabinets publics; ainsi qu'on le voit fréquemment quand il est noyé, perdu et découragé dans le sein
des profondes campagnes, et spécialement quand il s'y
trouve sans notables ressources de son patrimoine, ni
du gouvernement, ni de sa profession, et qu'il est cependant obligé d'y tenir ùn certain rang. Eh! plût à
Dieu qu'il n'existât pas de semblables hommes de l'art;
mais la terre en fourmille, sans que les gouvernements
daignent ouvrir les yeux pour leur faire une meilleure
part, ni faire cesser ce grand désordre médical qui dé-
cime ou ruine journellement la vie des êtres, surtout
de l'espèce humaine, tel qu'un fléau général, inaperçu,
mais plus dévastateur ou meurtrier peut-être que toutes
les guerres de la terre !

Il est donc de la plus haute importance :

1° Que le médecin ait d'abord la franche et intègre
vocation de son art;

2° Que, dans ses études médicales, il ait suivi la
bonne et droite route ïatrique;

3° Qu'il s'en soit occupé avec zèle et assiduité, et
qu'il ne cesse de le faire pendant toute sa vie;

4° Qu'il soit aidé, soutenu et encouragé, surtout par
le gouvernement;

5° Et, surtout, qu'il s'attache avec soin, sa vie durant, aux études de l'ensemble de la nature, et qu'il
ait constamment sous les yeux le magnifique tableau
de cette *mère* de tout ce qui existe, et du grand *Père*

qui lui a donné le jour et qui le dirige selon sa suprême volonté (1).

§ II.

APERÇU GÉNÉRAL SUR LA NATURE.

La Nature, cette antique et suprême Déesse, visible et immortelle fille du créateur, constitue l'admirable objet de la création, la réalisation de l'existence, en un mot, ce majestueux et vivant univers, suspendu tel qu'un point dans l'immensité de l'espace et dans l'éternité de Dieu.

Cette divine et immortelle Déesse, compagne inséparable du Père éternel qui lui a donné le jour et duquel elle proclame si dignement et si irrévocablement la réelle et nécessaire existence, offre dans son ensemble une fécondité, une richesse, une beauté, une élégance, une noblesse, une amabilité et une volupté inexprimables.

Rien au monde ne peut dignement être comparé à cette majestueuse et adorable Reine du ciel : mère de

----

(1) Je crois que les études de la nature, bien dirigées, devraient former la base principale de l'instruction générale, ainsi que je l'ai déjà dit et publié depuis plus de trente ans non-seulement pour les *médecins* et les *vétérinaires*, mais encore, pour les *avocats*, les *juges*, les *prêtres*, les *administrateurs*, les *gouvernants*, les *rois*, et en général pour tous les hommes à haut ou noble *emploi* et même leurs notables *subordonnés*; afin d'avoir un aperçu de la *miraculeuse création*, de chasser le criminel *athéisme*, de détruire l'astucieux *larronisme*, et de perfectionner sous tous les rapports le désirable et bienveillant *humanisme*, surtout la *droiture*, la *franchise*, la *conscience*, l'*âme*, le *cœur*, en un mot, l'*être physique* et *moral* de l'espèce humaine.

la vie des amours, des voluptés, des délices, et des existences qui comblent l'espace et constituent son être propre, elle vit, agit et se rajeunit sans cesse, dans son ensemble et dans ses détails, et, toujours une et indivisible, se maintient miraculeusement dans un printemps perpétuel.

En effet, tout se tient, s'enchaîne, se meut, vit, s'use, change, s'éteint, se renouvelle, s'équilibre, se pacifie et se conserve fraîchement et sans cesse dans le sein immense de cette immortelle, sous la direction du créateur et au sein de la ravissante harmonie de mille myriades de vivants, délicieux et éternels concerts, qui l'escortent et l'accompagnent bienheureusement dans toutes les actions de son éternelle existence : c'est une grande, réelle, vivante, harmonieuse et miraculeuse métamorphose, et le plus bel et délicieux ornement de l'esprit humain.

Quel magnifique et ravissant spectacle ! Quel étonnant enchaînement de causes et d'effets ! Quel vaste champ de contemplations ! Dieu, l'espace et l'univers; les soleils, les comètes et les planètes; l'air, l'eau et la terre; les minéraux, les végétaux et les animaux; leur création, leur organisation et leur vie; leurs actions, leurs amours et leur procréation; leur mort corporelle, leur dissolution et leurs éléments; la matière, l'âme et l'esprit; en un mot, tout est du vaste domaine de cette belle et noble nature, dont l'histoire fournit les matériaux divers à la foule des sciences, des arts et de tout ce qui occupe en général la vie de l'espèce humaine.

45

Mais, parmi tant d'objets différents dont se compose cette belle et divine nature, il n'en est point de plus frappants et de plus importants pour l'homme que la *vie* et la *mort*.

§ III.

DE LA VIE ET DE LA MORT.

LA VIE et la MORT sont les choses les plus remarquables de la nature : tous les pivots de l'univers roulent sur ces deux étonnants phénomènes; *naître* et *mourir*, telle est la roue éternelle de la création. Il suffit d'être entré dans le royaume de la vie pour qu'on soit tenu de marcher bon gré mal gré vers celui de la mort.

Mais, grand Dieu! quelle différence de sentiments cette vie et cette mort n'inspirent-elles point à l'homme! quel contraste, quel tableau d'extrème opposition! La première est aussi belle et désirable que la seconde est hideuse et redoutable, et l'on ne voudrait jamais la voir cesser, tant on est porté vers l'immortalité; mais cette mort arrive toujours d'un pas ferme, pour saper cette vie, fixer son variable terme.

La VIE, ce mouvement, ce sentiment, cette lumière, cette âme divine, qui permet à ceux qui la possèdent de se mouvoir, d'exister, de sentir, de penser, de contempler l'œuvre de la création et de jouir de ses bienfaits sans nombre, surtout à l'espèce humaine, aime à s'entourer du précieux cortége de l'abondance ou *richesse*, du plaisir ou *volupté*, du bien-être ou *santé*, de

la vertu ou *vérité*, en un mot d'une sorte de *paradis terrestre*; trésors inestimables, qui fixèrent jadis le génie
de *Crantor*, dans une fiction où il les fit successivement
paraître devant la Grèce assemblée aux jeux olympi-
ques, pour décider de leur utilité, de leur mérite, de
leur rang, en un mot de leur prééminence respective
dans la balance des biens et du bonheur de ce monde, par
des prix qui furent méritoirement décernés, avec une entière connaissance de cause, savoir : le premier, à la *vertu;*
le second, à la *santé*; le troisième, à la *volupté*; et le quatrième ou dernier, à la *richesse* : attendu que cette richesse, malgré ses illusions, ses assurances souvent dé-
placées et l'étalage de sa vaine magnificence, n'était
rien sans cette *volupté*; qui n'était rien elle-même, malgré son embrasante ivresse, pour conduire aux délices
ou aux plaisirs, sans cette *santé;* ni celle-ci, malgré sa
beauté, sa force, son énergie et sa luxurience vitale,
sans la *vertu*, qui, seule, pouvait conduire à la *sagesse*,
au divin royaume de l'immortalité, en un mot, à *Dieu*,
qui, source de tous les biens, surpasse tous les trésors
de la terre, comme la masse accablante de l'*univers* surpasse celle d'un vil *atôme* de poussière.

La MORT, au contraire, ce repos absolu, cette privation totale de mouvement, d'action, de sentiment, de
pensée; cette inanimation, cette ténèbre, en un mot,
cette annihilation épouvantable, n'aime à s'entourer que
du terrorifiant cortége de la misère, de la privation, de
la famine, de l'inanition, de la douleur, des souffran-
ces, des maladies, des agonies, des extinctions, des dis-

solutions du néant, en un mot d'une sorte d'*enfer terrestre* : malheurs déplorables qui contribuent si puissamment à soutenir le majestueux édifice de la divine religion, qui promet une existence future dans le séjour des hautes régions.

On fait ordinairement tout au monde pour le maintien perpétuel de la première et pour l'acquisition de tous les biens qui l'entourent; tandis qu'on ne néglige rien pour repousser la seconde et toute son alarmante et funèbre escorte: rien n'est omis pour parvenir à ces deux résultats diamétralement opposés et naturellement ennemis l'un de l'autre. Eh ! plût à Dieu qu'on suivit toujours à ce sujet la bonne et droite route, et non point les sentiers obliques, les labyrinthes et les ténébreux et criminels fourvoiements! De là, sont nées sans doute la *morale*, la *religion*, la *législation*, l'*hygiène*, et la *médecine* humaine et vétérinaire; ces cinq puissants arcs-boutants de la civilisation, qui, en résultat, se réduisent tous à un seul qui est l'*hygiène* ou l'art de prévenir les vices et les maladies, pour maintenir ou conserver la santé particulière et générale, tant dans le physique que dans le moral.

En effet, il vaut beaucoup mieux prévenir ou éviter les malheurs, les vices, les maux, les maladies, que d'être obligé de souffrir et de les traiter pour y remédier ou les voir guéries; car la richesse n'est rien, malgré tous ses appas, quand la santé, cette reine de la terre, ne l'accompagne pas. Partout donc on devrait aimer et adorer l'hygiène, comme la déesse de la *santé*, de ce premier des biens de ce monde, de ce bien inestimable, divin, où tout abonde, et sans lequel tous les trésors de la terre ne sont rien; sauf la *vertu* qui plane dans le séjour élyséen, mais qui n'est elle-même que cette *santé morale* que Dieu réserve, telle qu'une brillante flamme, à ses propres amis, à ceux de la sage nature, pour en faire des élus par dessus toutes les autres créatures!

§ IV.

DE LA SANTÉ ET DE LA MALADIE.

Le tableau de la *vie*, observé d'un point de vue général, peut donc être considéré, d'après tout ce qui précède, comme un *fleuve rapide*, dont le terme ou l'océan est la *mort*; du sein de laquelle jaillissent sans cesse des éléments vivifiants, pour la génération ou la nutrition de nouveaux corps: tel qu'on voit ces vapeurs invisibles, que le soleil soulève sans cesse du sein des mers qui entourent notre vaste globe, et que le froid céleste condense en brouillards ou nuages, dans les bases ou les hautes régions de l'atmosphère, pour les résoudre ou les précipiter sous forme vaporeuse, liquide ou solide sur ce même globe; où leur eau roulante et vivifiante vient éterniser l'activité des sources et le cours des innombrables fleuves qui sillonnent et fertilisent sa pittoresque surface, tout en reproduisant sans cesse les mêmes phénomènes par cette miraculeuse circulation éternelle.

Or, la *santé*, observée du même point de vue, peut donc être également considérée, d'après tout ce que je viens d'exposer, non-seulement comme une *balance ou oscillant équilibre d'actions organico-vitales*, mais encore et beaucoup plus intelligiblement, comme le *libre cours de ce même fleuve de vie*, qui marche et parcourt sa route infinie, sans gêne et selon ses forces naturelles, jusqu'à son embouchure ou terme de sa carrière dans la *Nécrosocéanie* (1).

Ensuite, la *maladie*, étudiée ou contemplée de la même hauteur de cet observatoire escarpé, doit être considérée, non-seulement comme un *trouble à cette équilibrante et oscillante balance d'actions organico-vitales*, mais encore et également d'une manière beaucoup plus intelligible, comme *l'obstacle qui entrave, arrête, suspend ou éteint le cours naturel de ce même fleuve de vie*, dont la source et l'embouchure, couvertes d'un voile impénétrable et divin, se perd dans le sein de l'Eternité ou de la cause première, comme celles des fleuves réels se perdent dans le sein de l'Océan, de l'atmosphère et de la terre.

Que faut-il donc faire pour chasser cette maladie et rétablir cette santé? La réponse à cette question est sans doute fort simple : il suffit *d'enlever, de détruire, d'écarter* ou *d'éloigner*, purement et simplement, *l'obstacle* ou

---

(1) Du grec, νεκρός, mort, et de ωκεανος, océan, ou la grande mer qui environne toute la terre; mais qui, ici, exprime le ténébreux *océan de la mort*.

la *cause* qui trouble, entrave, suspend ou éteint le cours naturel de ce fleuve de vie, *sublata causa, tollitur effectus;* voilà toute la *médecine*. Prévenir ou empêcher l'invasion et les effets de cette *cause* ou de cet *obstacle*, voilà toute *l'hygiène*.

Or, comme il vaut infiniment mieux de prévenir que d'être obligé de guérir, *l'hygiène* doit être considérée comme bien supérieure ou au-dessus de la *médecine;* elle doit donc, telle qu'une reine de primitive ligne, marcher lumineusement et agir la première, et, celle-ci, la suivre humblement par derrière, pour lui prêter main forte, en cas d'impuissance, et terrasser les rebelles à son obéissance : Tel que le meurtrier combat, l'épouvantable guerre suit la paix qui n'a pu triompher sur la terre; ou tel encore, diminutivement, que ces *fous procès*, qui suivent les non-conciliations devant les *justices de paix*, et qui exercent les chicanières armes des ruinants avocats (ainsi que celles de tous les graves justiciers, depuis les premiers rangs jusqu'aux derniers), qui ordinairement sapent, hachent tout, tels que de barbares soldats, pour vaincre ou remporter de prétendues victoires, fruits ordinaires de l'astuce, du larcin, du crime, des fausses gloires, et, par ce moyen, combler leurs misérables coffres-forts des dépouilles de leurs aveugles victimes, de celles des morts !

Mais, pour parvenir à des résultats aussi simples et à la fois aussi sublimes, on doit assidûment étudier et épier la marche de la nature et les effets des causes, du temps, de ses variations et de toutes ses températures.

C'est là que résident les grands flambeaux de cette médecine et surtout ceux de cette hygiène qui la précède
en première ligne : car tout se tient et s'enchaîne dans
les tourbillons passagers des êtres vivants et dans tout
ce qui les entoure, ou qui agit sur eux, comme dans
ceux qui constituent le vaste Univers; si quelque roua-
ge s'y trouve en souffrance, dans quelque point que ce
soit, il entraîne la souffrance du reste de la machine, en
raison directe de son importance; si le moteur principal qui l'anime est agonisant, la machine entière se
trouve plongée dans une mort apparente; si Dieu lui-
même n'existait point, l'univers entier serait plongé
dans la nuit épouvantable du chaos et du néant.

Par conséquent, le zélé scrutateur des phénomènes
de la nature, ainsi que de ceux de ses miraculeuses
créatures, sera certainement toujours, toutes choses
égales d'ailleurs, l'homme qui approchera le plus de
ses faveurs, et, surtout, du difficile et transcendant
sanctuaire, dont *Esculape* et *Hygée* sont le *père* et la *mère*.

Mais, combien ces genres d'études sont en général
négligés par les médecins et par les vétérinaires, et par
ceux même qui jouissent de la plus haute distinction!
Est-il donc étonnant de voir ordinairement les champs
de la médecine déserts, arides, ou frappés d'une telle
stérilité que la mort y moissonne sans cesse d'abondantes récoltes! des récoltes métamorphosées aussitôt en
de véritables fumiers ! Ah! malheureux législateurs de
la science médicale, que ne dirigez-vous vos yeux et
votre talent d'observation vers ces sources pures de la

sage et insinuante nature ! L'art de prévenir et de guérir vous proclameraient alors infailliblement et avec reconnaissance pour leurs patrons dignes de la plus haute
vénération. Mais, non, vous croupissez en général dans
l'esclavage de la mode, du système, ou de l'ombre de
quelque prétendu grand nom, et l'humanité *anthropo-
zootique* (1) souffre de la *cataracte* impardonnable qui
vous aveugle (2).

Je ne prétends point sans doute vous opérer cette fatale cataracte; elle est trop ancienne et trop enracinée
dans votre docte cristallin : vous ne seriez point d'ailleurs
assez dociles sous mon *speculum-occuli* et mes aiguilles,
et je ne suis point malheureusement un *scarpa*, pour
pouvoir promettre de vous l'extirper recta. Mais malgré
toute mon impuissance, je m'efforcerai de communiquer mes faibles lumières à ceux qui n'en auront pas,
persuadé qu'il vaut encore mieux posséder quelque
saine lueur, quelque faible qu'elle soit, que de croupir
nuisiblement dans d'épaisses ténèbres. Tel est le motif

---

(1) J'ai formé ce mot du grec ανθρωπος, homme; et de ζωον, animal.

(2) Ce reproche, très fondé, mais qu'on ne verra peut-être pas
avec plaisir, peut s'appliquer, non-seulement aux législateurs de
la science médicale, mais encore aux législateurs de toutes les autres sortes de professions, jusqu'à ceux du *droit*, de la *justice*, de
la *politique*, de la *religion*, et même des *rois*, qui, en général,
seraient plus éclairés, meilleurs, plus humains, et conduiraient ou
mèneraient les choses à meilleure fin, s'ils avaient plus souvent
sous les yeux le magnifique et divin tableau de la sage nature, ainsi
que celui du suprême créateur ! si propres pour former de grandes
âmes et de bons *cœurs* ! !

qui m'a mis la plume à la main : Puisse-t-elle m'honorer et peindre des tableaux iatriques dignes d'un maître.

§ V.

DES MALADIES DES ÊTRES VIVANTS

DANS L'ÉTAT DE NATURE

et dans celui de Domesticité ou de Civilisation.

Tout dans la nature est créé ou engendré par quelque cause. Tout naît, croît, s'use, décroît, s'éteint,
meurt et se renouvelle sans cesse, sauf Dieu, qui, du
haut de son céleste séjour, voit les siècles passer sous
lui, tels qu'un torrent rapide, qui emporte les mortels
dans le fleuve épouvantable de l'oubli. L'homme, les
animaux, les végétaux, les minéraux les rochers, les
montagnes, le globe, les planètes, le soleil, ne font
point exception à cette loi générale de la nature. Et
Dieu lui-même ne fait peut-être pas exception à cette
même loi, dont il est l'auteur, afin de se régénérer ou
rajeunir sans cesse, et, par ce moyen, maintenir son
éternité dans un printemps perpétuel : car, comment pourrait-il être étranger à ce grand et miraculeux phénomène, dont il est le père créateur et à la fois
le vivant exemple, quand on voit ordinairement et même très souvent la *cause* être d'une nature plus ou
moins homogène ou similaire à celle de l'effet? Et les
anciens surtout de la savante Egypte et de la poétique
Grèce, n'avaient-ils point senti ou prévu cette grande

vérité, par l'ingénieuse fiction de leur *phénix* revivant sans cesse de ses propres cendres. Sans doute l'auteur a pu se séparer de son ouvrage; mais passons sur une question aussi relevée, pour nous occuper de ce qui nous est plus facile à juger.

Tout donc est périssable et sujet à la destruction, particulière et générale, dans le sein entier de la nature; mais tout n'y est détruit que successivement et d'une manière infiniment variable, jusque dans le sein des individus de la même espèce et même jusque dans celui des organes et des tissus divers qui constituent l'organisation de chaque corps ou de chaque être : mille actions désordonnées, mille agents destructeurs en constituent les causes efficientes. Mais en général les corps ou les êtres qui sortent le moins souvent de leur état naturel, ou qui ne troublent que rarement en plus ni en moins leur heureuse *balance ou oscillant équilibre d'actions organico-vitales*, en un mot, *qui vivent librement selon les lois de la nature*, toujours si sage et si prévoyante, sont ordinairement ceux qui, toutes choses égales d'ailleurs, sont le moins affectés de maladies et qui poussent leur longévité le plus loin : tels sont les êtres vivants qui n'ont d'autres maîtres directeurs que leur instinct, la nature, Dieu; aussi, sont-ils rarement malades et jouissent-ils ordinairement de la plus haute dose de santé, de force, de bonheur et de félicité dont ils soient susceptibles de jouir sur la terre; jamais contraints de contrarier leur volonté; ils obéissent sans art et sans gêne aux salutaires lois et insinuations de cet instinct, de cette nature, de ce Dieu, et ils en sont si rarement trompés que tous les hygiénistes et médecins de la terre ne seraient pas capables de les maintenir dans une plus parfaite santé: car, ils font ordinairement tout ce qu'il convient de faire pour éviter le redoutable cortége des privations, des excès, des douleurs, des maladies et en général de toutes les sortes de maux qui pourraient les affliger, sauf le tribut de leur vie, qu'ils doivent tôt ou tard payer à la nature, qui le leur avait généreusement prêté.

Mais, les hommes de la nature ou de l'état sauvage jouissent-ils des mêmes avantages ? Je n'ai sans doute point été parmi eux dans les déserts qu'ils habitent pour les y observer sous tous les rapports en médecin philosophe; mais, malgré cela, je crois fermement, nonobstant toutes les gazettes qu'on fait sur leur compte, qu'ils ne doivent point faire exception à un pareil état de choses, surtout quand ils jouissent de toute la liberté dont la nature les a gratifiés. Par conséquent, la plus fréquente maladie à laquelle ils doivent être exposés, sauf les accidents qui peuvent par hasard ou autrement et diversement les atteindre, comme à tous les autres êtres vivants, est, ainsi que pour les animaux indépendants, *leur vieillesse et leur mort naturelle,* que certaines peuplades abrégent, dit-on, vers les derniers instants, mais ce qui me paraît être très difficile à croire, attendu qu'il n'entre jamais dans la bizarrerie des animaux eux-mêmes d'en faire autant : tant tout ce qui vit adore le précieux trésor de la vie !

Les êtres vivants qui sont indépendants dans le sein de la nature, et parmi eux doivent être compris les végétaux non soumis aux lois de l'agriculture, sont donc en général très peu sujets aux maladies et ont en général une vie forte, tenace et longue ; ainsi qu'on peut s'en convaincre à chaque instant par ceux qui vivent en liberté sous nos yeux, dans toute l'étendue de nos climats, quoique ces climats soient déjà bien éloignés de ce qu'ils seraient dans un pur état de nature. Mais en est-il de même pour les êtres vivants soumis à la *domesticité* ou au *despotisme* de l'espèce *humaine*, sans en exclure les végétaux soumis à l'agriculture et surtout à l'horticulture, qui sont leur propre état de domesticité ? Non, sans doute : contrariés à chaque instant dans leurs actions, dans l'emploi de leur force, dans leur nourriture, dans leur habitation et dans une foule d'autres choses, ils ne peuvent plus obéir à leur instinct conservateur, à la nature, à Dieu; en un mot, forcés d'exécuter les volontés ou les ordres souvent capricieux de leurs maîtres, ils transgressent mais à regret les lois sanitaires de la nature, que ces maîtres méconnaissent ordinairement même pour eux-mêmes, et, par ce fait, ils sont beaucoup plus exposés que les premiers à une foule de maladies qu'ils ne peuvent ordinairement prévenir, ni pallier, ni bien souvent guérir.

Mais l'homme civilisé et soumis aux lois et usages des sociétés qu'il s'est créés, pour se constituer lui-même dans une sorte d'*esclavage* ou de *domesticité*, comparable à celle des animaux qu'il enchaîne sous son despotique empire, fait-il exception à cette défavorable situation de ces mêmes animaux et plantes domestiques? Forcé de plier sous l'empire de ses passions, de ses routines, de ses usages, de ses institutions, et surtout de ses innombrables professions, ainsi que de tant d'autres choses, il est contraint à chaque instant d'enfreindre les lois de la sage nature, laquelle l'en punit en développant en lui une foule d'affections *physiques et morales*, qui sont et doivent certainement être inconnues aux hommes de la nature. L'homme civilisé ne fait donc point exception à ces lois et en subit, comme ces animaux et ces plantes, toutes les fâcheuses conséquences.

L'état de domesticité ou de civilisation, tant dans l'homme que dans les animaux, les végétaux et même les minéraux, constitue donc pour ces êtres une source abondante et intarissable de vices et de maladies variées, qui ne se développeraient point ou que faiblement si l'on ne s'écartait jamais de la route sanitaire que dicte ou trace sans cesse l'admirable nature. Mais, il faut la connaître cette bienfaisante nature! Or, qui peut se flatter de posséder, surtout entièrement, une aussi utile connaissance. Les médecins eux-mêmes sont-ils capables, non plus que beaucoup d'autres hauts professionnels, de la suivre sans jamais la quitter? Combien n'en a-t-on pas déjà vus la méconnaître et se perdre sans retour dans des labyrinthes inextricables et dans des ténèbres épouvantables! Et, si les hommes éclairés par le flambeau d'Esculape sont ainsi susceptibles d'errer, combien à plus forte raison les ignorants ou les hommes naturellement entourés de ténèbres, surtout dans le sein des sociétés civilisées, ne doivent point y être exposés! Aussi, que de vices, que de maladies ne règne-t-il pas sur la surface de la terre! qui sera capable d'en diminuer le nombre, ou de les faire disparaître de fond en comble? Je m'efforcerai sans doute de contribuer à cette œuvre philanthropique, mais d'autres la conduiront à sa fin iatrique, à ce règne perpétuel de l'inestimable santé, à celui du bien, du bonheur, de la félicité!

§ VI.

LE TRIOMPHE DE L'HYGIÈNE SUR LA MÉDECINE

OU LA SUPÉRIORITÉ

de l'art de prévenir sur celui de guérir.

La *santé* est un bien tellement précieux, mais si rare sur la terre, que tous les êtres en général voudraient dès qu'ils l'ont perdue la ratrapper et même ne jamais périr. Ce sentiment est tellement inné en eux que tous s'efforcent d'éloigner le *mal* et la *mort*, autant qu'il est en leur puissance de le faire; et même aucun ne serait fâché de vivre autant que l'éternité. On a beau leur prôner les délices infinis d'un paradis céleste: ils lui préféreraient toujours une belle vie ou un paradis terrestre, comme ils préfèrent en toutes circonstances le *présent* à l'*avenir* ou le *connu* à l'*inconnu*.

De ces idées, de ces sentiments, il suit qu'en général on ferait tout au monde, si l'on en avait la raison et les lumières suffisantes, pour se maintenir perpétuellement en vie et en vie saine ou en santé : la fortune, les festins, les plaisirs, les voluptés, tout y serait agréablement sacrifié; mais la *mort* ne voit, ni n'entend rien, et sa faulx va toujours son train, fauchant par ci par là, avec une force infinie, tout au travers de tous les âges de la vie. Oh ! redoutable mort, retire-toi ! s'écrient les mortels remplis d'effroi, dès qu'elle s'approche de leur chaumière, pour leur offrir un gîte sous terre; mais, ils ont beau le lui crier, elle marche d'un pas ferme, précipité, et finit toujours par les atteindre, sans qu'ils puissent l'éviter ni l'éteindre !

Mais, puisqu'il est impossible d'éluder un pareil sort, puisqu'il faut bon gré mal gré faire ce lointain voyage, dans un pays généralement inconnu, ne devrait-on pas s'efforcer d'empêcher que la douleur ou la maladie s'introduisit dans la vie, et de l'en expulser quand, malgré notre défense, elle a eu la témérité d'y pénétrer? Oui, sans doute; mais, pour parvenir à des résultats aussi sublimes, que de talents et de connaissances ne doit-on pas réunir, pour ne point errer ou faire de malheureuses victimes, tant est difficile l'art de prévenir et de guérir !

En effet, il n'est pas de professions sur la terre qui soient plus difficiles que celles de l'*hygiène* et de la *médecine*, c'est-à-dire que l'art de pévenir et de guérir les troubles développés dans le vivant organisme de tous les êtres de la nature. Quand un ressort d'une montre est dérangé, l'horloger l'ouvre, voit l'obstacle, l'enlève, et tout revient dans l'ordre ou en santé; mais, il n'en est pas de même pour les dérangements des innombrables organes ou ressorts qui constituent un être vivant; il n'y existe point de porte d'entrée pour les yeux de la tête, il n'y en a que pour les yeux de l'esprit: le génie, la sagacité, le tact médical seuls y ont accès. Et, ensuite, ces ressorts sont, par le fait de leur propre nature, d'une telle délicatesse, d'une telle sensibilité, d'une telle susceptibilité, d'un tel harmonisme, que le moindre agent, la moindre cause, peuvent y développer les plus grands ravages, les plus grands désastres, et même la mort. Telle qu'une imperceptible étincelle de feu, que le moindre souffle pourrait emporter, ce qu'une goutte d'eau pourrait éteindre, peut embraser d'énormes édifices, de vastes cités, des forêts incommensurables et même toute la surface combustible du globe.

S'il est donc éminemment important de *remédier* à de pareils désastres, et c'est là le devoir de la *médecine proprement dite*, il l'est bien plus encore de les *prévenir* : car Il vaut bien mieux, en pareille circonstance, prévenir que d'être obligé de guérir; voilà le devoir de l'*hygiène*.

L'*hygiène*, physique et morale, est donc une science infiniment plus utile que la *médecine*. Sapant, dans sa source, la substance ou l'aliment de cette médecine, elle doit, par sa propre nature, finir nécessairement par l'éteindre; comme cette médecine doit finir, si elle est puissante, par éteindre les maladies.

L'époque de cette extinction est sans doute infiniment éloignée, si même on la voit jamais arriver; mais, si une pareille merveille arrivait, ce serait certainement un magnanime bienfait, un bienfait qui n'aurait jamais eu d'exemple, et qui transformerait la surface de la terre en un *paradis terrestre*, rempli de délices inexprimables : faisons donc des vœux éclatants et sincères pour un état aussi désirable ou prospère, malgré le courroux des dangereux détracteurs, qui visent plus à leur bien qu'au général bonheur, et disons de toutes parts, avec enthousiasme et vérité : *Vive l'hygiène! vive cette déesse d'humanité! ainsi que ceux qui l'aident à triompher!*

Mais, peut-on espérer un pareil bonheur, quand l'esclavage règne pour ainsi dire dans tous les cœurs? Quand la *force*, même souvent astucieuse et brutale, dirige tout sur la terre et même d'une manière quelquefois infernale?

VII.

DE L'ORIGINE DE L'ESCLAVAGE

OU DE LA

DOMESTICITÉ DANS LES ÊTRES VIVANTS.

La loi du plus fort régit toute la nature, depuis les planètes jusqu'aux dernières molécules : c'est une vérité mère qu'on ne peut contester et qu'on observe à chaque pas dans l'univers entier.

Mais ce qu'on doit entendre par force, dans les corps, n'est point toujours leur masse, leur taille, leur dehors; c'est plutôt ce *principe de vie*, cet *esprit*, cette *âme* qui les dirige, qui les anime, qui les enflamme : ainsi que le prouve l'*homme*, cet être faible, impuissant, qui, malgré cela, constitue le roi des êtres vivants, et surtout l'incompréhensible *Dieu* de la nature, qui quoiqu'*immatériel*, régit toutes les créatures, toute la masse de l'incommensurable univers, si bien disposé dans l'espace, dans le vaste océan de l'éther, où le moindre agent, le moindre fluide, le moindre élément, mettent quelquefois tout en désordre dans un instant; tel qu'une imperceptible étincelle ignée peut embraser une forêt ou une cité désolée.

C'est donc l'*esprit*, et non la lourde *matière*, qui régit les corps, les êtres, la nature entière. Il n'est donc point étonnant que l'homme ait soumis à ses lois tant de bêtes de somme; mais il a commencé par les moins réfractaires, afin de n'avoir pas à leur faire une longue guerre. C'est ainsi qu'il a d'abord maîtrisé les *végétaux*, ces êtres obéissants, muets, chargés de fruits jusqu'au bout des rameaux, dont les racines labourent ou sillonnent l'intérieur de la terre, tandis que leurs tiges s'élèvent en général droit dans l'atmosphère ou vers le zénith, par une loi inconnue aux orgueilleux mortels, quoiqu'ils prétendent tout expliquer jusqu'au ciel. C'est sur ces êtres que l'homme a fondé l'*agriculture*, ce premier des arts, cette rivale de la nature, ce fondement inébranlable de la civilisation, cause première de l'agglomération des peuples en *nations*, et dont les fruits innombrables, divers, variés et les premiers des aliments, nourrissent ces sociétés, ces nations, leurs enfants, et, par ce moyen, constitue leur inestimable mère, dans toutes les régions cultivées de la terre. Mais une nourriture aussi saine, aussi naturelle, n'a point suffi aux hommes dont l'âme était cruelle, et, par barbarie, nécessité, ou autrement, ils se sont jetés sur une foule d'êtres vivants d'une sensibilité beaucoup plus exquise, tels que des enragés ou des démons en furie, ou mieux tels que des loups, des assassins, des traîtres, afin de les exterminer, de les tuer et de s'en repaître, nonobstant leurs cris, leurs gémissements, leur douleur, qui auraient dû les faire frémir et reculer d'horreur! Cependant ne sont point aussi blâmables ceux qui en ont fait la conquête dans un but plus louable, dans celui de lever le tribut annuel de leur toison, ou dans celui d'en faire leurs aides ou leurs utiles compagnons, soit pour les divers travaux de l'agriculture, soit pour le transport des denrées issues de sa culture, soit pour différents commerces ou voyages divers, que ces hommes font dans toute l'étendue de l'univers.

Les animaux les plus faibles, les plus inoffensifs et surtout les plus utiles ou les plus lucratifs ont été les premiers soumis à la *domesticité*, comme les plus inutiles, les plus féroces, le seront les derniers. A ce titre, la *brebis*, le *bélier*, la *chèvre*, le *bouc*, auront peut-être commencé l'*esclavage*, ainsi que le prouvent les patriarches, pasteurs des premiers âges; ensuite, seront venus l'*âne*, le *bœuf*, le *chameau*, l'*éléphant*, pour labourer la terre, cultiver les champs, et porter les moissons ou les récoltes dedans. Ensuite, sera venue la conquête de ce fougueux animal qui, leste et fier sous l'homme, porte le nom de *cheval*, et qui est si utile à l'agriculture, à l'armée, et surtout au commerce des diverses denrées. Enfin, tous les autres animaux, ravis à la nature, auront été domptés à mesure que l'agriculture aura fait des progrès et créé des étables et des basse-cours, pour y loger les troupeaux et les paisibles oiseaux des alentours, surtout les *palmipèdes* et les *gallinacées*, dont les plumes avaient des qualités distinguées, ainsi que ceux qui pondaient des *œufs* gros et nombreux, qui, joints aux *fruits végétaux* et aux *laitages crémeux*, constituaient une nourriture délicate et naturelle, dont on devrait faire usage peut-être par toute la terre, afin de développer un sang et un caractère plus doux, et, par ce moyen, chasser l'acrimonie, le crime, le courroux qui dévorent tant de malheureux mortels ! Ainsi que je le souhaite du fond de mon âme, avec la haute bienveillance qui m'enflamme et qui devrait enflammer tous les nobles mortels, afin de vivre dans un *paradis* et non dans un *enfer !*

Mais, à mesure ou mieux après que cet esclavage ou cette domesticité furent établis parmi les animaux domptés, arriva successivement l'*esclavage* ou la *domesticité des hommes*, qui se considérèrent comme des *bêtes de somme,* dépendantes les unes des autres, depuis les *goujats* jusqu'aux *têtes couronnées,* jusqu'aux plus grands *potentats,* qui occupent *le haut de l'esclavage* majestueusement, de cette *domesticité* créée hiérarchiquement, pour le malheur peut-être de toutes les nations!

Tel est le vaste *système de la civilisation,* de cette sublime machine qui roule sur des sables mouvants et qui se modifie ou se renouvelle par temps, pour changer son corps et sa vie, *non de nature,* mais seulement pour lui donner *une nouvelle tournure,* qui berce les peuples dans de nouveaux et vains espoirs, jusqu'à ce qu'une autre figure vient leur faire la même part, et ainsi de suite jusqu'au terme de leur machine ronde et peut-être même jusqu'à la fin dernière du monde!!

Mais quel *remède,* quelle *digue* assez puissante faut-il opposer à cet incorrigible torrent, qui, depuis l'origine des sociétés sauvages et civilisées, roule tumultueusement et avec fracas, et qui bouleverse même si souvent la face du monde? A ce torrent dévastateur, source intarissable de tant d'injustes et meurtrières guerres, l'amusement ordinaire des têtes couronnées, qu'on dit en général mais aveuglement être utiles, parce qu'il y aurait trop de monde quand cependant l'agriculture manque partout de *bras* et qu'il existe tant de *friches* et de *déserts* sur la terre, ou bien être naturelles ou ordonnées par Dieu, parce qu'on en a vu exister depuis l'origine du monde, quand elles ne sont évidemment qu'un reste de la barbarie humaine? Est-il permis à l'homme d'essayer cette importante cure, sans encourir le courroux des mortels et même celui des malades eux-mêmes, qui paraissent se complaire dans leur aveugle maladie? Ce n'est sans doute pas le cas, ici, de s'occuper de cette *transcendante iatrie*, qui trouve plus naturellement sa place dans ma PAIX UNIVERSELLE, *ou le mariage philosophique du commerce avec l'agriculture et sa famille entière*, qui repose sur l'empire universel des intimes et légitimes liaisons qui existent naturellement entre la nature, l'homme, l'agriculture, les arts, les sciences, les commerces, les gouvernants, les potentats, les nations, l'ensemble des sociétés civilisées, en un mot, entre les principales et fondamentales bases qui soutiennent, alimentent et perpétuent le majestueux et systématique édifice de la civilisation et du pacte social; ouvrage qui porte cette épigraphe : *honneurs soient rendus à Dieu et aux bons gouvernants !* et que je fis imprimer en 1830, sur une centaine de pages in-octavo, dans le but de *pacifier le monde* et d'établir sur la terre *un nouvel ordre de choses*, beaucoup plus avantageux que celui qui existe, et dont quelques exemplaires se trouvent encore chez moi, au prix chacun, remis franc de port par la poste, de 2 fr. 50 c.

Mais reprenons le fil du traitement général de notre épigéonosie; et, pour plus d'intelligence ou de lucidité, pour favoriser la conception, jetons succinctement et avant tout un coup d'œil général et rapide sur l'ensemble de la *nature*, c'est-à-dire, sur les principales croyances qui pour moi sont d'irrévocables axiomes que j'ai au sujet du *grand œuvre de la création*.

VIII.

SUCCINCT EXTRAIT DES BASES FONDAMENTALES

DE MON NOUVEAU SYSTÈME DE LA NATURE.

Quarante années d'observations, d'expériences, de réflexions et de contemplations assidues sur la grande et divine NATURE, m'ont irrévocablement prouvé, d'une manière matérielle et intelligentielle, que la science de cette nature, adoptée par l'espèce humaine entière, sous quelque système qu'elle ait été représentée, était en général plongée dans des erreurs tellement profondes qu'on ne pouvait pas même dire, chose sans doute fort étonnante, qu'elle fût dans son berceau : car elle était encore à créer.

J'ai opéré cette étonnante création (on trouvera sans doute cela fort hardi) sous les ordres et la dictée de cette même nature; ou mieux, cette même nature l'a elle-même opérée par mon propre être, heureusement organisé, modifié, animé et prédisposé à cet effet par elle : car je ne suis, ainsi que tous les autres êtres de l'univers, qu'un faible *instrument* de sa toute-puissance.

Cette création surprenante sera sans doute très difficile à croire; mais elle n'en restera pas moins toujours très positivement frappée du sceau de la divine et immortelle VÉRITÉ; mes lumières, ma raison, ma conscience, en sont intimement convaincues ou persuadées, ainsi qu'on peut s'en former une idée approximative par les faibles lambeaux ou matériaux épars, extraits de son sein, et exposés ici dans l'ordre suivant.

I.

104. DIEU existe, et son existence est aussi positivement certaine que celle de l'univers.

2. La grandeur et le pouvoir de Dieu sont sans bornes.

3. Dieu est le père créateur et gouverneur de l'univers.

4. Dieu existe à la fois dans toute l'étendue de cet univers.

5. La justice de Dieu est positivement certaine, impartiale, intègre et irrévocable.

6. On ne peut arriver à la vraie et parfaite connaissance de Dieu que par la vraie et parfaite connaissance de l'ensemble de l'univers matériel. Il n'existe point au monde d'autre échelle pour aborder son étonnante élévation; il faut ponctuellement parcourir le majestueux ensemble de ses matériels échelons, depuis le premier successivement jusqu'au dernier; et ce n'est que cette éminente hauteur et par de là la matière qu'on le distingue à nu dans toute sa grandeur.

II.

7. L'AME existe; et son existence est aussi positivement certaine que celle de Dieu et de l'univers lui-même.

8. Chaque être animé a son âme; et cela ne peut nullement être différemm ent.

9. L'âme est aux êtres animés ce que Dieu est à l'univers.

10. L'âme est susceptible d'acquérir des défauts, des vices, des maladies et autres entraves, qui la dévient plus ou moins de ses fonctions naturelles, tandis que Dieu reste toujours parfait.

11. L'âme émane de Dieu, et rentre dans son sein dès qu'elle a rempli sa mission dans ce monde.

12. On ne peut arriver à la vraie et parfaite connaissance de l'âme que par la vraie et parfaite connaissance de l'ensemble du corps ou être matériel qu'elle anime; c'est l'unique échelle de sa hauteur escarpée, comme l'univers matériel est celle de Dieu.

III.

13. *La vie éternelle ou future* existe aussi positivement que la vie passagère ou présente existe dans ce monde.

14. Les récompenses et les punitions dans la vie éternelle existent aussi positivement que la jouissance et la douleur existent dans ce monde selon l'obéissance ou la désobéissance aux lois de la nature, de l'équité, de la vertu.

IV.

15. *Une substance immatérielle* et homogène existe; c'est l'*esprit* ou *vie*, qui, par l'ensemble de son intelli-

gentiel organisme, constitue *Dieu*, ainsi que son immédiate émanation l'*âme*.

46. Il n'existe point dans le monde d'autre *principe vital* que cette même substance.

47. Cette substance est la source et la vie de tout, jusque dans les moindres éléments de l'univers.

48. Cette substance meut et dirige seule l'univers, comme le bouvier meut et dirige la charrue; c'est la reine suprême de la matière et cette matière ne constitue que son fidèle et obéissant sujet.

49. Toute autre espèce de force que cette même substance n'existe point; et ce qu'on appelle *pesanteur*, *attraction*, *répulsion*, *affinité*, à grandes ou à petites distances, ne sont que des mots vides de sens et de grandes et occultes chimères.

V.

20. *Deux substances matérielles* et oculairement hétérogènes existent.

21. Il n'y a point d'autres substances matérielles dans le monde que ces deux mêmes substances.

22. Ces deux substances matérielles constituent le matériel de l'univers, et jointes à la substance immatérielle elles constituent l'univers entier.

VI.

23. L'*univers est plein et sans bornes*, Dieu et la matière remplissent son immense étendue.

24. Il n'y a point au monde de *vide réel*; il n'y a que des vides ou mieux des *pleins relatifs*.

25. Cette relative et générale plénitude de l'univers favorise extraordinairement le mouvement et la vie, loin de les gêner.

VII.

26. *Un océan éthéré*, ou *atmosphère universelle existe*.

27. L'univers entier nage dans le sein de cet immense océan éthéré.

28. Cet univers gravite vers le centre de Dieu; il n'a point d'autre direction ou mouvement centripète.

VIII.

29. L'*univers est organisé et vivant*, dans toute son étendue; les minéraux ne font point exception à cette vitalité générale; en un mot, c'est un grand et bel *organovitalisme*.

30. Deux sortes d'astres existent dans le sein de cet univers; ce sont les *soleils* et les *planètes*. Les *satellites* ne sont que de petites planètes.

31. Les astres mixtes, appelés *comètes*, n'existent point, du moins comme astres particuliers et différents des soleils et des planètes. Leur apparition résulte d'un effet dont l'explication est fort simple; et les phénomènes cométaires ne doivent nullement épouvanter les peuples de la terre.

IX.

32. Le *soleil* n'est point *métallique;* son organisation est le résultat d'un seul élément homogène.

33. Les prétendues *taches* du soleil n'existent point; elles ne sont que des erreurs et des illusions d'optique. En un mot, la véritable nature et la véritable origine de ce brillant astre du jour étaient inconnues.

X.

34. Les *planètes* sont très *composées;* leur organisation résulte de plusieurs éléments hétérogènes.

35. Les planètes offrent sans doute beaucoup de taches réelles, mais dans le nombre, il en est plusieurs qui n'existent pas et qui ne sont que des erreurs ou des illusions d'optique.

35 bis. La nature et l'origine des planètes étaient inconnues, ainsi que la manière dont elles se sont développées; et, en particulier, la planète *Terre,* loin d'être dans sa décrépitude, croît et grandit toujours.

XI.

36. L'*anneau de Saturne* n'est point un groupe de planètes ni d'autres corps matériellement existants. Il résulte d'un phénomène fort simple.

XII.

37. La *voie lactée,* ou *galaxie,* n'est point un groupe de soleils ni de masses de matérielle et diffuse lumière; elle résulte d'un phénomène dont l'explication est fort simple.

38. Les *nébuleuses* ne sont point non plus des groupes de soleils, ni de masses de matière et diffuse lumière, mais le produit de phénomènes fort simples.

39. La *lumière zodiacale* n'est point l'atmosphère du soleil; elle est l'effet d'un phénomène également fort simple.

40. Les *aurores boréales* peuvent s'expliquer beaucoup plus naturellement que par les fluides magnétiques et électriques.

XIII.

Les *aérolithes* ne sont point des phénomènes célestes, lunaires, ni électriques; ils reconnaissent d'autres causes naturelles.

42. Les *bolides*, les *étoiles filantes*, ni d'autres phénomènes ignés de l'atmosphère, ne sont point des effets électriques : ils reconnaissent d'autres causes naturelles.

XIV.

43. Les *éclairs* et les *tonnerres* peuvent s'expliquer différemment que par l'électricité.

44. Les *orages*, les *ouragans*, les *vents*, les *flux* et *reflux*, ni les autres *agitations de l'atmosphère*, ne sont point des phénomènes électriques, ni produits par l'attraction; ils reconnaissent d'autres causes naturelles.

45. Les *orages*, les *courants*, les *agitations* et les *flux et reflux des mers*, ne sont point le fruit d'une attraction ou pesanteur terrestre ni céleste : ils reconnaissent d'autres causes naturelles.

46. La *météorologie solide, liquide, gazeuze* et *ignée*, en général, est loin de reconnaître les causes qu'on lui assigne.

XV.

47. Le *magnétisme du globe* est loin de reconnaître les causes qu'on lui assigne.

XVI.

48. Les *phénomènes volcaniques* reconnaissent d'autres causes que celles qu'on leur prête.

49. Les *commotions* et les *tremblements de terre* ne sont pas mieux expliqués que les volcans précités.

XVII.

50. Ce qu'on appelle *électricité* n'est pas un fluide particulier ou un être réellement existant dans la nature; ses effets reconnaissent d'autres causes très faciles à expliquer.

51. Le *magnétisme* ni le *galvanisme* ne sont point non plus des êtres réellement existants dans le sein de la nature; leurs effets seront également expliqués.

XVIII.

52. La *calorique* n'est point un être matériel; sa nature et ses lois étaient inconnues, et les phénomènes du feu et de la chaleur étaient encore dans leur berceau.

53. Le *frigorique* ou *froid* n'a point non plus une existence matérielle dans le sein de la nature; sa nature et ses lois n'étaient pas mieux connues que celles du calorique.

XIX.

54. La *lumière* n'est point un être matériel; sa nature et ses lois étaient très peu connues, et l'optique était encore dans son berceau.

55. Les *ténèbres* n'ont point une existence matérielle dans le sein de la nature; leur nature ni leurs lois n'étaient pas mieux connues que celles de la lumière.

XX.

56. L'*oxigène* n'est point un être spécial et réellement existant dans le sein de la nature; il n'est qu'une simple modification d'un autre être.

57. L'*hydrogène* est dans le cas de l'oxigène.

58. L'*azote* également.

59. Le *gaz acide carbonique* et toutes les autres sortes de *gaz* ne possèdent pas une plus grande certitude parmi les réelles et véritables existences de la nature.

XXI.

60. Les *oxides*, les *acides* les *alkalis*, sont très éloignés d'avoir la composition qu'on leur accorde; leur nature et leurs propriétés réelles étaient encore inconnues.

61. Les *liqueurs fermentées*, les *vins*, les *eaux-de-vie*, les *alcools*, les *éthers* et toutes les autres sortes de *spiritueux*, en général, n'étaient pas mieux connus.

62. Les *corps neutres*, *gras*, et autres semblables, étaient dans le même cas que les précédents.

XXII.

63. L'*air atmosphérique* n'est point un composé d'oxigène, d'azote et d'acide carbonique; il est le résultat d'une étonnante et belle organisation.

64. L'*eau* n'est point une composition d'oxigène et d'hydrogène; elle offre, ainsi que l'air, une étonnante et belle organisation.

65. La *terre* n'est pas un composé du grand nombre d'éléments qu'on lui assigne.

XXIII.

66. Les *minéraux* ne sont point composés de ce grand nombre de substances élémentaires qu'on leur accorde gratuitement.

67. Les *végétaux* ne sont point des composés d'oxigène, d'hydrogène, de carbone.

68. Les *animaux* ne sont point un composé d'oxigène, d'hydrogène, de carbone et d'azote.

69. Les *phénomènes de l'intelligence* n'offrent point la composition qu'on leur assigne.

70. Enfin, la *chimic*, la *physiologie* et la *philosophie* minérale, végétale, animale et intellectuelle, étaient encore dans leur berceau.

XXIV.

71. L'*agriculture* attend avec impatience une bienheureuse réforme ou régénération générale, qui doit transformer la surface de la terre en un véritable et délicieux *paradis terrestre.*

72. Les *arts* et les *commerces* sont dans le même cas.

XXV

73. La *médecine humaine,* ainsi que la *médecine vétérinaire,* sont plongées dans une grande et conjecturale incertitude; l'une et l'autre attendent, ainsi que l'agriculture, une bienheureuse réforme ou régénération générale.

74. Le *solidisme,* l'*humorisme* et l'*éclectisme,* qui divisent le corps particuliers de chacune de ces deux médecines, sont des systèmes contre nature. Le *gazéisme,* le *calorisme* et l'*électrisme,* quand même ils viendraient à être créés et introduits sur la scène médicale, ainsi que j'avais jadis l'intention de l'opérer, ne seraient pas des systèmes plus raisonnables.

75. Le *naturisme* seul doit diriger ces inestimables bienfaitrices de l'espèce humaine et des animaux domestiques.

XXVI.

76. En un mot, les *sciences chimiques, physiques, astronomiques, métaphysiques, philosophiques* et *leurs dépendances en général,* étaient plongées dans des erreurs énormément profondes, qui voilaient surtout leurs bases fondamentales, et qui réclamaient ouvertement de vives lumières pour dissiper les épaisses et presqu'impénétrables ténèbres qui les enveloppaient de toutes parts

jusque dans le bout ou origine de leurs propres et dernières racines. Mais il était facile d'y porter un jour brillant et salutaire, et j'ai eu la patience, le courage, la satisfaction et le bonheur d'allumer à cet égard les premiers rayons lumineux ou brillants flambeaux, que j'ai cru devoir méritoirement appeler; 1° la *theïe*, 2° l'*albie*, 3° la *nigrie*, 4° l'*albinigrie*, 5° la *dizonie*, 6° la *pentazonie*, 7° la *polyzonie*, etc., etc.

Ces noms sont sans doute aussi nouveaux que l'ensemble de ce curieux système; mais ils n'en sont pas moins expressifs : des objets nouveaux réclament toujours une langue nouvelle, et la nature est inépuisable à cet égard comme en tout autres choses; il n'y a, pour arriver à bon port, qu'à l'observer attentivement et qu'à obéir docilement et librement aux impulsives et salutaires directions qu'elle trace sur sa route immortelle. Dieu veuille que cette belle et fertile *déesse* ne soit point aussi négligée qu'elle l'a été jusqu'à présent, et que son puissant et majestueux char soit toujours accompagné d'un nombreux et puissant cortége de véritables et sincères adorateurs !

§ IX.

SUCCINCTES CONSIDÉRATIONS

SUR LES PRINCIPAUX SYSTÈMES DE MÉDECINE (1).

Une foule de systèmes ïatriques, plus ou moins bien raisonnés et tous plus ou moins erronés, ont déjà paru sur la scène médicale, accompagnés chacun d'un cortége d'adorateurs; mais ils n'ont en général et tour à tour brillé, dans le cours des siècles, qu'un court instant, pour rentrer aussitôt dans le royaume de la poussière : tels que ces *météores* ou *feux passagers* de *l'atmosphère*, qu'un clin d'œil voit s'allumer et s'éteindre, sans laisser après eux la trace de leur rapide passage; ou mieux, tel que ces *modes sans nombre*, que le luxe développe et qui affublent un instant l'orgueil des damoiseaux et du sexe enchanteur, surtout des coquettes, souvent au détriment de leur beauté et de leurs grâces naturelles,

---

(1) Le mot *système* vient du grec συν avec, ensemble; et de ιστημι, je place, c'est-à-dire assemblage de principes vrais, ou faux, liés ensemble; ou bien et en philosophie, supposition gratuite à laquelle on s'efforce de ramener la marche de la nature, qui va toujours au-delà des faits donnés par l'observation et qui explique tout d'une manière vague et lâche, mais satisfaisante néanmoins, par cela même qu'il ne faut pour la concevoir ni des connaissances très étendues, ni plus d'efforts qu'on a été obligé d'en faire pour l'imaginer. En physique et en histoire naturelle, c'est l'arrangement méthodique des corps ou des êtres de la nature. Le mot *médecine* vient du latin *medicus*; du grec μηδομαι, je soigne, ou bien, d'ιατρος, de ιαομαι, je guéris; c'est-à-dire celui qui exerce la médecine.

qui souffrent de ce ridicule *arlequinage*, qui offensent le bon goût, qui font même souvent rougir la pudeur, et qui disparaissent ordinairement pour un temps ou pour toujours.

Mais, parmi ce nombre infini de *modes médicales*, qui se sont succédé dans le cours des siècles et qu'on a vu briller un instant sur la scène du monde, surtout depuis le temps d'Hippocrate jusqu'à ce jour, on distingue spécialement, tel que des jalons principaux, l'*hippocratisme*, le *solidisme*, l'*humorisme*, le *vitalisme*, ou l'*animisme*, le *matérialisme*, le *brownisme*, le *rasorisme*, le *broussaïsme* et l'*éclectisme;* systèmes ïatriques qui se sont impunément partagé l'*empire médical*, pour en faire de petits royaumes, généralement opposés et hostiles les uns aux autres, de manière à équivaloir à une aveugle et orgueilleuse *anarchie* (1); au grand détriment de la véritable *ïatrie*, ou mieux de la *vie* des êtres malades, qu'elle est appelée à soulager.

Mais, pourquoi déchirer en mille pièces hétérogènes ce grand et salutaire empire médical, quand les sujets sur lesquels il opère sont des êtres *indivisibles*, dans lesquels tout se tient et s'enchaîne jusqu'aux dernières molécules matérielles et immatérielles? pourquoi le morceler et le mutiler ainsi, pour en faire des sortes de squelettes ou de simples pièces d'anatomie? pourquoi ne pas le laisser intact, entier, dans toute sa naturelle et

______

(1) Du grec, α privatif, et de χαρα, gouvernement; c'est-à-dire ici, sans gouvernement médical.

majestueuse grandeur? L'*art* prétendrait-il être au-dessus de la *nature*? prétendrait-il en savoir plus que cette grande mère de tout ce qui existe, et que dirige par la main la lucide sagesse du suprême créateur? ne serait-ce pas déjà fort heureux qu'il pût ou qu'il sût l'*aider*, et qu'ainsi, au lieu de vouloir présomptueusement s'ériger en grand maître, auprès d'elle, il fût digne d'être son simple et humble *aide*! Je crois sans doute que c'est toute la distinction et tout l'honneur auxquels il doit et peut aspirer (1).

Les *hippocratistes*, ou les partisans d'*Hippocrate*, sor-

---

(1) Les médecins anciens avaient reçu des noms différents selon la méthode qu'ils employaient pour guérir les maladies; de là, les médecins *ïatraleptiques* (du grec ἀλείφειν, frotter), les *gymnastiques* (du grec, γυμνάζω je m'exerce), etc.; ou selon la doctrine qu'ils professaient. Sous ce dernier rapport, ils ont été partagés en cinq sectes principales : 1° Celle des *Dogmatiques*, dont l'aîné des fils d'Hippocrate fut le fondateur; 2° celle des *Empiriques*, qui eut Sérapion pour chef; 3° celle des *Méthodistes*, préparée par Asclépiade et fondée par Thémison de Laodicée; 4° celle des *Pneumatiques*, établie par Athénée; 5° celle des *Eclectiques*, qui fut l'ouvrage d'Agatinus de Sparte et d'Archigène d'Apamée.

Le moyen-âge et les temps modernes ont aussi compté un grand nombre de sectes médicales. Après avoir régné presque universellement, le *Galénisme* fut ébranlé par l'alchimiste Paracelse et l'animiste Van-Helmont. Les qualités élémentaires furent remplacées un moment par les éléments chimiques, et bientôt le goût dominant pour la chimie emmena le système *Chémiatrique* de Sylvius; mais on conservait des idées fondamentales des doctrines galéniques et toutes les théories médicales étaient basées sur les altérations des humeurs. Ensuite, parut la doctrine de Boërhaave, qui réunit les théories humorales aux théories mécaniques. Enfin, Haller, en éclairant le vaste champ de la physiologie, et Morgagni, en posant les véritables bases de la pathologie, ont ramené tous les esprits dans la voie de l'expérimentation, ont enseigné à ne point séparer les symptômes des altérations des organes et préparé les progrès que Pinel, Bichat et Broussais ont fait faire de nos jours, dit-on, aux sciences médicales.

tés de sages et intelligents *empiriques* (1), basent principalement leur système, mettant de côté toute théorie et toute idée dogmatique, sur l'*observation* et sur l'*expérience*; convaincus sans doute qu'en toute circonstance, *expérience passe science*. Mais ils ne doivent pas ignórer, quoique ce système soit prudent et assuré, que leur maître immortel, dignement qualifié de *Père de la médecine*, a dit lui-même : *vita brevis, ars longa, occasio præceps, experientia fallax, judicium difficile;* et qu'ensuite une maladie quelconque peut se présenter sous tant de degrés divers d'intensité et de complication, que le succès d'un même remède, dans un cas, du moins à la même dose, serait un insuccès dans l'autre : d'où il suit que ce système, quoiqu'en apparence prudent et fondé, est infiniment sujet à l'erreur et qu'il peut fréquemment exposer le praticien à se tromper.

L'observation et l'expérience constituent sans doute la base fondamentale de toute philosophie, de toute théorie, de toute doctrine, de tout système; mais, seules et sèches, elles marchent d'une manière tellement lente que le malade peut bien des fois succomber dans ce tâtonnant et souvent trompeur empirisme, avant d'arriver à une bonne application du moyen prophylac-

---

(1) Du grec, εμπειρικος; de πειρα, expérience. Il faut bien se garder de confondre ces sages et intelligents *empiriques*, hommes instruits et consciencieux, avec les *empiriques* ou *charlatans* réels qui agissent sans lumières, sans sciences et sans expériences, et qui constituent un fléau ou une véritable peste dans la société, qu'il est honteux et même coupable pour les gouvernements de tolérer ou de laisser toujours subsister, surtout pour ce qui concerne la *médecine vétérinaire*.

tique ou curatif: il faut donc y joindre un *rationnel dogmatisme*, comme Dieu joint une *âme* au *corps*, pour l'animer et le diriger dans ses actes et ses œuvres.

Les *solidistes*, ou les partisans de la doctrine ou système qui rapporte toutes les maladies aux lésions des parties *solides* (1) de l'économie animale, dans lesquelles ils croient qu'existent les propriétés *vitales* et le siége des phénomènes *pathologiques*, développés par l'impression des causes *morbifiques*, ne sont pas non plus dans la voie de la complète vérité; puisque, depuis le moment de la génération, les *fluides* les précèdent, les organisent, les alimentent, qu'ensuite sans eux ils ne pourraient exister, et que, par conséquent, les uns ne peuvent point être dans un *état morbide*, sans que les autres ne soient plus ou moins *affectés*.

Les *humoristes*, ou les partisans du système médical dans lequel on attribue la cause des maladies à l'altération primitive des *humeurs* (2), et où l'on déduit de ces altérations les caractères nosologiques et les indications thérapeutiques, système spécialement fondé par *Galien*, qui réunit les principes de l'humorisme en un corps de doctrine, où l'on rencontre une alliance perpétuelle des éléments avec les quatre humeurs des anciens, dites *cardinales*, qui étaient le *sang*, la *pituite*, la *bile jaune* et l'*atrabile*. Les partisans de ce système, dis-je, sont également très éloignés d'être sur la bonne

---

(1) Du latin, *solidus*, qui a de la consistance, qui n'est pas fluide.
(2) Du latin, *humor*, humeur, et du grec, χυμος, substance fluide d'un corps organisé.

voie, parce que les fluides, toujours contenus par les
solides, ne pourraient exister dans l'économie animale
sans ces derniers, parce que d'ailleurs ces solides en
sont sans cesse pénétrés, surtout pendant l'acte de l'*assimilation*, et qu'ainsi il est pour ainsi dire impossible
qu'ils puissent être dans un état morbide les uns sans
les autres.

Les *vitalistes*, ou les partisans du système physiologique et médical qui font dépendre toutes les actions
organiques d'un *principe vital*(1), dans lequel ils pla-
cent également le siége des maladies et dont *Sthal* est
le principal fondateur, ne sont pas dans une meilleure
voie médicale que les précédents, parce que ce qu'ils
appellent dans l'économie animale *principe vital* ne peut
point exister sans l'*organisme matériel* qu'il anime, pas
plus que celui-ci sans celui-là, et que par conséquent
l'un ne peut point être affecté sans l'autre.

Les *matérialistes*, ou les partisans du système de la
matière (2), dans lequel excluant âme et *principe* vital,

---

(1) Du latin, *vita* vie, dérivé du grec βιος; état d'un être qui
sente se meut, ou qui végète. Et le mot *animisme*, (du latin *anima*,
et du grec ψυχη, âme), est un terme qui exprime la cause inconnue,
en la personnifiant, d'effets connus que nous éprouvons en nous;
ou bien, la suite continuelle d'idées et de sentiments qui se succèdent sans interruption pendant le cours de notre vie. C'est cet être
immatériel que *Sthal* appelle *âme*, qui est la cause de l'activité des
corps organisés, qui veille à sa réparation, à sa conservation et qui
préside à tous les actes des nutritions, des sécrétions, des sensations, etc., etc., et dont la mission est de maintenir l'intégrité des
fonctions que tendent à troubler les causes morbifiques, d'où s'établissent entre l'effort des unes et la résistance de l'autre les phénomènes morbides.

(2) Du latin, *materia*, matière; substance étendue et impénétrable, susceptible de toutes sortes de formes.

ils expliquent le mécanisme des fonctions de l'économie animale et la formation des maladies par les lois de la chimie, de la physique et de la dynamique, et dont *Barthez* est le principal défenseur, sont également dans une profonde erreur et même dans une erreur très dangereuse; non-seulement parce que cet absurde système conduit à l'*athéisme* (1), à cette aveugle chimère, source abondante de tant de maux et de crimes en tout

---

(1) *Athéisme* est un mot dérivé de deux mots grecs : α privatif, Θεος, Dieu, *athée*; c'est-à-dire qui ne croit pas en Dieu, ou qui nie la divinité.

Il serait bien à souhaiter qu'on pût extirper complètement de la pensée humaine le *diabolique athéisme*, ce fils dénaturé de l'aveuglement et de l'erreur, ce père infâme de tant de maux et de crimes, en un mot, cette chimère abominable qui finit toujours par se dévorer elle-même et se précipiter sans retour dans un ténébreux et éternel néant, dans ce noir océan de future inexistence, dans ce goufre épouvantable d'une complète et éternelle *mort*, dont l'idée seule devrait désoler et faire dresser les cheveux d'horreur, guérir les malheureux *athées* et les rappeler pour toujours dans le sein paternel du *Dieu* bienveillant qui éclaire, échauffe, vivifie et perpétue sans fin l'éternel et miraculeux *empire de la nature*, ainsi que le bienheureux et délectable *royaume du ciel!* car, *sine Deus nihil!!*

Et, par conséquent, il serait bien important de graver profondément dans sa pensée la réelle existence et les divers attributs de ce grand et immortel *père de la nature*, de ce *Dieu* presqu'incompréhensible et infini dans sa nature, son étendue et son pouvoir, qui a créé et qui gouverne l'immensité de l'univers avec une grandeur, un ordre, une sagesse et une perfection admirables! et surtout de lui démontrer irrévocablement que les mortels ne constituent, à côté de ce grand et immortel être, que d'éphémères, rampans et imperceptibles *cirons*, qui disparaissent rapidement de ce monde, les uns après les autres, et qui passent, selon leurs bonnes ou mauvaises actions, dans le sein infini et réellement existant d'une *bienheureuse ou malheureuse éternité* ! Et qu'on ne vienne point douter de l'existence de cette même éternité, car la nature, la conscience, la raison la prouvent d'une manière irrévocable; et quand même cela ne paraîtrait physiquement pas de la dernière évidence à certains aveugles et malheureux esprits, l'*incertitude*

genre, mais encore parce qu'il porte principalement à traiter les maladies par des *moyens chimiques*, comme les corps inertes dans un creuset ou dans une cornue par des *réactifs*, de manière à troubler ou à compromettre infiniment l'existence des êtres malades soumis à cette aveugle et dangereuse thérapeutique.

Les *brownistes*, ou les partisans du système de *Brown*, docteur, né en Ecosse en 1735 et mort à Londres en 1788, attribuent à une propriété qu'ils nomment *incitabilité* tous les phénomènes de l'économie animale, soit dans l'état de santé, soit dans l'état de maladie; tout ce

---

même dans laquelle ils seraient alors, à ce sujet, leur commanderait impérieusement et irrésistiblement d'y croire de la manière la plus sincère, pour les acheminer vers la route du véritable bonheur ! Eh ! qu'elle est consolante cette dernière idée ! Qu'elle est facile à sentir, à connaître et à remplir ! La bonne volonté et quelques lumières seules suffisent ! Et faut-il donc, pour quelques biens temporels et éminemment passagers, qui nous saturent bien souvent d'amertumes et de maux en tous genres et nous précipitent rapidement au tombeau, malgré les secours de l'incertaine et conjecturale médecine; faut-il donc, dis-je, infester cette heureuse idée et l'âme tout entière des ténébreuses horreurs que l'*athéisme* ou le *néant éternel* projettent en hideuse et infinie perspective, au-delà de l'existence matérielle, qui reste sur la terre telle qu'un *inerte et grossier résidu ou caput mortuum*, dispersé par les vents, dissout par les eaux, et dévoré partiellement par les éléments et les êtres vivants, de manière à circuler isolément et sinistrement dans les torrents des innombrables et souvent hideuses et dégoûtantes filières de leur organisme ! ! ! Grand Dieu ! éclaire les aveugles, si toutefois il peut en exister à cet égard, et fais si bien qu'ils méritent malgré eux ton aimable et bienheureuse *vie éternelle !* c'est le vœu sincère que je fais au pied de ton trône suprême ! daigne l'exaucer ! car alors les hommes, loin de se dévorer réciproquement et de vivre entr'eux en ennemis et même en démons véritables, vivront tous ensemble en paix, en frères, en amis, en anges, et même en dieux, qui transformeront la surface de la terre en un véritable et délicieux *paradis terrestre*, en attendant le bienheureux et délectable *royaume du ciel*, qui comblera leur bonheur éternel ! *Sine vitâ æternâ nihil !*

qui agit sur cette économie animale sont des *puissances incitantes*; et l'*incitation* est le résultat de l'action de ces puissances sur l'incitabilité: c'est la *vie* elle-même tout entière (1) : car, si l'incitation cesse la *mort* s'ensuit, si elle est portée en deçà ou au delà des bornes naturelles, la santé est compromise. Celle-ci résulte du parfait accord de l'action des puissances incitantes avec la somme d'incitabilité répandue dans l'économie animale. Si l'incitation est trop forte ou trop faible, il y a dans le premier cas épuisement de l'incitabilité et dans le second accumulation d'incitabilité dans les organes : de là deux classes de maladies qui embrassent toutes les infirmités humaines : les maladies par excès d'incitation ou *sthéniques* et celles par défaut d'incitation ou *asthéniques*. Dès lors, toutes les maladies ne diffèrent que par le degré d'incitation, et tout le traitement consiste à augmenter ou diminuer l'action des puissances incitantes, c'est-à-dire, à rétablir l'équilibre entre l'incitation et l'incitabilité. Et, comme la rupture de cet équilibre ou la *maladie* est toujours une *atonie*, il s'ensuit que, dans le traitement, il faut toujours *tonifier* ou *inciter*, en plus ou en moins, et qu'alors tous les remèdes ou moyens thérapeutiques sont des *incitants* ou *puissances incitantes*.

Ce système médical, qui a fait tant de bruit dans l'univers, et qui semble n'être que la résurrection ou

---

(1) Incitabilité est synoyme d'*excitabilité*; puissances incitantes, d'*agents excitants*; et incitation, d'*excitation*.

resuscitation de celui du *strictum, laxum* et *mixtum* de Thémison, chef de la secte des anciens *méthodistes*, qui brillait vers la fin du premier siècle de l'ère chrétienne, et qui admettait que toute maladie dépendait du *resserrement*, ou du *relâchement*, ou de leur *mixtion*, offre sans doute au premier abord une apparence de vérité; mais il penche infiniment vers le matérialisme, s'il n'y est même pas complètement plongé, et il laisse une louche difficile à débrouiller surtout dans ce qu'on entend par les expressions *incitabilité, incitants, incitation*, qui, d'après Brown, constituent la vie elle-même tout entière, quand elles ne sont que de pures et imaginaires *abstractions*, et, par suite, il abandonne le médecin dans l'incertitude et l'obscurité d'une médecine spéculative, qui, n'ayant pas de balance pour peser le degré surtout de l'*atonie*, peut à chaque pas troubler ou compromettre l'existence des êtres sur lesquels il en fait l'application.

Les *rasoristes*, ou les partisans du système de l'italien Rasori, système qui a beaucoup de rapport avec celui de Brown, admettent que la santé est le résultat de deux forces opposées, également actives, qui se contre-balancent et s'équilibrent parfaitement et qu'ils appellent le *stimulus* et le *contre-stimulus*, dont le produit est la *stimulation*, et la *contre-stimulation*, et que dans toute maladie il y a excès de l'un ou de l'autre : de là ils établissent deux classes d'agents thérapeutiques; les *stimulants* pour combattre l'excès du *contre-stimulus*, et les *contre-stimulants* pour détruire l'excès du *stimulus*. Ils rangent au nombre des *stimulants* les aliments, l'opium, les liqueurs alcooliques, les substances aromatiques; au nombre des *contre-stimulants indirects*, l'abstinence, la saignée, l'action du froid; et, au nombre des *contre-stimulants directs*, les préparations antimoniales, mercurielles, ferrugineuses, les sels purgatifs alcalins, l'ipécacuanha, la strychnine, la belladone, etc.; substances qu'ils administrent ordinairement à haute dose et qui, selon moi, doivent produire dans l'économie animale des effets plus ou moins dangereux.

Les *broussaïstes*, ou les partisans de la doctrine du français *Broussais*, sont les ardents antagonistes des *brownistes* et par conséquent aussi des *rasoristes*. Ceux-ci veulent toujours *exciter* ou *stimuler;* eux, au contraire, veulent toujours *affaiblir* ou *débiliter*. Basant principalement leur système, qualifié de *doctrine physiologique*, sur les phlegmasies (1) ou les inflammations, surtout internes, dont la *gastro-entérite* constitue la reine, qui retentit sur tous les points de l'organisme et qui surbordonne à ses lois toutes les autres, il ne s'agit,

---

(1) Du grec, φλεγω, je brûle; inflammation, ou maladies internes, ou externes, consistant en une surexcitation qui appelle le sang dans les vaisseaux capillaires d'un organe, d'où résulte de la douleur, de la rougeur, de la chaleur, du gonflement, etc., phénomènes caractéristiques de l'inflammation ou du phlegmon.

De ce mot grec φλεγω, dérive aussi le mot *phlogose* inflammation sans tumeur; ainsi que le mot *phlogistique*, dont *Sthal* s'est servi pour exprimer un principe, qu'on a dit imaginaire, mais qui selon moi était aussi fondé que le mot *calorique* qui le succéda, au moyen duquel il expliquait la combustion, phénomène qu'il attribuait au dégagement du phlogistique des corps, avec lesquels il le supposait combiné.

dans cette aveugle doctrine et pour quelque maladie que ce soit, que de toujours *affaiblir* ou *relâcher*, surtout par les *saignées*, les *sangsues*, les *diètes absolues*, les *tisanes* et même la simple *eau naturelle*, portées même jusqu'à la *défaillance*, l'*émaciation* et l'*exténuation générales* : doctrine ou système plus absurde et plus dangereux encore que celui de vouloir toujours *exciter* ou *tonifier*, et qui rappelle celui du grand docteur espagnol *Sangrado*, dans *Gil-Blas de Santillane*, qu'il semble avoir voulu ressusciter ou faire revivre pour le malheur, la ruine, la détérioration, le rabougrissement, l'atonie, l'agonie, et l'extinction de l'espèce humaine (1).

---

(1) Voici un *fait notable*, parmi une foule d'autres que je pourrais citer, que j'ai observé sur l'espèce humaine et qui prouve sans réplique combien de ravages dans le monde a dû produire le malheureux et destructeur *système de Broussais*, ou *doctrine physiologique*, avec ses grandes diètes, jointes à ses grandes et fréquentes saignées, ses régimes éminemment affaiblissants, en un mot, sa méthode médicale des plus débilitantes et mortifères qui soit peut-être tombée dans l'esprit humain, si ce n'est dans la romantique tête de l'espagnol *Sangrado*, qui, Dieu le sait, conduisit, selon *Le Sage*, tant de victimes dans le sombre empire, et qui l'un et l'autre semblaient pour ainsi dire à dessein avoir été créés pour brosser, détériorer, ruiner ou éteindre l'organisme de l'espèce humaine !

Dans les premiers temps où ce fatal système était en grande vogue et où il était exercé par l'élite des docteurs médecins, UNE DAME robuste et dans la force de l'âge fut, pour la soi-disant et tant fameuse *gastro-entérite*, rigoureusement traitée selon tous les destructeurs principes de cette méthode médicale. Après avoir été je ne sais le nombre de fois *saignée*, elle fut pendant plus de deux mois tenue dans une complète diète. Ne prenant qu'une simple tisane d'orge, elle finit par ne pouvoir supporter, je ne dirai pas seulement les aliments solides, les bouillons, les tisanes, mais même la simple eau naturelle, sans être aussitôt obligée de la vomir, comme s'il eût existé quelque violente irritation ou quelque

Les *éclectistes* (1), ou les partisans du système médical qui se borne à la recherche, dans tous les systèmes

---

obstruction dans l'estomac ou dans les intestins. Cette dame, sans perdre sensiblement ses facultés morales, tomba dans un affreux état de marasme; elle maigrit, flétrit et se dessécha au point que son corps ne formait plus qu'un *cadavre*, ou mieux un *squelette* recouvert d'une peau jaunâtre et collée pour ainsi dire immédiatement à la surface de sa charpente osseuse. Enfin, cette malheureuse victime d'un absurde système médical, qui partout ne voyait que *gastro-entérites*, s'éteignit peu à peu, telle qu'une lumière qui perd insensiblement sa flamme, avant le troisième mois de sa maladie, c'est-à-dire, de sa prétendue et tant redoutable *gastro-entérite* !

Le médecin Broussaïste qui avait soigné cette dame, plein de confiance dans les principes du maître de la médecine physiologique, fut tout étonné de sa rapide extinction. Il jugea à propos d'en faire l'autopsie, pour tâcher de reconnaître la cause de cette mort prématurée : il m'invita à y assister; j'y fus. L'attention de ce docteur se porta d'abord vers les organes qui devaient être le siége de la tant redoutable *gastro-entérite*, c'est-à-dire, vers les organes digestifs, *l'estomac* et les *intestins*. Quelle surprise ! *point d'estomac*. Malgré sa plus minutieuse exploration, il n'en trouva pas le moindre vestige. Partout, depuis l'embouchure diaphragmatique de l'œsophage jusqu'à l'anus, *un intestin*, et un intestin très rétréci, très fluet et presqu'oblitéré, pâle, vide, et sans la moindre trace *d'inflammation* ni *d'obstruction*. Enfin, il remuait sans cesse le paquet intestinal et cherchait toujours l'estomac, quand je me permis de lui dire, moi qui observais le tout avec la plus curieuse attention, que ce viscère n'existait plus dans ce système digestif, qui était réduit à l'exacte forme et calibre d'un étroit intestin, contigu d'un côté à l'œsophage et de l'autre à l'intestin grêle, qui en tenait lieu et qui en occupait la place.

Le médecin, très étonné de ce phénomène, ne savait comment l'expliquer, quand je me permis de nouveau de lui dire que cette réduction gastrique en simple et véritable intestin ne pouvait reconnaître pour cause efficiente que la longue et complète *diète* à laquelle cette dame avait été soumise, et je m'efforçai de lui en expliquer ma pensée. Mais ne pouvant d'abord digérer cette frappante vérité, il me fixa d'un œil de Jupiter et me répondit, tout courroucé, que cela ne pouvait pas être possible : cependant, il finit par se rendre peu à peu à l'évidence; et nul doute que le système circulatoire sanguin ou *cordo-vasculaire*, qui ne fut pas ex-

(1) Du grec, εκλεγειν, choisir.

Imaginés et dans toutes les doctrines professées jusqu'à ce jour, des opinions raisonnables, des vérités qui s'y trouvent enfermées, pour en composer un corps de doctrine uniquement basé sur une sage et judicieuse expérience, et que fondèrent anciennement *Agathinus* de Sparte, et *Archigène* d'Apamée, en conciliant la doctrine d'*Athénée*, leur maître, avec l'empirisme et le méthodisme, à l'instar de la secte des *épisynthétiques*, système qui depuis lors a presque toujours plus ou moins existé, çà et là, et qui règne encore dans une foule d'esprits, ne sont pas dans une meilleure voie médicale que les précédents doctrinaires, parce que leur disparate *amalgame* (1), éminemment empirique, ne peut pas facilement cadrer avec la *simplicité*, la *pureté* et l'*unité harmonique* de la marche de la nature.

LE NATURISME (2).

Ce serait sans doute le cas ici d'exposer le *Naturisme* ou mon *Nouveau Système de médecine;* mais ce travail est d'une trop longue étendue pour pouvoir facilement

---

ploré, n'offrît un rétrécissement plus ou moins semblable, ainsi que tous les tissus de l'économie animale.

Il faut convenir que cet exemple (et je pourrais en citer d'à peu près semblables en médecine vétérinaire) est bien frappant pour porter les *médecins* et les *vétérinaires* à renoncer à cette destructive *doctrine médicale,* ou bien à la modifier infiniment, ainsi que je l'ai déjà dit et prouvé dans le temps, et que je l'observe et prouve chaque jour encore dans ma pratique de médecine vétérinaire. *(Voyez mon mémoire sur le Bospseudohelminthe,* broch, in-8, 1852; prix, *franco.* 1 fr.)

(1) Du grec, αμα, ensemble; et de γαμειν, marier.
(2) Du latin, *natura*, nature.

entrer dans le cadre rétréci de cette Epigéonosie : sa haute importance, d'ailleurs, pour le monde civilisé, lui mérite *un ouvrage spécial* que je publierai sans tarder.

§ X.

TRAITEMENT PROPHYLACTIQUE
DE L'ÉPIGÉONOSIE (1).

Il vaut sans doute infiniment mieux, en toute circonstance, prévenir le mal que d'être obligé de le guérir; mais nous avons vu, d'après l'origine première de l'Epigéonosie, qu'il était impossible à l'homme de prévenir ce grand fléau, ni d'agir d'aucune manière sur ses célestes causes, que par des prières adressées à L'ETERNEL, qui, les ayant engendrées, peut seul les faire disparaître de la scène du monde.

Mais puisque nos moyens prophylactiques sont impuissants, voyons si nos moyens *thérapeutiques* (2), ou du moins les *palliatifs* (3), peuvent nous permettre de porter quelque soulagement aux ravages ou maladies que ces célestes causes ont développés dans le sein de l'organisme des êtres de notre globe terrestre.

---

(1) Le mot *prophylactique* vient du grec, προσφυλασσω, je garantis : partie de la médecine qui s'occupe de préserver des maladies. Ce mot est synonyme de *préservatif*.

(2) Du grec, θεραπευω, je guéris.

(3) Du latin, *palliare*; de *pallium*, pallier; c'est-à-dire, ne guérir un mal qu'en apparence, ou le diminuer, l'adoucir, sans le guérir radicalement.

§ XI.

TRAITEMENT THÉRAPEUTIQUE
DE L'ÉPIGÉONOSIE.

Le but de toute *médecine* est de guérir les maladies surtout *physiques ou corporelles*, comme le but de toute *religion* est de guérir les vices ou les maladies surtout *métaphysiques ou morales* (1), et d'adorer Dieu (2), le Dieu *de la nature* : tout moyen, tout remède est bon, pourvu qu'il produise la cure (3), sans occasionner du mal, surtout un mal plus grand.

Les remèdes, leur nature, leur intensité, leur dose, doivent être conformes et proportionnés à la nature, à l'intensité, au degré de la maladie : les petites maladies n'exigent que de petits remèdes; mais les grandes en nécessitent de grands, *ad extremos morbos, extrema remedia exquisitè optima.*

La maladie générale, l'*Epigéonosie*, dont il est ici question, est sans doute une grande maladie, une maladie qui n'avait peut-être jamais eu son analogue sur la terre, et qui a jusqu'à présent résisté à tous les re-

---

(1) Du grec, μετα, après; φυσικη, physique; de φυσις, nature : science qui traite des objets abstraits, surnaturels, ou qui sont au-delà de la nature.

(2) Du grec, Ζευς, ou Δευς, ou Θεος, Dieu; le premier et le souverain être; le créateur et gouverneur de l'univers.

(3) Du latin, *cura*, soin; traitement ou guérison d'une maladie.

mèdes des plus grands médecins de l'univers. Tous ont
en général et partout échoué dans leurs médicales en-
treprises, parce que, sans doute, ils n'ont pas connu
l'origine, la source, la nature, le siége, le caractère, le
ravage et la profondeur du mal. Serai-je plus heureux
dans mes recherches et dans mes applications *thérapeutiques*? Dieu le sait, sans doute; mais la raison et le
temps l'apprendont aux mortels.

Nous avons déjà vu, surtout dans l'histoire de l'origine de l'Epigéonosie, qu'il nous était impossible de
prévenir ce grand fléau, ni d'agir directement d'aucune
manière sur ses célestes causes que par des prières
adressées à l'Eternel, qui, les ayant engendrées, peut
seul les éteindre ou les faire disparaître. Mais puisque
nos moyens prophylactiques sont impuissants, puisque
Dieu seul peut agir sur ces célestes causes, les arrêter
ou les laisser subsister, selon sa volonté, voyons si nos
moyens *thérapeutiques* peuvent nous permettre de porter quelque soulagement aux ravages ou maladies que
ces célestes causes ont développés dans le sein de l'organisation des êtres du globe terrestre.

Or, quels sont ces ravages ou ces maladies? Nous
n'avons sans doute pas besoin de les rappeler, puisqu'ils
sont déjà longuement exposés dans le cours de cet ouvrage. Tous ces ravages consistent, en résultat, par l'effet
direct de ces célestes causes, dans une plus ou moins
grande tendance des *solides* et surtout des *fluides*, à la
décomposition, ou à la *purulie*, dans presque tous les organes et les parties de ces organes, qui constituent les

êtres ou les corps atteints de l'*Epigéonosic*, par suite d'un défaut de transpiration *cutano-pulmonaire*, d'*aliment vital* et de *Tonie* (1); le tout plus ou moins accompagné d'affections *pédiculaires* (2), *psoriques* (3) ou *helminthiques* (4).

Quels sont donc les remèdes généraux à mettre en usage dans cette générale maladie épigéonosique? Puisqu'il y a eu suppression ou subit arrêt de transpiration cutano-pulmonaire, surtout hydro-frigorique et électro-vitalique; accumulation d'humeurs morbides dans le sein de l'organisme, surtout dans le sang, ou dans la sève; défaut d'aliment vital; atonie plus ou moins générale; organopurulies plus ou moins abondantes; affections pédiculaires, psoriques, ou helminthiques, etc., il est évident qu'il faut :

1° Rétablir dans son état normal la liberté de la transpiration cutano-pulmonaire;

2° Détruire toutes les vermines internes et externes;

3° Diminuer insensiblement la quantité des humeurs morbides internes, ou favoriser leur issue au dehors, surtout des purulies, et les remplacer par de bonnes;

---

(1) Du grec, τονος, ton, ressort, tension; de τεινω, je tends. Je crois que ce mot, que je me suis permis de composer, vaut mieux que le mot *tonicité* généralement adopté : il cadre du moins beaucoup mieux avec l'expression opposée, *atonie*, (du grec α privatif, et de τονος, ton), qui exprime la faiblesse, ou le relâchement de la fibre.

(2) Du latin *Pedicularius*; de *pes, pedis*, dérivé de πους, ποδος, pied, maladie où il s'engendre une grande quantité de *poux* (φθειρ, pou.)

(3) Du grec, ψωρα, gale.

(4) Du grec, ελμινς, ver. Nom donné aux *entozoaires* ou *vers intestinaux*,

4° Prendre de bons aliments, qui, sous un volume et poids donné, contiennent la plus grande quantité possible de nourriture saine, tonique et de vie;

5° Prendre des fortifiants et des stimulants, pour chasser insensiblement l'*atonie* et remonter les ressorts de la *tonie* dans leur état normal;

6° Faire un exercice modéré, progressivement croissant et proportionné aux forces corporelles;

7° Eviter toute espèce d'intempérie, et maintenir le corps dans un état de chaleur, de siccité et de pression naturelle ou normale;

8° En un mot, donner du ton et de la liberté à l'organisme général, par tous les moyens imaginables, en porter même le degré un peu au-delà de l'état normal, afin de lui donner plus de force et d'énergie pour expulser de son sein toutes ces morbidités et ces purulies, et reconquérir son état pur et net comme le crystal (1).

Voilà les moyens thérapeutiques ou curatifs généraux qu'il faudrait mettre en usage pour guérir ou détruire les ravages de l'Epigéonosie; mais, l'organisation spéciale de chaque espèce d'êtres affectés exige, pour chacune d'elles, des moyens ou des remèdes spéciaux, quoiqu'ils agissent tous à peu près dans le même sens thérapeutique ou curatif, pour ramener l'organisme dans son état normal.

Par conséquent, cette médication épigéonosique se trouve naturellement divisée, conformément au plan de

---

(1) Du grec, χρυσαλλοσ, glace.

mon ouvrage, en quatre sections : la première aura pour objet l'*espèce humaine*; la seconde, les *animaux domestiques*; la troisième, les *plantes cultivées*; et la quatrième, les terres cultivées, ainsi que tous les autres minéraux atteints de l'Epigéonosie.

I.

REMÈDES CONTRE L'EPIGÉONOSIE
DANS L'ESPÈCE HUMAINE.

Les médecins en général, sauf très peu d'exceptions, aveuglés par le débilitant et mortifère système que la prétendue médecine physiologique du Broussaïsme a presque généralement établie ou répandue dans toute l'Europe, à l'instar de l'espagnole et romantique secte des *Sangrados*, ont traité de toutes parts les diverses organopurulies épidémiques ou épigéonosiques, conformément aux principes erronés de leur destructeur et mortifère système, par des moyens complètement *anti-phlogistiques* (1).

Par suite de ce très mauvais système de médecine, qui règne cependant majestueusement, surtout depuis plus de vingt ans, sans que la raison et le bon sens aient encore pu l'éteindre, mais qui certainement ne peut plus durer longtemps, on a spécialement mis en usage :

____

(1) Du grec, αντι, contre, opposition; et de φλεγω, j'enflamme.

1° Les saignées générales, ou locales, soit à la *lancette*, soit au vermiculaire et souvent venimeux *sangsuïsme*;

2° L'abstinence complète des aliments;

3° Les boissons aqueuses chaudes;

4° Les bains tièdes;

5° Les cataplasmes émollients;

6° Et, dans le danger, ou à l'approche de la mort, c'est-à-dire, quand il n'est plus temps, les sinapismes, ou les vésicatoires.

Voilà toute la grosse artillerie médicale que les *Sangrados* de l'univers ont braquée contre toutes ces organopurulies, et qu'ils braquent même contre toutes les autres sortes de maladies, quel que soit leur siége, leur forme, leur caractère, leur nature, et la constitution ou le tempérament des sujets; tel que les mauvais écuyers appliquent une même selle à tout cheval, laquelle doit nécessairement en gêner, blesser, ou estropier le plus grand nombre: aussi, la plupart des malades, traités par cette désorganisatrice médecine, s'ils ne passent pas dans le royaume de la mort, ne reviennent-ils que difficilement à l'état de la *santé*, et même sans être lugubrement passés par celui de l'*agonie*, sous le pitoyable costume de *cadavres ambulants*, qu'on dirait revenir des mortifères plages du sombre empire !

Les grandes et fréquentes saignées, jointes à la complète abstinence des aliments, sont surtout infiniment nuisibles, ou dangereuses, dans une infinité de maladies et de circonstances.

La *saignée* est utile sans doute dans plusieurs cas, surtout dans celui de la pléthore sanguine (1), et, encore, faut-il l'opérer avec ménagement, pour ne pas brusquer la marche de la nature. Mais, dans la grande majorité des cas où on l'applique, surtout dans ceux d'*atonie* (et on l'applique même jusqu'à ceux d'*hydropisie* !) elle est beaucoup plus nuisible qu'utile, si même elle ne devient pas alors funeste : elle ne fait qu'augmenter cette atonie, qu'affaiblir davantage l'organisme, affaisser sur eux-mêmes les vaisseaux circulatoires, leur enlever le ressort, la tension, le ton naturel, ainsi que l'aliment de leur vie, quoique mêlé au morbide, et encore d'une manière brusque, ou tout à coup contrastante, comme qui tombe de Carybde en Scylla (2), et, par conséquent, aussi contraire à l'organisation et à la vie, c'est-à-dire, à la nature, que tous les contrastes subits, en tous genres : ainsi que le prouvent d'une manière frappante et irrévocable tous les *passages subits d'un état à un autre*, surtout les diverses sortes de suppressions ou d'arrêts subits de transpirations, sources abondantes de tant de sortes de maladies, qui affectent non-seulement les personnes, mais encore les animaux : car, rien n'est ordinairement bien que ce qui est conforme à la normale marche de la nature,

---

(1) Le mot *pléthore* vient du grec πληθωρα, plénitude; de πληθω, je remplis.

(2) Le mot *carybde* vient du grec, χαινω, s'ouvrir; et de ρυβδην, avec violence; gouffre des côtes de Sicile : on dit, proverbialement, tomber de *Carybde en Scylla,* pour exprimer la pensée qu'on tombe de *mal* en *pis.*

c'est-à-dire, à son plan, à ses mouvements et à son harmonie.

L'*abstinence* complète des aliments ou la diète absolue, surtout jointe à la saignée, produit également les effets les plus nuisibles ou les plus dangereux dans l'économie animale et spécialement dans les organes digestifs, circulatoires, nutritifs et sensitifs, surtout quand elle est longtemps continuée, non-seulement en les privant de l'aliment nécessaire au maintien de leur existence, mais encore en occasionnant leur vacuité, leur affaissement sur eux-mêmes, leur rétrécissement et presque leur oblitération ainsi que leur perte de ressort, leur atonie, leur marasme, suivi de l'agonie (1) et souvent de la mort (2).

Les *boissons aqueuses* tièdes ou plus chaudes, d'une propriété éminemment relâchante, viennent puissamment ajouter à cette générale débilitation ou mortifère atonie.

Les *bains tièdes*, en produisant également le relâchement et la flaccidité des tissus, viennent compléter ce mortifère atonisme.

Enfin, les *applications émollientes*, utiles dans quelques cas, mais très nuisibles dans une foule d'autres, surtout aux engorgements ou aux plaies ouvertes qui ne doivent pas suppurer, viennent seconder toutes ces

---

(1) Du grec αγων, combat; dernière lutte du malade ou de la vie contre la mort.

(2) Voyez l'article Broussaïste et sa note (1), page 399 et suivants.

batteries antiphlogistiques, pour aider à prolonger sans fin les maladies et souvent conduire, par ce général *débilitisme*, au royaume de la mort.

Que fallait-il et que faut-il donc faire ?

Nous avons vu que le caractère dominant de l'épizoonose était une *atonie* ou une *débilitation* pour ainsi dire générale de l'organisme, accompagnée d'une accumulation d'*humeurs répercutées* et plus ou moins *morbides* dans son sein, tendant en général à l'*hydropisisme* et surtout au *purulisme*, avec défaut de *bonne alimentation* et de *principe vital*; et que la nature développait tous ses efforts de l'intérieur à l'extérieur et par toutes les voies internes et externes possibles, pour s'en débarrasser et les évacuer au dehors. Or, le médecin, étant fait pour *aider la nature* (non pour la contrarier), et, selon le père de la médecine, les maladies se guérissant judicieusement par leurs contraires, *contraria contrariis curantur* (1), devait et doit contribuer à ac-

---

(1) Nous avons déjà vu la manie générale des doctrinaires, tant anciens que modernes, de vouloir se distinguer en établissant, avec ou sans raison, des systèmes plus ou moins opposés à ceux qui existaient; par exemple, le dogmatisme contre l'empirisme; le solidisme contre l'humorisme; le matérialisme contre le vitalisme; l'atonisme ou l'anti-phlogisme contre le tonisme ou le stimulisme, etc., ou *vice versa*. Et bien et de nos jours une pareille manie, non moins extravagante, a surgi sur l'horizon? C'est l'*homéopatisme*, (de ομοιον, semblable, et de πχθος, maladie), méthode thérapeutique, opposée à l'hippocratisme, qui consiste à traiter les maladies à l'aide d'agents doués de la propriété de produire eux-mêmes sur l'homme sain des symptômes semblables à ceux qu'on veut combattre. L'axiome des partisans de cette méthode, ou des *anti-hippocratistes*, est, à l'opposé de celui d'Hippocrate, *similia. similibus curantur*. Suivant eux, deux maladies semblables ne pouvant exister au même degré dans un organe, l'*artificielle* qu'on produit avec le médicament

tiver les salutaires *mouvements* de cette nature, lui tenir les *couloirs* et les *embouchures* externes et internes libres, lui donner des *forces vitales*, la débarrasser des *parasites*, et, par conséquent, mettre en usage trois moyens thérapeutiques : 1° des *moyens externes;* 2° des *moyens internes;* 3° des *moyens nutritifs et vitaux*, précédés de ceux nécessaires à la destruction des *vermines existantes* (s'il y en a), soit à l'extérieur, soit à l'intérieur du corps.

1.

MOYENS EXTERNES.

1° Il faut éviter autant que possible les causes de la maladie ou les passages subits d'un état à l'autre, dont il a été déjà question, en prenant sous tous les rapports le soin de ne pas s'exposer à leur morbide influence, soit par des abris, soit par des couvertures ou vête-

---

détruit la *spontanée*; puis on fait cesser la maladie artificielle en cesant le médicament qui l'a produite. Sans s'occuper des causes internes des maladies, ils ne combattent que les symptômes, avec lesquels s'évanouit toujours, disent-ils, la cause interne, qui y est identifiée; ils substituent les symptômes du remède aux symptômes du mal, pour arriver à la guérison de celui-ci; et pour cela ils ne donnent les médicaments qu'à des doses excessivement minimes, par la raison qu'exerçant immédiatement leur action sur l'organe malade, ils conservent toujours assez d'énergie pour provoquer des symptômes un peu plus intenses que ceux de la maladie à laquelle on veut remédier. En conséquence de ce principe, un grain de la substance médicamenteuse est mêlé à 99 grains de sucre de lait; puis, 1 grain du mélange est mêlé de nouveau à 99 autres grains de sucre et ainsi de suite. Par ces *dilutions* ou mélanges répétés jusqu'à 30 fois, la dose de la substance médicamenteuse administrée n'égale pas un quadrillionième ou un quintillionième de grain.

Ne faut-il pas avoir perdu la tête pour oser publier un pareil système médical! Et, en même temps, se croire dans un monde d'idiots, pour espérer de trouver des prosélytes !!

ments, soit par une douce chaleur artificielle, soit par des aliments corroborants ou stimulants, soit par d'autres moyens, mais surtout en évitant les *hydro-frigades* et les *caloro-frigades*, spécialement les fortes *calorades* auprès des ardents foyers domestiques, ou d'un ardent soleil, quoique cependant il ne faille pas fuir la bienfaisante chaleur de cet astre de vie, parce que *sine sole nihil* (1).

2° S'il existe quelque affection pédiculaire ou psorique, il faut frictionner les parties atteintes avec des pommades anti-pédiculaires, ou des onguents anti-psoriques.

3° Il faut tenir la surface de la peau propre, la frictionner légèrement à sec, la couvrir chaudement, jusqu'à exciter la sueur, surtout dans le début de la maladie, sauf à éviter ensuite les subits refroidissements.

4° Il faut faire par temps un exercice modéré, proportionné aux forces naturelles, sauf des raisons contraires, ét ne pas rester trop longtemps alités.

5° Il faut pratiquer une petite saignée, *dans le seul cas d'urgence*, au début de la maladie, et, au besoin, placer un exutoire, surtout quand les humeurs internes

---

(1) Partout en général, de l'équateur aux pôles, où la chaleur et la lumière directe du soleil ne rayonne ou ne frappe pas. c'est-à-dire, partout où l'ombrage couvre ou enveloppe les êtres de la nature, la vie languit, s'étiole, végète tristement, surtout les organes floraux et générateurs, qui, ordinairement, n'y produisent point de fruits, ou que des fruits mauvais, acerbes, insapides, incolores, sans qualités : aussi tous ces êtres, sauf les nocturnes, jusqu'aux végétaux et même les minéraux, recherchent-ils avec soin la salutaire influence de ce brillant astre, qui éclaire, échauffe, anime et vivifie la nature entière ! *Sine sole nihil.*

ne se donnent pas naturellement issue au-dehors, soit par les voies naturelles, soit par celles qu'elles s'ouvrent au travers des tissus de l'organisme ; exutoire qu'il faudra tenir dans un grand état de propreté, sans l'irriter.

.6° Peu ou point de diète; mais une sobriété, en toutes choses, proportionnée aux forces corporelles.

2.

MOYENS INTERNES.

1° Dans le cas d'entozoaires ou d'affections helminthiques, et il y en a presque constamment et même souvent en très grande quantité dans cette générale maladie, il faut administrer les vermifuges ou les vermicides, même à forte dose, accompagnés de quelques purgatifs laxatifs.

2° Il faut administrer les toniques, ou médicaments qui ont la faculté d'exciter lentement et par degrés insensibles l'action organique des divers systèmes de l'économie animale, surtout puisés parmi les substances végétales amères qui ne sont pas associées à un principe âcre ou narcotique.

3° Les fortifiants, ou les substances alimentaires ou médicamenteuses propres à augmenter les forces de l'économie animale; telles que les fécules, les bouillons, les gelées animales, le bon vin, etc., etc.

3.

MOYENS NUTRITIFS ET VITAUX.

Après ces divers moyens thérapeutiques, sans doute

indispensables et très utiles pour purger ou nettoyer l'organisme, préparer et fortifier les voies et les organes, les rendre plus aptes à exécuter leurs naturelles fonctions, il faut sans retard ou aussitôt que possible recourir progressivement aux premiers ou aux meilleurs des remèdes, qui sont les *bons aliments*, les *bonnes boissons*, les *bons exercices* et les *bonnes récréations*.

Et, d'abord, il faut prendre avec confiance et faire modérément usage de bons fruits mûrs ou cuits, tels que poires, pommes, prunes, raisins, etc., etc.

Ensuite, de bon potage, de bon pain, de bonne viande rôtie, de bon vin, d'un peu de bonne liqueur surtout stomachique, etc., etc.

Enfin, de la promenade et de l'exercice général et progressif, accompagnés de l'amusement, de la gaîté, en un mot, de distractions agréables et progressivement croissantes également, surtout en temps propice ou beau et sans fatiguer le corps ni l'esprit, jusqu'au complet rétablissement de l'état normal ou de la santé.

II.

REMÈDES CONTRE L'ÉPIGÉONOSIE

DANS

LES ANIMAUX DOMESTIQUES.

Les *médecins vétérinaires*, n'ayant point encore de *doctrine médicale spéciale*, qui leur appartienne en propre, ont généralement et aveuglement suivi, pour le traitement de l'épigéonosie dans les *animaux domesti-*

ques, le débilitant et mortifère torrent du Broussaïsme, qui entraîne et ravage partout le monde médical, en l'inondant de *sang* et d'*abstinence,* et en le couvrant de *cadavres ambulants,* d'*agonies* et de *morts,* jusqu'à les faire même dévorer par les vermiculaires *sangsues,* comme pour les accoutumer à servir de future pâture aux *vers.*

Partout ces *zoïatres* ont à peu près suivi le même traitement pour ces animaux domestiques que les *médecins* pour les personnes: *saignées copieuses et fréquentes, diètes prolongées, boissons émollientes, lavements relâchants,* etc., etc., et partout ou presque partout leur aveugle méthode débilitante a été couronnée à peu près des mêmes insuccès, sauf quelques cas exceptionnels, dans lesquels la puissance de la nature a triomphé de la maladie et à la fois des désastreux effets de leur mauvaise médecine antiphlogistique.

Le traitement prophylactique et curatif doit être, selon moi, le même pour ces précieux animaux que celui que j'ai indiqué pour les personnes; sauf pour les *aliments* et les *habillements,* lesquels doivent être appropriés à leur *goût* et à leur *espèce :* par exemple, les fruits arborescents seront remplacés par les bons pacages, surtout de luzerne, de trèfle, de farouche ou trèfle incarnat, de prairies naturelles, ou d'autres, et plutôt secs et aromatiques qu'humides et insipides, et pâturés en temps plutôt sec et chaud qu'en temps humide et froid; le pain, la viande et le vin, seront remplacés par le bon foin, la bonne avoine, la bonne eau naturelle et même par temps un peu de bon vin, etc., etc.; car le même système de médecine, qui est ici corroborant et vital, doit à la fois régir les maladies des personnes, des animaux, des végétaux et même des minéraux, ainsi que je l'établirai et le prouverai sous tous les rapports, dans mon *naturisme* ou *nouveau système de médecine,* appliqué généralement à tous les êtres de la nature.

Cependant, dans le cas dont il s'agit, quand les humeurs morbides n'ont pas pris leur cours évacuatoire par les voies naturelles ou par des voies qu'elles se sont pratiquées au travers des tissus de l'organisme, les sétons ou les autres *exutoires* doivent être établis comme attractifs ou dérivatifs, tout en fortifiant et stimulant l'intérieur de ce vivant organisme, par des moyens *internes,* à pousser vers l'extérieur tout ce qui peut anormalement l'entraver ou le gêner.

III

REMÈDES CONTRE L'ÉPIGÉONOSIE
DANS LES PLANTES CULTIVÉES.

Les personnes, ont leurs médecins ou *anthropoïatres* (1); les animaux, ont leurs vétérinaires ou *zoïatres* (2); les plantes, n'ont point encore leur *phytoïa-*

---

(1) Du grec, ανθρωπος, homme; et de ιατρικη, médecine.
(2) Du grec, ζωον, animal; et de ιατρικη, médecine

tres (1); et les terres, attendent leurs *géoïatres* (2).

Sans doute l'organisation et la vie spéciale des végétaux exigent des moyens prophylactiques et curatifs différents de ceux des animaux et des personnes; mais ils doivent cependant rentrer dans le même cadre ou *doctrine nosologique*. Par conséquent, dans le cas dont il s'agit, c'est-à-dire dans la présente *épigéonosie*, ces végétaux doivent subir à peu près le même traitement, mais approprié à leur organisme ou à leur spéciale manière d'être.

Leur sève et leurs tissus, surtout la moëlle et les organes génitaux, étant frappés, comme dans les personnes et les animaux domestiques, d'une générale *atonie*, avec tendance à l'*hydrie* et à la *purulie*, source abondante de leurs diverses *organopurulies*, accompagnées d'insectes ou parasites divers qui les dévorent plus ou moins, leur traitement doit être également divisé, comme pour ces animaux et ces personnes, d'abord en *préservatif* et en *curatif*, et, ensuite, le curatif, en *externe*, *interne* et *nutriro-vitalique* (3).

1.

TRAITEMENT PRÉSERVATIF.

Nous avons déjà vu qu'il nous était impossible de prévenir ni de détruire les causes premières de l'épi-

---

(1) Du grec, φυτος, plante; et de ιατρικη, médecine.
(2) Du grec, γη, terre; et de ιατρικη, médecine.
En grec un médecin s'appelle ιατρος; de ιαομαι, je guéris.
En latin, un vétérinaire s'appelle *veterinarius*; de *veterina*, ou *veterinus*, bêtes de somme, qui tirent ou qui portent des fardeaux; de là est dérivé *veterinaria medicina*, médecine vétérinaire.
(3) Du latin, *nutrire*, nourrir; et de *vita*, vie.

géonosie et qu'il ne nous était permis que de les éviter ou nous en garantir autant que possible. Par conséquent, le traitement prophylactique dans les végétaux se borne à peu près à les abriter autant que possible des rigoureuses intempéries, ce qui n'est même guère possible de l'opérer économiquement que pour les plantes horticoles ou de la petite culture et non pour les cultures en grand, ou bien de substituer pour un temps aux cultures *fragiles* des cultures plus *résistantes* ou *vivaces*, du moins durant le règne des causes morbides ou épigéonosiques, ce qui peut facilement s'opérer surtout pour les plantes annuelles, spécialement au sujet des *pommes de terre.*

2.

TRAITEMENT CURATIF.

Nous avons dit que le traitement curatif devait être divisé, comme pour celui des animaux et des personnes, en externe, interne et nutriro-vitalique.

A.

EXTERNE.

1° Nettoyer l'écorce, surtout des arbres et des arbustes fruitiers, c'est-à-dire, râcler ou enlever les écailles ou croûtes sèches et détachées de l'épiderme, sous lesquelles s'abritent ou logent ordinairement une foule d'insectes divers, plus ou moins nuisibles à leur végétation.

2° Passer ou enfoncer une brochette acérée et au besoin flexible dans les trous ou boyaux des tiges ou des branches et rameaux, s'il y en a, pour y tuer ou détruire les vers qui y sont quelquefois dedans et qui les rongent et les font souvent flétrir ou sécher au-dessus d'eux.

3° Les écheniller avec soin, en écrasant ou brûlant les chenilles non sur place, mais à part, qui dévorent leur feuillage ou leurs parties vertes, et, par conséquent, leurs fleurs, leurs fruits, leur récolte, en les faisant avorter, flétrir, ou sécher, et quelquefois ces végétaux eux-mêmes.

4° Les saupoudrer par temps de chaux vive ou de quelqu'autre caustique, surtout quand ils sont couverts ou dévorés de *pucerons*, d'*ixodes*, de *fourmis*, de *gribouris*, d'*attelabes*, ou d'autres insectes *parasites*, qui leur sont plus ou moins nuisibles; et en saupoudrer également et dans le même but la surface du sol.

5° Brûler, dans le même but de destruction insectivore, leurs feuillages secs, et surtout et sur pied les *chaumes* des céréales, qui souvent en contiennent ou en logent beaucoup, dont les cendres seront en même temps un bon amendement pour le sol. Brûler même, pour le même motif, les pailles qu'on n'a pas besoin pour faire manger, pour litière, ou pour d'autres utiles usages, parce qu'elles contiennent ou logent souvent, comme ces chaumes et ces feuillages, beaucoup d'insectes nuisibles.

6° Les saignées séveuses, ni les exutoires, pour les

végétaux, ne sont pas utiles.

Mais on doit se rappeler que tous ces moyens ne doivent pas être pratiqués dans l'espoir de *guérir la maladie*, mais seulement dans le but de *favoriser et d'activer la transpiration cutanée*, produire une attractive vésication, ainsi que la *destruction des insectes nuisibles ou parasites* : d'où il suit que, par ces moyens externes, les parties ou les fruits atteints de la maladie ne peuvent point être guéris, parce que le mal est *interne* ou dans le *sein de l'organisme*. Il est donc inutile de se tourmenter l'imagination pour chercher à cet effet de bons ou efficaces *topiques* (1), soit solides, soit pulvérulents, soit liquides, soit vaporeux, soit gazeux, soit atroleptiques, soit ignés, etc., etc.

Quant aux *saignées séveuses*, elles ne sont pas plus utiles dans le cas dont il s'agit, selon moi, que les *saignées sanguines* pour les animaux et les personnes, et cela pour les mêmes raisons : par conséquent, les *fentes, entailles* ou *plaies cutanées*, ni les *élagages* ou *sacrifices de bois* ou de feuillages, ni de racines n'aboutiraient à rien qu'à mutiler et faire inutilement et même nuisiblement souffrir ces végétaux; et si quelqu'opération devait être utile ce serait quelqu'*exutoire*, et encore il deviendrait bientôt inutile par l'effet de la prompte *coagulation* de la sève ou des sucs extravasés, au contact immédiat de l'air atmosphérique et de la chaleur et par

---

(1) Du grec, τοπικος, local; de τοπος, lieu; remèdes appliqués extérieurement sur les parties malades.

la grande et coûteuse difficulté de l'entretenir ouvert et en activité : car, en agriculture, il faut viser, non-seulement à la bonté ou à l'efficacité du moyen, mais encore à l'*économie*, sans laquelle il serait inutile de le pratiquer.

Les *remèdes internes* sont donc les seuls qui puissent être mis avantageusement en usage, et sur lesquels par conséquent on doit spécialement insister. Voyons donc s'il est possible d'en trouver, surtout qui puissent réunir à la fois les trois précieux avantages, savoir : 1° celui de *détruire les insectes nuisibles ou parasites;* 2° celui de *favoriser, d'aider* et de *hâter* la *cure de la maladie;* 3° et celui d'être *le plus économique.*

B.

INTERNES.

Si dans les végétaux le traitement *externe* est facile à pratiquer, il n'en est pas de même pour le traitement *interne*; les orifices, pores, ou embouchures extérieures de leurs voies internes ne sont point aussi apparentes ou aussi grandes que dans les animaux : de dimensions plus ou moins *capillaires* ou *microscopiques*, on ne peut y introduire ou mieux les entourer ou mettre à leur portée que des substances fluides, ou liquides, plus ou moins chargées de substances solides, ou bien des substances pulvérulentes. Par l'extérieur, ou par leurs parties plongées dans l'air atmosphérique, on ne peut leur offrir ou les entourer que de substances vaporeuses ou plus ou moins gazeuses; et par l'intérieur, ou par leurs parties plongées dans le sein de la terre, on ne peut leur offrir ou les entourer économiquement que de substances pulvérulentes ou liquides, qui, d'après le caractère *atonico-purulique de l'épigéonosie*, doivent être, comme pour les animaux et les personnes, d'une nature plutôt *tonique ou stimulante* qu'affaiblissante ou relâchante.

Or, d'après ma raison, mon observation et l'expérience même de tous les temps et de tous les lieux, il existe une substance, presque généralement répandue ou concentrée çà et là dans la nature et par conséquent facile à se procurer et à bon marché, qui réunit à ce sujet presque tous les avantages désirés : c'est la CHAUX VIVE, *délitée ou réduite en poudre sèche*, et employée, en cet état de pulvérulence, avant ou pendant le cours de la végétation et en temps ni trop sec, ni trop humide, ni trop chaud, ni trop froid, et spécialement la veille ou l'avant-veille de quelque légère pluie.

Cette substance est *caustique, stimulante, tonique, amendante* et même *vivifiante*, pour la plupart des sols et des plantes, surtout pour les terres *argileuses, boulbéneuses*, ou *argilo-sablonneuses*, et pour les *céréales*, les solanées, les légumineuses, les *arbres et les arbustes fruitiers*, spécialement les *vignes*, auxquels elle fait produire en général des fruits plus *aromatiques*, plus *spiritueux*, plus *sucrés*, plus *nourrissants*, en un mot, sous tous les rapports plus *généreux* ou de *meilleure qualité :* ainsi que le prouvent d'une manière évidente et irrévocable tous les lieux et surtout les coteaux qui en contiennent naturellement dans leur sein. Et, ensuite, l'on sait très positivement, même depuis des siècles, que cette *caustique substance* jouit de la superlative propriété de *détruire* presque tous les *insectes* et les *vers*, qui en sont intérieurement ou extérieurement frappés, surtout les *petits* et les *microscopiques*, qui, ordinairement, sont ceux qui font le plus de *ravages* aux *végétaux*, ainsi qu'aux *animaux* et aux *personnes*.

Par conséquent, selon moi, la *chaux vive* et *sèche*, *réduite en poudre*, ou le *chaulage* des *terres arables*, surtout des *champs à blé*, ou à *pommes de terre*, et spécialement des VIGNES, est le *meilleur et le plus économique remède* contre l'*Epigéonosie dans les plantes cultivées*, qu'on puisse trouver dans le vaste sein de la nature.

Je conseille donc l'usage de ce *remède*, avec la plus complète confiance, surtout pour les *vignes* et les *pommes de terre*, à tous les propriétaires-agriculteurs; non dans l'espérance de guérir tout à coup la maladie de ces plantes, ni surtout leurs fruits, déjà affectés ou malades, mais dans celle *d'aider* intérieurement et puissamment la nature à se *débarrasser de ce funeste fléau*, ainsi que des *insectes nuisibles et sans nombre*, qui ordinairement l'accompagnent et concourent à l'aggraver.

Tout le monde connaît sans doute la manière de bien faire cette opération ou médication agricole, pour qu'il soit utile de l'exposer ici, ainsi que la quantité de chaux qu'il faut employer pour produire un bon *chaulage*, dont l'effet est ordinairement proportionné à la quantité de chaux employée; mais, comme il ne s'agit point ici d'amender pour longtemps les terres cultivées, mais seulement d'aider à guérir aussi rapidement que possible la maladie, il suffit de répandre, mais au minimum (sauf à y revenir au besoin), la quantité de *vingt quintaux*, ou environ *quinze hectolitres* de chaux vive et sèche, délitée ou réduite en poudre, sur *chaque hectare* de contenance, dont le prix moyen, selon les lieux, est d'environ *un franc le quintal*, c'est-à-dire *vingt francs* par *hectare* ou *vingt centimes* par *are*.

Et comme les plantes, surtout les arbres et les arbustes, ont ordinairement les racines plus nombreuses près du collet ou pied de la tige qu'au loin, il faut y répandre un peu plus de chaux qu'ailleurs, et ensuite la recouvrir par un léger labour à la charrue, afin que cette chaux verse toute son énergie dans le sein de la terre. Et pour qu'elle puisse être répandue aussi régulièrement ou uniformément que possible, soit à la main, soit à la pelle, soit par tout autre moyen, il faut, avant tout, émotter, aplanir et herser le sol; mais le léger labour à la charrue qui la recouvrira doit être aussi convexe ou bombé que possible, afin d'égoûter ou favoriser le cours naturel des eaux pluviales.

Ce chaulage ne guérira sans doute pas tout de suite la maladie ni ses désastreux effets visibles cette année, mais il contribuera beaucoup à les affaiblir ou à leur destruction pour l'année prochaine et les années subséquentes, surtout si on le répète chaque année jusqu'à cure complète; ce qui sera, en même temps, un moyen puissant de remonter la force, le ton, l'énergie, en un mot, la solide fertilité du sol ou de la terre, même pour un grand nombre d'années.

La manière dont la taille des arbres et des arbustes, surtout des vignes, doit être faite, est sans doute une chose très importante à bien considérer, en ce qu'elle produit à la fois un effet externe et un effet interne : elle doit être faite, dans le cas dont il s'agit, selon moi, pour ne pas trop brusquer l'habitude de ces végétaux, à l'usage accoutumé, sans surcharge de bois, mais conformément aux principes que j'ai mentionnés dans la page 208 et suivantes du présent ouvrage, et, dès que la végétation est ouverte et surtout avancée, il faut se garder de les ébourgeonner, de les élaguer, de les effeuiller, etc., pour ne pas leur occasionner de *subits arrêts de sève active*, qui deviendraient plus ou moins nuisibles à l'ensemble de ces végétaux, qui aggraveraient certainement leur maladie et qui compromettraient plus ou moins même leur vie, surtout si ces aveugles opérations étaient poussées à l'excès. Tout comme si, à un animal ou à une personne malade, on lui tranchait ou abattait les jambes, les bras, les poumons, etc., dans l'aveugle but de lui guérir la maladie !

Une autre puissante considération, à ce sujet, est qu'il n'est pas bon, surtout pour les temps de très grandes chaleurs ni de très grands froids, de trop dénuder la tige de ces fragiles végétaux, surtout des vignes, sous le spécieux prétexte de les alléger, pour éviter les fortes calorades et les fortes frigades, toujours plus ou moins caustiques ou cuisantes; car, la nature évite ordinairement ces extrêmes, autant que possible, en les laissant plus ou moins fourrés d'ombrages. Il faut donc imiter la sagesse de cette grande maîtresse. Et qui sait même si une pareille cause, comme aussi la longueur des coursons ou des courroies, ne contribue pas à ce que les vignes basses ou piquepout sont, en général, moins malades de l'oïnosie que les vignes hautes ou hautins? Pour moi, je le crois.

C.

NUTRIRO-VITALIQUE.

L'alimentation générale des êtres vivants doit être appropriée à leur nature spéciale; mais, en général, pour que ces êtres jouissent d'une bonne et solide santé, il ne faut pas que leur organisme soit privé, ni surchargé d'aliments; il ne faut pas que ces aliments soient de nature à favoriser ou développer l'obésité, ni le marasme, mais qu'ils maintiennent autant que possible l'être qui les consomme dans un état moyen d'embonpoint; il ne faut pas non plus que ces aliments portent dans le sein de l'organisme des germes de putridité ou de putréfaction, mais des germes de saine nutrition, de ton, d'énergie, de vie.

Cette grande vérité, incontestable pour les personnes et pour les animaux, est également et à plus forte raison applicable aux végétaux, spécialement à ceux qui produisent des fruits charnus, pulpeux ou juteux, tels par exemple que les arbres et les arbustes fruitiers, qui ordinairement portent des fruits, à la vérité d'autant plus abondants, mais d'une qualité d'autant plus mauvaise, qu'ils sont en général plus *fumés*, ou amendés pa r des substances plus ou moins grasses ou putridineuses, nourriture atonique et pestifère, qui donne à leurs fluides et à leurs solides, même à leur vie, une plus ou moins grande tendance aux *vices*, aux corruptions, aux putridités, en un mot, à toutes les sortes de *morbidismes*, plus ou moins *mortifères*, qui sont susceptibles de se développer dans le sein de leur organisme; même jusqu'aux *choléras*, qui règnent dans les grandes cités, dont le même genre de putridineuse nourriture, et les diverses falsifications des aliments solides et des boissons, ainsi que la respiration d'airs plus ou moins infects, et l'usage d'eaux plus ou moins malsaines, contribuent tant à les faire éclore!

Les végétaux, surtout les arbres et les arbustes fruitiers, spécialement les vignes, ne seront donc point *fumés, engraissés, arrosés d'eaux stagnantes* ou *corrompues*; mais ils devront être, durant le cours de l'Epigéonosie, tout simplement amendés par des terres ou terreaux moyennement fertiles et qui aient préliminairement reçu les bénignes ou salutaires influences surtout de l'air et du soleil, en les y remuant par temps; et, ensuite, laisser aux soins de la sage nature de les rafraîchir ou de les arroser par des eaux pluviales, qui sont ordinairement les plus vivifiantes et même sous tous les rapports les meilleures; sauf dans les cas d'extrême sécheresse, où l'arrosement artificiel peut-être utile, pourvu, encore, qu'il soit économiquement possible et dirigé par une main habile.

On doit par conséquent voir que la *chaux vive*, que j'ai conseillée comme remède contre la maladie de ces végétaux et de leurs insectes parasites, est à la fois le meilleur des amendements *nutriro-vitaliques* que l'art et la nature puissent fournir pour *nourrir, fortifier, stimuler* et *vivifier* les terres arables, ou leur rendre le principe *actif et vital* qu'elles ont perdu, soit par l'épuisement des récoltes, soit par le défaut tonico-vitalique de la nature, soit pour toute autre cause, touchant surtout la qualité ou la distinction de leurs fruits.

Pour venir à l'aide de ces divers moyens *restaurateurs*, il faut encore le talent des bons laboureurs; car, les labours sont des opérations agricoles infiniment importantes à considérer, surtout dans le cas épigéonosique dont il s'agit. Ces labours devront être faits de manière à tenir la terre arable plutôt sèche, chaude et aérée qu'humide, froide et étouffée; ils devront être par conséquent plutôt superficiels que profonds, et pratiqués en temps plutôt sec et chaud qu'en temps humide et froid. Par ce moyen, les racines de ces végétaux épigéonisés recevront beaucoup mieux les salutaires influences du soleil, du ciel et de l'atmosphère, pour favoriser la capillaire absorption des principes *nutriro-vitaliques*, l'activité du cours de la sève et la rapidité de la transpiration cortico-folliacée; émonctoires naturels par lesquels l'interne principe morbide peut facilement s'évacuer, et, par conséquent, concourir sous tous les rapports à la cure générale de leur épigéonosie.

IV.

REMÈDES CONTRE L'ÉPIGÉONOSIE

DANS LES TERRES ARABLES OU CULTIVÉES.

On trouvera sans doute fort étrange qu'il soit question ici de vouloir guérir les terres cultivées et à plus forte raison l'atmosphère et tout ce qui constitue en général le règne minéral. Cependant je vais me permettre d'en dire quelque chose, sans que la raison ait le droit de s'en offenser.

J'ai déjà établi et prouvé que les minéraux, surtout les terres cultivées, étaient également en proie à l'Épigéonosie; il est par conséquent permis de tenter de leur rendre la santé qu'ils ont perdue; et, à cette fin, la raison et le bon sens commandent impérieusement de pratiquer ce qui suit :

1° Les terrages, les amendements, les remèdes et les labours déjà mentionnés pour les plantes cultivées, leur sont sous tous les rapports applicables et leur seront prodigués. Les labours, surtout, ne seront point faits à *plat,* mais en *billons,* ou en *petites planches bombées,* de manière à favoriser autant que possible l'écoulement des eaux pluviales et d'éviter leur stagnation dans quelque point que ce soit.

2° Il ne faut pas tenir ces terres perpétuellement couvertes de cultures, surtout très ombrageantes, quels que soit leur rotation ou leur assolement, afin de leur permettre par temps un utile repos et de recevoir librement et naturellement les bénignes ou salutaires influences du soleil, du ciel et de l'atmosphère; car, toujours chargées de cultures, elles ne peuvent pas comparativement donner, n'importe les aliments ou les engrais, des fruits meilleurs ou plus distingués, surtout en âme ou en énergie, que les femelles des animaux toujours *pleines* ou *laitières* : la nature a besoin un repos moral, en toutes choses proportionné à son épuisement ou à sa fatigue, ainsi que le prouve évidemment le repos et le sommeil, qui suit et doit suivre le travail et la veille, comme la sombre et calme nuit suit et doit partout suivre l'actif et brillant jour; et à ce sujet, il faut bien réfléchir que rien au monde ne peut remplacer la *salutaire* et vivifiante influence de l'air et surtout celle du soleil : *sine sole nihil.*

3° Enfin, il ne faut pas oublier de pratiquer tous les ans, jusqu'à cure complète, un petit *chaulage* et surtout l'*incinération* ou *combustion* des *chaumes sur pied*; lesquels purgeront la terre de mille *herbages, graines, œufs* et *insectes nuisibles* à l'agriculture, tout en rendant au sol l'aliment, la vie, le ton, le stimulus, ou la force qui lui manque.

Quant à l'*air atmosphérique*, l'incinération ou la combustion dont il vient d'être question, par le calorique et les gaz surtout carboniques dégagés, concourra à lui donner de l'aliment végétal et à le vivifier; vivification qui sera utilement et agréablement augmentée, en plantant de toutes parts et en formant même des haies de

végétaux aromatiques, odorants, suaves, spiritueux, et
en diminuant le nombre de ceux qui sont insipides, ino-
dores, puants ou vireux.

Enfin, quant aux *eaux terrestres*, il ne faut pas y jeter
des immondices cadavériques, ni autres (qu'on doit profondément enterrer), ni les faire stagner; mais il faut les
tenir autant que possible courantes, moyennement so-
leillées, aérées, et pures comme le cristal.

Tels sont les principaux moyens à mettre en usage
pour remédier autant que possible aux divers ravages de
l'*Épigéonosie*, ou *peste universelle du globe terrestre*. Il
en est d'autres sans doute, qui sont beaucoup plus puissants; mais ils sont réservés au père du firmament :
sine Deus nihil.

SIXIÈME PARTIE.

RÉAPPARITION DE L'ÉPIGÉONOSIE
EN 1854.

AVENIR DES VIGNES.

L'histoire générale de l'*épigéonosie* se trouverait ici terminée, si cette peste universelle n'eût pas reparu, en 1854, sur les êtres vivants du globe terrestre, spécialement sur les *vignes*; mais ce précieux arbuste vinifère en a été de nouveau frappé d'une manière tellement alarmante que j'ai cru devoir lui consacrer un nouvel article.

On se rappelle que j'avais prédit, page 214 et suivantes du présent ouvrage, que l'*oïnosie* n'était pas éteinte et qu'elle régnait encore dans le sein de l'organisme de ce précieux arbuste vinifère; cette prévision ne s'est malheureusement que trop réalisée.

L'année dernière (1853), cette funeste peste des vignes ne fut bien déclarée que vers le milieu du mois d'août, du moins dans les contrées méridionales de la France; parce que sans doute les notables intempéries hydro-frigoriques furent elles-mêmes plus tardives, puisqu'elles régnèrent principalement vers l'époque de la St-Jean, c'est-à-dire, vers la fin du mois de juin.

Cette année (1854), les notables intempéries nuisibles à la vigne ayant paru plus tôt, puisqu'elles ont régné sur la fin du mois d'avril et sur la fin du mois de mai (voyez les pages 292 et les suivantes, ainsi que la page 333 de la présente Épigéonosie), la maladie s'est également montrée plus de bonne heure; puisqu'elle a été bien caractérisée dès les premiers jours du mois de juillet, qu'elle a fait des progrès rapides, et qu'elle continue toujours croissant, cejourd'hui 25 du même mois de juillet, soit sur les plaines, soit sur les vallées, soit sur les coteaux, même les plus escarpés et les mieux soleillés, de manière à menacer infiniment la récolte prochaine du vin, beaucoup plus fortement même que l'année dernière, surtout celle du vin rouge; et il ne faut pas douter de cette vérité, car la maladie de la vigne frappe les mêmes localités et offre les mêmes caractères que l'année dernière (Voyez la page 155 et suivantes de cette Epigéonosie), avec la différence que, vu les frigoriques intempéries qui ont régné, les plaines, les vallées et les bas-fonds, ainsi que les terrains très humides, gras ou fertiles, de tous les lieux, ont été en général *gelés*, sauf peu d'exceptions, et les raisins qui ont échappé au gel sont *oïnosiés*, ainsi que les *souches* qui les portent.

Les nouvelles pousses des vignes offrent, comme l'année dernière, des taches irrégulières, verdâtres, brunâtres, ou noirâtres, selon le degré de la végétation, dans la *moëlle* qui avoisine les nœuds des sarments, surtout au-dessus, depuis le premier jusqu'au 4e, 5e ou 6me, ou ceux qui existaient au moment du gel printannier. La surface de l'écorce est marquetée de points charbonneux, ou bien maculée de taches brunâtres plus ou moins irrégulières, mais moins fortement que l'année dernière: cependant un grand nombre de souches ont l'écorce, les feuilles et les raisins beaucoup plus chargés de moisissures oïnosiques et en répandent une odeur beaucoup plus pénétrante. Le feuillage surtout est en général plus rabougri, racoquillé et panaché; les grappes des raisins plus mollasses, surtout avant l'apparition des moisissures oïnosiques; les raisins blancs, qui n'ont pas été gelés, surtout les *piquepouts*, résistent partout et beaucoup mieux à la maladie que les rouges, surtout sur les coteaux; etc., etc.

La nature du temps qui a régné depuis cette printannière époque a beaucoup contribué à aggraver ou à hâter cette pestifère maladie, surtout :

1° Le temps calme, humide et froid, sous lune rousse ou entourée de hâlos rougeâtres, nuages et vents froids et calmes du nord, qui ont régné du 7 au 18 juin, et qui ont sensiblement fait souffrir toute la végétation, sauf peut-être celle des céréales, surtout des blés, qui, plus robustes aux diverses intempéries surtout frigoriques que beaucoup d'autres plantes agricoles, méritent d'être soigneusement cultivés.

2° Le temps également couvert, pluvieux et froid des 27, 28 et 29 juin; et surtout des premiers jours de juillet et spécialement des 1er, 2 et 3, où le thermomètre est descendu, le matin, à 5 degrés + 0, et a presque gelé la végétation; froid très notable et très nuisible à cette saison avancée surtout à la vigne et aux pommes de terre, d'autant plus encore qu'il a été suivi d'une cuisante chaleur qui, dans le milieu du jour, a dépassé 30 degrés en plein air; contraste subit qui a dû être plus ou moins désorganisateur.

3° La chaleur fondante du 22 juillet (52 degrés droit au soleil, 40 à l'air libre, 30 au coucher du soleil, 25 pendant la nuit), ainsi que celle du 23, et surtout la chaleur cuisante du 24, qui, à deux heures après midi, était de 60 degrés perpendiculairement au soleil et de 43 à l'ombre, mais qui a été suivie de frais et humides brouillards légèrement orageux, ont dû être également très contraires à la naturelle marche de la végétation, surtout vinifère.

Car, la sanitaire prospérité de la nature ne se trouve presque jamais dans les contrastes extrêmes, mais bien ou ordinairement dans les termes moyens : d'où il suit que, surtout dans la saison de l'active végétation, les froids, les chaleurs, les sécheresses, les humidités, trop subitement forts ou trop longtemps continués, sont également nuisibles à la vie des êtres, surtout aux vignes et à une foule d'autres végétaux exotiques.

Ces effets sont sans doute d'une facile conception : passant subitement d'un extrême à l'autre de froid, chaud, sec, humide, etc., les fluides et les solides de ces êtres, leur vie ou leur âme même, doivent nécessairement éprouver des tiraillements ou des relâchements plus ou moins désastreux ou désorganisateurs. Car, pour développer une vie robuste et saine, la nature doit être elle-même en santé, c'est-à-dire, dans cette rationnelle et oscillante balance d'actions *organicovita-les*, et non dans les irrégularités ou les affolements.

Rien au monde ne peut sans doute empêcher, arrêter, borner, modifier ou changer la marche de la nature, que Dieu. L'homme ne peut que s'efforcer d'aider cette nature, et se défendre autant que possible contre les atteintes plus ou moins calamiteuses des vices, des maux, des maladies, en un mot, des désordres en tous genres qui peuvent entraver ou troubler la naturelle marche de son organisme.

Sans doute, dans le cas dont il s'agit, cette nature semble revenir insensiblement vers son état normal, puisque les intempéries surtout *hydro-frigoriques* n'ont pas été aussi tardives cette année que l'année précédente, non plus que la maladie, et que par conséquent elles semblent rétrograder ou revenir vers leur séjour naturel, qui est l'*hiver*; de manière à ne plus surprendre et frapper la végétation naissante, ou déjà développée. Et, si cette marche rétrograde continue son train, il est certain que, puisque cette année elle s'est rapprochée de l'hiver d'environ *un mois*, l'année prochaine elle s'en rapprochera d'*un autre* et ainsi de suite, de manière que dans *deux ou trois ans* environ, elle y sera complètement rentrée; les saisons seront alors plus régulières, plus normales, plus salutaires, et l'*épigéonosie* disparaîtra de l'horizon, sauf une certaine et atonique convalescence, qui restera dans le sein de l'organisme des êtres atteints, mais qui cèdera aux bénignes influences ou ressources de la nature et surtout aux toniques et vitaux moyens que l'art ne devra pas négliger; si toutefois encore ces énergiques moyens de l'art ne hâtent pas ce retour normal et n'affaiblissent pas en même temps, d'une manière remarquable, la force jusqu'à présent indomptable de la maladie.

Il faut donc bien se garder d'abandonner, d'affaiblir, de dégrader, de mutiler, et surtout de *déraciner les vignes*, ainsi que certains agriculteurs ont déjà manifesté l'intention de le faire, parce qu'on ne les rétablit pas dans un jour: il vaut bien mieux de les soutenir et de les restaurer, surtout par les divers moyens que j'ai déjà indiqués; d'autant plus que les salutaires effets de ces moyens pourraient au besoin permettre, surtout s'y l'on y était forcé, d'y faire avantageusement des cultures intercalaires, mais qu'on devra cependant autant que possible éviter, afin de laisser au sol toute sa vitale énergie, pour l'alimentation et le salut des vignes. Quelques souches sans doute périssent, çà et là, mais la grande majorité se conservera, pour produire ensuite peut-être plus fortement que jamais. Que la douce et bienheureuse *espérance* soit donc notre guide : il est certain, selon moi, qu'elle ne nous trompera pas. *Le désespoir est le propre des aveugles ou des ignorants sans courage; et il est honteux à l'homme, surtout en agriculture, de tomber dans une aussi lâche et aussi pusillanime dégradation.*

SEPTIÈME PARTIE.

BREVET D'INVENTION

AU SUJET

D'UN REMÈDE

CONTRE

LA MALADIE DE LA VIGNE

ET

LES INSECTES QUI LA RAVAGENT.

A chacun, selon ses œuvres !

La science, le talent, le génie, dans les êtres qui les possèdent, n'ont sans doute pas besoin de stimulus ou d'encouragement pour marcher; l'instinct, la nature, Dieu, les favorise ou les récompense assez, pour ne pas avoir besoin d'autres sujets de bonheur.

Mais, dans le siècle où nous sommes, comme aussi dans ceux qui ont déjà régné, la sordide et cupide tenacité des hommes, je ne dirai pas le *larronisme*, quoiqu'il leur fût en général mieux appliqué, commande de les obliger de rendre à César ce qui appartient à César, afin de favoriser sous tous les rapports le progrès des sciences et des arts. Attendu que tout dans la civilisation est tellement disposé que rien ne peut pour ainsi dire se faire sans argent, et voilà sans doute pourquoi il y a tant de fourbes ou de larrons dans le monde !

Je n'ai sans doute pas la prétention de me croire un de ces génies; mais je sais positivement que je puis faire plus de bien au monde qu'on ne le croit généralement. Et c'est pour ce motif, qu'on n'en doute pas, que je me suis décidé à demander un *brevet* pour le meilleur et le plus économique des remèdes contre la maladie de la vigne et les insectes qui la ravagent.

Le jaloux et général égoïsme, qui règne dans presque tous les rangs, s'en offensera très probablement; mais l'homme de raison et de sens louera ma demande : aussi, et après mûre réflexion, je n'ai nullement balancé de demander ce brevet au gouvernement de France.

Déjà depuis longtemps cette pensée occupait mon esprit; pendant un temps, j'y avais pour ainsi dire renoncé; mais la force des circonstances m'y a impérieusement ramené.

La maladie de la vigne avait reparu et allait tacitement son train, à l'insu de la grande majorité des mortels; je le savais, j'en étais certain; aucun des moyens indiqués, jusqu'à ce jour, ne pouvait la combattre; et cependant j'étais certain de la bonté du mien : je rompis donc le silence.

Je savais, sans doute, que les remèdes pharmaceutiques, pour les personnes et pour les animaux, n'étaient point, d'après la loi, brevetables; mais mon remède contre la maladie de la vigne et les insectes qui la ravagent n'étaient point un remède pharmaceutique; mais un produit de la nature aidée par l'art.

Je pris, cependant, des renseignements à ce sujet dans le pays, dans le Gers, ailleurs, et partout; on croyait un pareil remède non brevetable, quand, enfin, je me déterminai à écrire à Son Excellence Monseigneur le Ministre de l'agriculture, du commerce et des travaux publics, la lettre suivante :

Plaisance (Gers), le 16 juin 1854.

A Son Excellence Monseigneur le Ministre de l'agriculture, du commerce et des travaux publics.

Monseigneur le Ministre,

M'occupant avec zèle et assiduité de l'étude des diverses maladies qui, depuis quelques années affectent les êtres vivants, *surtout les vignes*, qui sans doute ne sont pas encore guéries, je viens me permettre de vous demander et d'avoir l'extrême bonté de me dire, excusez ma hardiesse, si la loi peut accorder un brevet d'invention pour le meilleur des remèdes contre les ravages de l'*Oïdium* ou mieux de l'*Oïnosie*, vous observant que ce remède n'est pas puisé dans les pharmacies, mais qu'il est un produit de la nature aidée par l'art.

Je vous serai bien obligé, Monseigneur le Ministre, de me fixer sur cette importante question.

J'ai l'honneur d'être, avec une parfaite considération,

Monseigneur le Ministre,

Votre très humble et très obéissant serviteur,

J.-B. RHODES.

A cette lettre du 16 juin 1854, le Ministre de l'agriculture et du commerce, m'adressa, 22 jours après, la réponse suivante :

« Paris, le 8 juillet 1854

» Monsieur,

« Par votre lettre du 16 juin dernier, vous demandez si la loi permet de délivrer un brevet d'invention pour un remède contre la maladie de la vigne.

« La loi du 5 juillet 1844 a déclaré non susceptibles d'être brevetés les compositions pharmaceutiques *ou remèdes de toute espèce*; mais cette exclusion ne concerne que les remèdes destinés à la guérison des hommes et des animaux; en conséquence, l'Administration délivrera sans difficulté un brevet pour l'objet mentionné dans votre lettre.

» Recevez, Monsieur, l'assurance de ma considération.

» Pour le ministre :

» *Le conseiller d'Etat, directeur général de l'agriculture et du commerce,*

P. Heurtier.

Malgré cette favorable réponse, je restai quelques jours dans une balance d'indéterminations que vint enfin lever la marche toujours croissante de l'*Oïnosie*, ainsi que le terme éloigné de sa naturelle disparition; et, persuadé de la bonté de mon remède, non-seulement pour combattre cette maladie et les insectes qui ravagent les vignes, mais encore la maladie des pommes terre et celle de beaucoup d'autres plantes, ainsi que pour amender et fortifier économiquement les terres arables, je m'empressai de demander un brevet sous la forme qui suit :

Plaisance (Gers), le 18 juillet 1854.

A Son Excellence Monseigneur le Ministre de l'agriculture, du commerce et des travaux publics.

Monseigneur le ministre,

Par votre lettre du 8 du courant, vous m'annoncez que l'Administration délivrera sans difficulté un brevet pour l'objet de ma lettre du 16 juin dernier, touchant un remède contre la maladie de la vigne.

Quoique ce remède ne soit pas une réelle invention, mais une simple application d'une substance déjà depuis longtemps connue, il n'en est pas moins vrai que c'est, selon moi, le meilleur et le plus économique des remèdes contre la *maladie de la vigne* et à la fois contre les *insectes nuisibles* qui souvent l'accompagnent et portent de grands ravages à l'agriculture.

Ce remède, dont l'histoire détaillée et la manière de s'en servir sont développées dans mon *Epigéonosie* ou *la peste universelle du globe terrestre*, ouvrage composé d'environ 440 pages in-8°, prix dix francs, est la *chaux vive*, *délitée*, ou *réduite en poudre sèche*, uniformément répandue sur le sol préliminairement émotté et applani des vignes, surtout près des souches, et recouverte par un léger labour fait à la charrue.

La quantité de cette substance à employer, à ce sujet, est d'environ *vingt quintaux* ou à peu près *quinze hectolitres* par *hectare*, dont le prix moyen, selon les lieux, est d'environ *un franc le quintal*, ou *vingt francs* par *hectare*, c'est-à-dire *vingt centimes* par are.

Je n'aurais sans doute pas pris un brevet pour un objet semblable si je n'avais pas depuis longtemps reconnu la grande tenacité ou le peu de générosité de la plupart des propriétaires-agriculteurs; mais, comme tout travail mérite salaire, surtout quand on en a besoin, il est ce me semble juste qu'ils soient tenus de me payer, à ce sujet, un petit tribut pour me mettre dans la position de pouvoir leur être encore plus utile.

Ce petit tribut que je demande à ces propriétaires, pour avoir le droit de faire à discrétion usage de ce remède, à leurs frais, est la somme de *cinq francs par hectare*, payés une seule fois pour tout. J'ose espérer que leur propre intérêt leur commandera de ne point me les refuser; cependant, que leur volonté soit faite.

Voilà, Monseigneur le ministre, le succinct exposé des motifs qui m'ont porté à vous demander, à ce sujet, *un brevet de cinq ans*, pour lequel j'ai versé *cent francs* entre les mains de M. le receveur général des finances d'Auch, dont le récépissé est ci-joint, ainsi que le procès-verbal de dépôt de M. le préfet du Gers, qui le constate, pour solde de la première annuité fixée par la loi.

Si vous persistez toujours à vouloir m'accorder ce brevet, Monseigneur le ministre, je vous serai bien obligé d'avoir la bonté de me l'envoyer dans le plus court délai possible, afin que je puisse le mentionner dans mon *Epigéonosie*, ouvrage dont l'impression touche à son terme, et duquel je me ferai un devoir de vous en adresser un exemplaire.

J'ai l'honneur d'être, avec la plus haute considération, Monseigneur le ministre, votre très humble et obéissant serviteur.

J.-B. RHODES.

P. S. Mon nom, prénom, profession et domicile est : Rhodes (Jean-Baptiste), vétérinaire et propriétaire, à Plaisance, département du Gers.

Le surlendemain, 20 juillet, jour calme et de chaleur fondante, où se fit entendre et ressentir, à deux heures trois quarts du matin, le notable *tremblement de terre* qui, pendant quelques secondes, ébranla et mit en émoi le midi de la France, surtout les Pyrénées, où il causa même une telle terreur panique, surtout aux étrangers, qu'ils s'empressèrent de sortir au

[...] vite des maisons, de bivouaquer à la belle étoile, et de [...] de toutes parts les eaux thermales; ce 20 juillet, dis-je, [...] avoir fait le versement des *cent francs* voulus par la loi [...] les mains de M. le receveur général des finances du Gers [...] pris récépissé, M. le préfet du Gers me délivra la [...] procès-verbal de dépôt des pièces relatives à ma de-[...] côté n° 16 du registre des brevets, lequel était textuel-[...] conçu en ces termes :

DEMANDE DE BREVET.

« Aujourd'hui, le 20 juillet 1854, à midi, est comparu devant nous, conseiller de préfecture, secrétaire général, délégué par M. le préfet,

» Le sieur Rhodes (Jean-Baptiste), vétérinaire et propriétaire à [...], département du Gers,

» Lequel, après avoir produit un récépissé constatant le versement d'une somme de cent francs, a déclaré vouloir prendre un brevet d'invention de cinq ans au sujet d'un remède contre la maladie de la vigne et les insectes qui la ravagent, et a déposé, à cet effet, entre nos mains, un paquet cacheté qu'il nous a dit renfermer :

» 1° Sa demande au ministre de l'agriculture;

» 2° Une description originale de l'invention faisant l'objet de sa demande;

» 3° Le duplicata de la description;

» 4° Un bordereau des pièces déposées.

» Duquel dépôt nous avons dressé le présent acte, que le comparant a signé avec nous, secrétaire général, après lecture faite,

» Et ont signé à la minute du procès-verbal, MM. Rhodes et Meunier.

Pour copie conforme :

» Le *Préfet du Gers,*

P. FÉART.

Toutes ces pièces furent adressées, par M. le Préfet du Gers, à son Excellence le ministre de l'agriculture, du commerce et des travaux publics.

Mais, incertain de l'époque à laquelle ce brevet me serait envoyé, pour le mentionner dans cet ouvrage, et la maladie de la vigne faisant de toutes parts des progrès rapides, et, d'un autre côté, le public et surtout les souscripteurs à mon épigéonosie désirant avoir le plutôt possible le *remède* contre ce funeste fléau, je me décidai, quelques jours après, à terminer cet ouvrage et à le mettre en vente. Et, à ce sujet, on lit dans le journal du Gers, du 7 et du 13 août 1854, sous la rubrique NOUVELLES LOCALES, ce qui suit :

MALADIE DE LA VIGNE.

Le redoutable fléau de la vigne a reparu et continue toujours ses nuisibles ravages, en face de l'univers étonné; aucune puissance humaine n'a pu jusqu'à ce jour l'arrêter; il a bravé et brave impunément encore tous les efforts humains ! résistera-t-il aux armes formidables de l'Epigéonosie de Rhodes ?

L'ÉPIGÉONOSIE, *ou la peste universelle du globe terrestre*, surtout des VIGNES, est un ouvrage nouveau, composé de 57 livraisons, formant un volume grand in-octavo, de 456 pages, beau caractère cicéro, avec figures microscopiques et le portrait de l'auteur, PAR JEAN-BAPTISTE RHODES, *de Plaisance*, médecin-vétérinaire, ex-répétiteur d'Alfort, honoré de la médaille d'or, auteur de différents ouvrages sur la nature, les sciences et les arts.

Dans cet ouvrage, M. Rhodes expose clairement *la maladie de la vigne*, son historique, son origine, son siége (surtout intérieur), ses vrais caractères, ses causes réelles, son avenir, le meilleur des remèdes pour la guérir, ainsi que la taille, les assolements ou rotations de cultures, les amendements et les labours à pratiquer à ce sujet. Et, en outre, il y développe l'histoire succincte de la maladie dans tous les autres êtres de la nature; de manière à intéresser, non-seulement les agriculteurs, mais encore les vétérinaires, les médecins, les prêtres, les philosophes et généralement toutes les classes de la société.

En effet, s'il a jamais été utile qu'un livre fût dans les mains de toutes les classes de la société, surtout dans celles des *propriétaires-agriculteurs*, c'est sans contredit l'*Epigéo-*

nosie de Rhodes, ouvrage qu'on peut à juste titre considérer comme le *salut* ou le *sauveur* des vignes.

Le gouvernement de France a promis à M. Rhodes, par la voie de Son Excellence le ministre de l'agriculture, du commerce et des travaux publics, de breveter le remède spécial qu'il indique pour guérir la maladie de la vigne, et qui est également détaillé dans cet ouvrage.

Cet utile ouvrage, profond et cependant très intelligible, basé inébranlablement sur la raison, l'observation et l'expérience, étincelant d'images poétiques et d'un style distingué, le plus complet de ceux qui existent à ce sujet, se vend chez L'AUTEUR, *à Plaisance (Gers)*, ainsi que chez M. BRUN, *libraire à Auch (Gers)*, à Paris et autres lieux de France. Son prix est 10 fr., et, remis à domicile, *franc de port*, par la poste, 12 francs.

Les lettres et envois, pour être reçus, doivent être *affranchis*.

N. B.— *MM. les rédacteurs des divers journaux de France sont priés, dans l'intérêt public et pour le salut de la vigne, d'insérer le présent article dans les colonnes de leurs journaux respectifs. L'industrie vinicole leur en sera reconnaissante, ainsi que le public et l'auteur.*

FIN DE L'ÉPIGÉONOSIE.

ERRATA.

Pag.	Lig.	Mots	ERREURS.
17	titre.		Généralité, *lisez :* généralités.
69	1	8	Que, *lisez :* qu'à.
75	27	4	Que les, *lisez :* que dans les.
158	14	11	Οινχς, εδος, vigne, cep, feuille. (Si Berckeley avait dit comment et pourquoi il avait composé le mot *oïdium*, je n'aurais pas été obligé de me jeter à ce sujet dans les interprétations).
159	4	2	Οινας, ου, αμπελος, vigne, cep.
165	6	2	*Ajoutez :* joints aux accaparateurs, ils.
id.	25	6	*Ajoutez :* et des détaillants.
176	2	1	En triomphe, *lisez :* en lugubre triomphe.
214	16	5	Au, *lisez :* ou.
218	11	5	*fructinosiques, lisez :* carponosiques,
233	4	4	Vigoureux, *lisez :* vigoureux;
244	8	3	Amenés, *lisez :* menés.
252	25	6	D'innombrables, *lisez :* innombrables.
255	29	7	*Rayez* le mot : de.
256	1	1	*Rayez* le mot : rhume.
id.	16	5	Calotrisés, *lisez :* calorisés.
257	1	3	Plantes, *lisez :* terres.
265	23	3	Fer, *lisez :* fer et autres.
272	21	9	Suspendre, *lisez :* surprendre.
276	9	6	Epoque, *lisez :* époque jusqu'à présent.
278	19	1	Disait, *lisez :* disait astronome et.
328	27	10	La route, *lisez :* la fausse route.
333	12	2	Subites, *lisez :* subites, ainsi que beaucoup d'avortements et de parts ou accouchements laborieux et souvent mortels.
341	11 et 12	7 et 8	*Lisez ou* } en attendant de sa divine omnipotence *ajoutez :* } ce grand jugement, cette suprême sentence,
347	8	7	Diverses, *lisez :* diverses sectes ou sections.
id.	15	6	Nom, *lisez :* nom de sectes.
id.	20	4	*Solidisme; ajoutez :* de l'autre côté, le *matérialisme;*
id.	28	5	Restaurateurs, *ajoutez :* et les praticiens.
357	17	8	Bases, *lisez :* basses.
363	2	6	Cendres, *lisez :* cendres?
374	23	1	Aurait trop, *lisez :* aurait dit-on trop.
375	25	1	Pour favoriser, *lisez :* pour en favoriser.
id.	28	1	*Ajoutez :* virgule après ces, et après axiome,
389	9	7	Principaux, *ajoutez :* espacés de distance en distance.
393	21	1	Sen te tse meut, *lisez :* sent et se meut.
400	30	2	Qui, *lisez :* qu'il.
411	26	5	L'horizon? *lisez :* l'horizon !

VIGNE.
Figures microscopiques, très grossies.

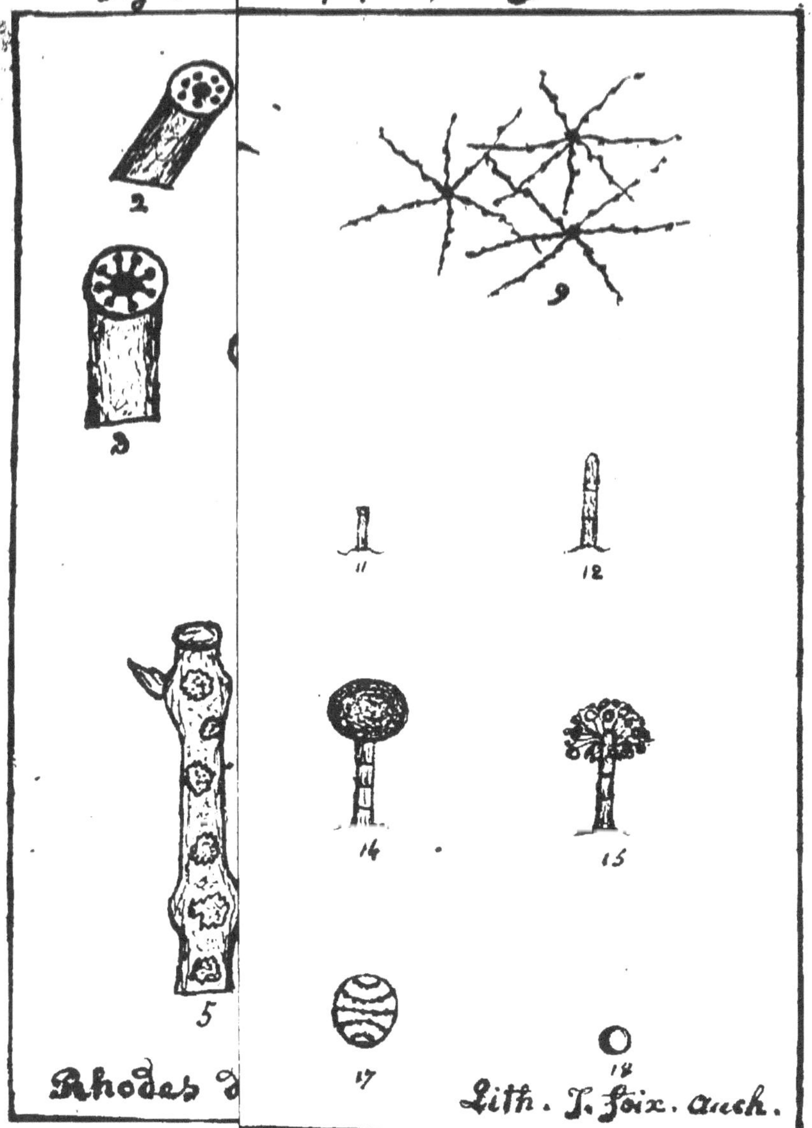

Rhodes d...   Lith. J. Foix. Auch.

Faces diverses de la moisissure œinosique.

1. Taches ucaroisonneux.
2. taches noires ...ssière.
3. Taches en ranteurs.
4. Taches irrég...
A. Baie de r...
B. Baie de raisi...

14. O. Sphérique.
15. O. Chou-fleur.
16. O. ramifiée.
17. sporule, ou séminule de l'œinosium.
18. corpuscule sporulaire.

L'OÏNOSIE,
ou
LA MALADIE DE LA VIGNE.

Figures de grandeur à peu près Naturelle.   *Figures microscopiques, très grossies.*

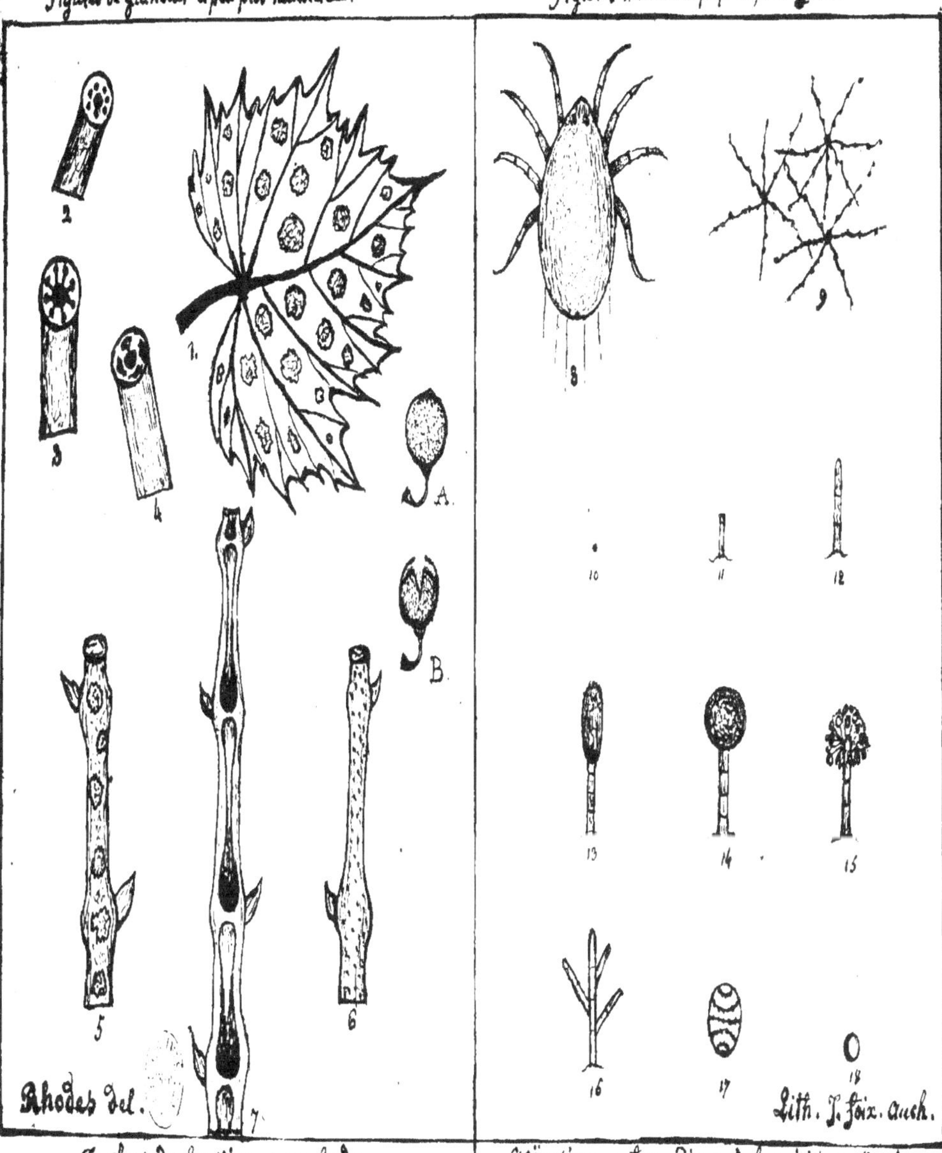

Rhodes del.   Lith. J. Foix. Auch.

Taches de la vigne malade.

1. Taches acaroïdes des feuilles.
2. Taches noires du bois des racines.
3. Taches en rayon des racines.
4. Taches irrégulières des racines.

A. Baie de raisin Oïnosiée.

B. Baie de raisin oïnosiée et crevassée.

5. Taches brunes de l'écorce des sarments.
6. Taches noires pointillées des sarments.
7. Taches noires de la moëlle des sarments.
8. Acarus des feuilles des vignes, très grossi.

L'Oïnosium, ou formes diverses de la moisissure oïnosique.

9. O. réticulaire ou cotonneux.
10. O. moléculaire ou poussière.
11. O. linéaire ou filamenteux.
12. O. noduleux.
13. O. massue.
14. O. sphérique.
15. O. chou-fleur.
16. O. ramifié.
17. sporule, suséminule de l'oïnosium.
18. corpuscule sporulaire.

TABLE DES MATIÈRES.

SECONDE PARTIE.

CLASSE PREMIÈRE.

CLASSE DEUXIÈME.

CLASSE TROISIÈME.

CLASSE QUATRIÈME.

CLASSE CINQUIÈME.

CLASSE SIXIÈME.

TROISIÈME PARTIE.

QUATRIÈME PARTIE.

SIXIÈME PARTIE.

SEPTIÈME PARTIE.

PLANCHE

des

FIN.